U0382461

国家社科基金
后期资助项目
GUOJIA SHEKE JIJIN HOUQI ZIZHU XIANGMU

技艺·空间·仪式·文化

——鄂西南民居文化研究

Craftsmanship, Space, Rituals, Culture

A Study of Vernacular Housing Culture in Southwest Hubei Province

◎ 石庆秘 著

中国社会科学出版社

图书在版编目（CIP）数据

技艺·空间·仪式·文化：鄂西南民居文化研究／
石庆秘著. -- 北京：中国社会科学出版社，2024. 8.
ISBN 978 - 7 - 5227 - 3714 - 0

Ⅰ. TU241. 5

中国国家版本馆 CIP 数据核字第 2024Y0Z759 号

出 版 人	赵剑英
责任编辑	孔继萍
责任校对	杨　林
责任印制	李寡寡

出　　版	中国社会科学出版社
社　　址	北京鼓楼西大街甲 158 号
邮　　编	100720
网　　址	http://www.csspw.cn
发 行 部	010 - 84083685
门 市 部	010 - 84029450
经　　销	新华书店及其他书店

印刷装订	北京君升印刷有限公司
版　　次	2024 年 8 月第 1 版
印　　次	2024 年 8 月第 1 次印刷

开　　本	710×1000　1/16
印　　张	23
插　　页	2
字　　数	412 千字
定　　价	398.00 元

凡购买中国社会科学出版社图书,如有质量问题请与本社营销中心联系调换
电话:010 - 84083683

国家社科基金后期资助项目

出　版　说　明

　　后期资助项目是国家社科基金设立的一类重要项目，旨在鼓励广大社科研究者潜心治学，支持基础研究多出优秀成果。它是经过严格评审，从接近完成的科研成果中遴选立项的。为扩大后期资助项目的影响，更好地推动学术发展，促进成果转化，全国哲学社会科学工作办公室按照"统一设计、统一标识、统一版式、形成系列"的总体要求，组织出版国家社科基金后期资助项目成果。

全国哲学社会科学工作办公室

说在前面

　　人类自诞生以来，就以探索各类技术来改善自己的生活环境和生活条件为基本的价值取向与追求，并不断推进技术进步和生活品质提升，从而构建人类文化的基本脉络。不管是基于进化的人类社会发展还是基于技术进步的文化演进，抑或是基于功能主义的人类生活需要和精神心理诉求，对于人而言，衣、食、住、行是人类生活的基本需要，也是人类在其历史长河里不断探索、演进、发展和变迁的文化存在的高级形态。从古至今，普通民众生活中始终有三件不容忽视的大事：一是结婚生子，二是成家立业，三是老死入土。其中，成家立业的基础是解决吃穿和居住的基本生活问题，而居住之所是人类活动最为频繁和时间最久、最集中的场所，也是人类和自然博弈过程中的智慧体现。特别是民居建筑与文化，蕴含着最为

恩施市盛家坝乡二官寨村旧铺康家院子

朴素的生活生存哲理，饱含生命繁衍需求的精神象征，寄予了美好生活向往的诗意情怀，映射出和谐共处的生态环境观念。民居建筑是与人类相伴而行的最早文化形态之一，"建筑，作为文化载体，大于器物，早于典册，久于金石"（张良皋《匠学七说》）。

在快速发展的社会历程和科学技术的不断更新与传播中，中国乡村的剧烈变化和人民群众对美好生活的追求，使得原有的社会文化根基受到冲击。由于人们经济条件的不断改善，在日常生活里把吃好穿好作为美好生活的基本追求；有了较为充足的物质储备和经济条件之后，改善居住环境成为人们美好生活更高层级的追求，因此，建房、翻修或装饰房屋成为民众日常生活的重要目标，特别是科学技术发展带来的新型建筑材料和技术运用，使得中国传统民居建筑文化受到前所未有的挑战。

民居是与城市建筑相对应的概念，指涉分布于乡间的各类民用建筑及其环境；民居是包含住宅以及由其延伸的居住环境。居住建筑是最基本的建筑类型，在人类历史上出现最早，地域分布最广，数量也最多。在中国，由于自然环境、气候条件和人文风俗的不同，各地民居的平面布局、材料技术、结构方法、造型样式和细部装饰也就不同，总体上呈现出自然淳朴而又风格各异的特点；特别是各族人民常常把自己的精神信仰、心理诉求和审美观念，在民居中用现实的、寓意的、象征的手法，反映到民居

咸丰县平坝营镇马家沟村王母洞彭氏四合院老宅

建筑的装饰、花纹、色彩、样式和结构中去，形成各地区各民族的民居丰富多彩和百花争艳的地域、民族特色。中国最有代表性的特色民居是北京四合院、广东镬耳屋、西北黄土高原的窑洞、安徽的古民居、福建的客家土楼，内蒙古、青海的蒙古包和西南地区土家族苗族与侗族的吊脚楼。鄂西南地区是少数民族主要聚居地之一，也是少数民族与汉族交往密切的地区之一，吊脚楼建筑是该地区民居建筑最典型的代表。该地区的民居建筑文化有着独特的风貌和价值存在，著名建筑学家张良皋先生形容土家族吊脚楼是"中国干栏式建筑的活化石"。

在民居建筑文化中其差异化的形成主要来自以下几个方面的影响。首先，由环境气候不同造成的材料和技术差异，构建出了不同的结构关系和空间形式；其次，受人们生活习俗的影响形成了空间功能使用的特色。民居建筑文化以这两个重要内容为基础而延续和发展，进而成为具有地域性和民族性的文化典型代表。因而，作为文化存在的民居在整体上是物质材料与技术、空间形式与功能、生活习俗与仪式、民众精神与心理诉求等多重要素的集合。

鄂西南民居因其山区环境和多民族聚居，形成了各具特色的民居文化。民居遍布山乡各个村寨，构成一道道美丽的人文与自然融合的风景线。村寨是我国民族文化的重要组成部分，也是各少数民族文化特色的具

体体现。为了进一步推动少数民族特色村寨的保护与发展，建设美丽乡村，实现"乡村振兴"战略，促进全面建成小康社会并实现人民对美好生活的向往，国家从战略的高度出台了各项政策和措施，2012 年 12 月 5 日国家民委颁发了《关于印发少数民族特色村寨保护与发展规划纲要（2011—2015 年）的通知》；2014 年 9 月 23 日和 2017 年 3 月 3 日先后公布了首批和第二批国家级少数民族特色村寨保护名录，全国共有千余个村寨被命名为"中国少数民族特色村寨"并挂牌；2018 年 9 月 26 日中共中央、国务院印发了《乡村振兴战略规划（2018—2022 年）》，使特色村寨的保护与发展在政策层面得到了更为有力的保证。湖北省被命名的"中国少数民族特色村寨"总数达 49 个，其中 47 个在鄂西地区的恩施、宜昌和神农架〔44 个位于长江以南的恩施州八县市、宜昌的长阳和五峰地区；另外还有 3 个被命名的"历史文化名村（镇）"〕。

民居是特色村寨文化的典型代表和呈现方式，它既是文化的一种客观物质存在，又是居民生活的基本保障；民居建造过程中的材料技艺、空间形式、仪式活动和文本符号，以及与民居相关的其他各类文化样貌，共同构成了鄂西南民居文化的内核，反映着土家族、苗族、侗族等少数民族的精神信仰和心理诉求，是该地区各少数民族与汉族文化交融互动的载体，是民众与自然相处方式和社会互动形式的映射，更是中华文化的重要组成部分。

2020 年 1 月 24 日写于恩施市黄家峁怡嘉苑小区

目　　录

第一章　鄂西南民居概述

　　武陵地区的人世仙居，不仅属于过去，而且属于未来；不仅属于武陵，而且属于全世界。土家吊脚楼不单是历史文化现象，不单是具有认识价值的"活化石"，而是有生命力的生态建筑。①

——张良皋

　　从中华大地上乃至世界范围来看，鄂西南地区不管是从地理位置、气候条件，还是文化样貌，都具有其独特性。鄂西南地区民居文化总是与地理、环境、气候、人文、社会以及文化、习俗有着必然的联系。

第一节　鄂西南简介

　　在行政区划上鄂西南是指现今的湖北省西南部；与重庆的巫山、奉节、万州、云阳、石柱、黔江（见图1-1-1），湖南的龙山、桑植、石门相接毗邻。鄂西南主要包括恩施土家族苗族自治州下辖的8个县市（恩施市、利川市、巴东县、建始县、宣恩县、咸丰县、来凤县、鹤峰县）和宜昌市的2个土家族自治县（长阳、五峰），总面积约29862平方千米。

一　地理概况②

　　鄂西南位于我国地形台阶第二级阶梯的东部边缘，其北部属大巴山脉的南支——巫山山脉；东南部和中部属武陵山脉分支；西部系大娄山山脉的北延部分，三大山脉共同构造了鄂西南山区的地形地势（见图1-1-2a-d）。总体上呈三山鼎立之势，北部、西北部和中部高耸，并

---

① 张良皋：《人世仙居吊脚楼》，《中国民族》2001年第8期。
② 源自恩施州人民政府公众信息网，http://www.enshi.gov.cn/。

逐渐向西、南倾斜，海拔高差较大（见图1-1-3）。鄂西南地区绝大部分是山地，惯称"八山半水分半田"。地貌以碳酸盐岩形成的高原型山地为主体，兼有碳酸盐岩形成的低山峡谷与溶蚀盆地，砂岩形成的低中山宽谷及山间红色盆地（见图1-1-4），海拔最高处为巴东靠神农架主峰的大窝坑（3032米），最低点为巴东长江边的红庙岭（66.8米），平均海拔高度约1000米。境内地形复杂，具有多种特殊类型的地貌，大河、小溪呈树枝状展布，有"见山不走山"的丘原，有"两山咫尺行半天"的深谷，伏流、溶洞、冲、槽、漏斗、石林等随处可见（见图1-1-5、图1-1-6、图1-1-7）。境内地势呈西北、东北部高，中部相对低的状态；地貌基

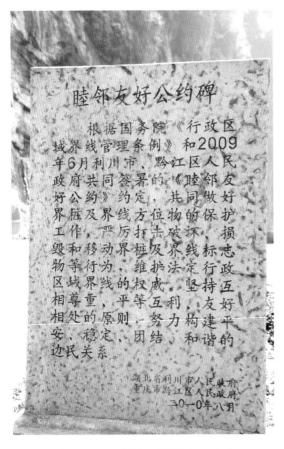

图1-1-1 利川—黔江友好公约碑

图1-1-2a 东南部武陵山余脉
形成的清江与河岸高山
（建始县官店镇 陈子山村）

图 1 - 1 - 2b 南部来凤仙佛寺胜景　　图 1 - 1 - 2c 西部高山喀斯特地貌
（来凤富洲文旅集团官网）　　　（恩施市沐抚镇大峡谷风光）

本特征是阶梯状地貌发育。境内因受
新构造运动间歇活动的影响，大面积
隆起成山，局部断陷、沉积形成多级
夷面与山间河谷断陷盆地。

二　水域与交通分布[①]

鄂西南流域共有面积大于 100 平
方千米的河流 45 条；大于 1000 平方
千米的河流有清江、酉水、沿渡河、
溇水、唐岩河、郁江、忠建河（又名

图 1 - 1 - 2d 北部大巴山南端形成
高山环绕的美丽神农溪（吴以红 摄）

贡水河）、马水河、野三河，这 9 条河流在境内总长度 1154 千米，总流域
面积 21801 平方千米（见图 1 - 1 - 8a—b）。水域的分布与人口分布有着
密切的关系，特别是早期人类生活，水既是人们生活的基本需要，也是基
本的交通手段。目前已经有航空、宜万铁路、高速公路（G50、G6911、
G42 等）、国道（318、209 等）纵横贯通于鄂西南地区，省县乡村公路密
布，全面实现"村村通"。

三　气候特征[②]

鄂西南属亚热带季风性山地湿润气候，总的气候特点是四季分明，
冬暖夏凉，雨热同季、雾多湿重。由于地形复杂，高差较大，决定了
光、热、水等气候要素的重新分配，使全州的气候呈现出明显的垂直地

---

① 源自恩施州人民政府公众信息网，http：//www.enshi.gov.cn/。

② 源自恩施州人民政府公众信息网，http：//www.enshi.gov.cn/。

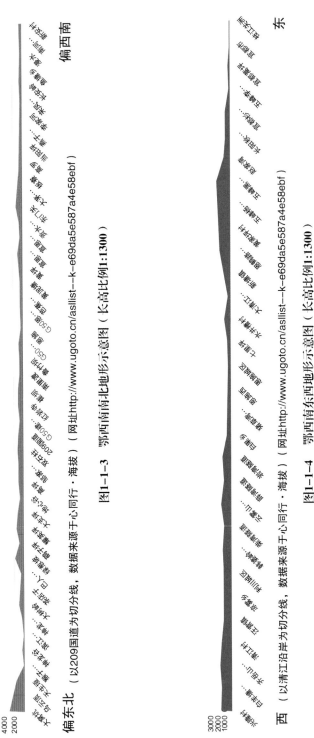

图1-1-3　鄂西南南北地形示意图（长高比例1:1300）

（以209国道为切分线，数据来源于心同行·海拔）（网址http://www.ugoto.cn/asllist--k-e69da5e587a4e58ebf）

图1-1-4　鄂西南东西地形示意图（长高比例1:1300）

（以清江沿岸为切分线，数据来源于心同行·海拔）（网址http://www.ugoto.cn/asllist--k-e69da5e587a4e58ebf）

图1-1-5　云遮雾罩四渡河大桥（文林　摄）

图1-1-6　森林公园坪坝营

域差异，形成了具有地区特点的多样化、多层次的立体气候，气候资源具有以下五类特征，即温暖湿润的平谷气候，温暖湿润的低山气候，温和湿润的中山气候，温凉潮湿的高山气候，高寒过湿的高山脊岭气候。

图1-1-7　挂壁公路（文林摄于恩施市新塘乡双河至木栗园）

图1-1-8a　清江与支流交汇（恩施市
麦淌新塘与建始花坪官店交界处）

图1-1-8b　山间小溪（鹤峰县
燕子镇董家河）

四　人文风俗

　　鄂西南地区因其特殊的地理和气候，适宜人类居住，很早就有人类在此生活，在历史的长河里，形成了独具特色的生活习俗和文化样貌。

　　（一）民族分布①

　　鄂西南是湖北少数民族的集中聚居地，主要居住着土家族、苗族、侗

---

　　① 数据源自中华人民共和国国家民族事务委员会官网，https：//www.neac.gov.cn/。

族等 28 个少数民族（土家族、苗族、侗族、白族、蒙古族、回族、藏族、维吾尔族、彝族、壮族、布依族、朝鲜族、满族、瑶族、哈尼族、哈萨克族、傣族、黎族、畲族、高山族、水族、东乡族、纳西族、土族、羌族、撒拉族、独龙族、珞巴族），包括汉族在内的人口约 460 万，少数民族占该地区总人口的 54%。土家族主要分布在清江以南，历史上属湖广土司域内，即五峰、鹤峰、来凤、咸丰、宣恩和利川 6 个县市；苗族主要分布在利川、来凤、宣恩、咸丰，占该地区苗族人口总数的 90.8%，且都有较大的聚居村落，较为典型的有宣恩县的小茅坡营苗寨，咸丰的官坝、小村、梅坪、龙坪，利川的文斗等。侗族主要分布在宣恩、恩施、咸丰等县市交界的山区里。

（二）特色村寨与历史文化名镇（村）①

鄂西南地区的民居建筑和文化特色在中华文化大家族中，有其独具特色之处，单就少数民族特色村寨和历史文化名镇，在湖北省显示出了其重要地位。在 2009 年国家民委和财政部启动的少数民族特色村寨保护与发展项目中，被国家民委、住建委和财政部命名的"中国少数民族特色村寨"共计 45 个，"历史文化名村名镇"3 个，这给鄂西南地区传统民居的保护、发展带来了良好的机遇。

鄂西南地区被国家民委第一批和第二批命名的"中国少数民族特色村寨"有：恩施土家族苗族自治州恩施市白杨坪乡熊家岩村、白杨坪镇麂子渡村（见图 1 - 1 - 9）、三岔乡莲花池村、芭蕉侗族乡戽口村（见图 1 - 1 - 10）、

图 1 - 1 - 9 恩施市白杨坪镇麂子渡村

---

① 数据源自中华人民共和国国家民族事务委员会官网，https：//www.neac.gov.cn/。

图1-1-10 恩施市芭蕉侗族乡戽口村唐家院子

图1-1-11 恩施市白果乡金龙坝村

芭蕉侗族乡高拱桥村、恩施市白果乡金龙坝村（见图1-1-11）、龙凤镇龙马村（见图1-1-12）、龙凤镇青堡村、沐抚办事处营上村，利川市柏杨镇水井村（见图1-1-13）、沙溪

图1-1-12 恩施市龙凤镇龙马村

乡荷花村张高寨（见图1-1-14）、团堡镇野猫水村，建始县高坪镇大店子村、茅田乡耍操门村，巴东县水布垭镇围龙坝村（见图1-1-15）、野三关镇石桥坪村、东瀼口镇牛洞坪村、沿渡河镇石板坪村，宣恩县彭家寨（见图1-1-16）、高罗乡小茅坡营村、高罗镇板寨村、椒园镇庆阳坝村、

图 1 - 1 - 13 利川市白杨镇大水井李氏庄园

图 1 - 1 - 15 巴东县水步垭镇围龙坝村

图 1 - 1 - 14 利川市沙溪乡张高寨村

图 1 - 1 - 16 宣恩县沙道沟镇
两河口村彭家寨

万寨乡五家台村（见图 1 - 1 - 17），咸丰县黄金洞乡麻柳溪村（见图 1 - 1 - 18）、大路坝区蛇盘溪村、高乐山镇沙坝村，来凤县三湖乡黄柏村、百福司镇南河村、百福司镇舍米湖村（见图 1 - 1 - 19）、百福司镇兴安村、三胡乡石桥村，鹤峰县中营镇大路坪村、五里乡南村村、邬阳乡斑竹村、铁炉白族乡细杉村、下坪乡岩门村、燕子乡董家村、走马镇官仓村，宜昌市点军区土城乡车溪村，宜都市潘家湾土家族乡潘家湾村，长阳土家族自治县武落钟离山庄溪村，枝江市安福寺镇秦家塝村，秭归县九畹溪镇石柱土家族村，五峰县采花乡栗子坪村，长乐坪镇腰牌村。

图1-1-17 宣恩县万寨乡板场村伍家台　**图1-1-18 咸丰县黄金洞乡麻柳溪村**

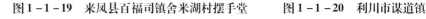

图1-1-19 来凤县百福司镇舍米湖村摆手堂　**图1-1-20 利川市谋道镇鱼木寨村**

还有三个"历史文化名镇（村）"：恩施市崔家坝镇滚龙坝村（第三批）、宣恩县椒园镇庆阳坝村（第五批）、利川市谋道镇鱼木寨村（第六批）（见图1-1-20）。

（三）与民居相关的主要民俗文化事象

人们的生活总是与自己居住的场所有着千丝万缕的联系，因此发生在民居里的事象应该作为民居文化的重要内容之一加以考察，方能更加全面地了解民居文化。

从人们生活方式及其文化功用的角度来看，鄂西南地区与民居相关的传统文化事象可以划分为四大类：一是民居营造技艺文化，包括吊脚楼营造技艺、土石屋营造技艺、烧瓦烧砖技艺、烧石灰技艺等，还包括与营造相关的仪式、习俗、信仰、文本等文化事象；土家族吊脚楼营造技艺是鄂西南地区民居建筑形式与文化典型代表，目前已经是国家级非物质文化遗产。二是生活习俗文化事象，主要包括结婚习俗、丧葬习俗、生子习俗等，这都是人生大事，不得马虎，有众多程序和仪式文化的规定性都在居住空间里生成与发展、传承；因此，鄂西南地区的人们重生乐生，对结婚、生子、寿诞等事象都认为是人生喜事，极为重视，需要宴请族亲朋友来见证，所以叫"红喜"；这里的人们不仅乐生，而且歌死，把死看作人生死轮回大回环的又一个开始，因此，在告别阳世间的最后时段，仍然以乐观的态度来"绕尸而歌，以箭扣弓为节""擎鼓以道哀""其歌必号，其众必跳""击鼓为祭"，表明他们先哀后乐、哀乐与共的生死观念，这些习俗不仅是该地区人们对个人、家族美好生活的体现和祝愿，还是传统孝文化、饮食文化传承的土壤。三是节日习俗文化，主要有过社、清明、端午、六月六、月半、女儿会、中秋、重阳、小年和过年等，这些节日习俗大多与汉族有关，但是过社、六月六、月半和女儿会是至今仍然在鄂西南地区流行的传统节日习俗；特别是过社，应该是全国仅存的传统习俗地，该节日有吃社饭、拦社等仪式性活动，且随着近几年民族文化复兴和文化旅游开发的不断深入，吃社饭成为鄂西南地区乃至周边地区具有代表性的美食文化。这些节日文化，不仅体现了多民族、多文化融合的结果，也是该地区人们和谐共处的见证。而女儿会更是土家族特有的节日，被誉为"东方的情人节"（见图1-1-21），目前也成为鄂西南地区土家族代表性的文化事象之一。四是祭祀性习俗文化。祭祀性的习俗文化在鄂西南地区主要与其他各类习俗相融合，在此独立描述，是因为该地区在祭祀文化方面仍然保留着原始而朴素的民间信仰，这些信仰主要表现在对祖先的尊敬和敬畏、对自然神灵的敬畏与信奉、对生活美好愿景的期盼和祝愿。比如祭祖仪式大多出现在结婚、生子、过年、清明等文化事象之中，祭神则多出现在砍树炸山、天灾人祸、瘟疫疾病等人为不可控的、可能具有灾难性的事象之中，而对于生活寄予希望和美好愿景表达的祭祀性活动，则多出现在上梁、结婚、打三朝、过年、拦社等文化事象之中。如鄂西南地区的还傩愿即是典型的具有祭祀性生活文化事象。傩愿戏虽然带有浓厚的宗教色彩，但"神"已人化，充分展示了原始宗教的人神平等观念，傩戏也成为国家级非物质文化遗产。

图 1 - 1 - 21 恩施女儿会

当然，如果以民族来划分，则可以分为土家族文化、苗族文化、侗族文化等众多少数民族文化，还包括汉文化。如果从文化的历史阶段及其内涵来划分，也可以划分为古代文化、近代文化、现代文化和当代文化等。但是这样的划分，与民居建筑文化的关联度相对较弱，故此，仅此作出说明。

第二节 鄂西南民居研究综述

对鄂西南地区民居建筑文化的研究，在学术界已经有较为丰硕的成果，资料显示，20 世纪 30—70 年代，对该地区的研究主要涉及地质、动植物资源、农业、医药、病虫害调查与防治等方面的研究，80 年代前后，主要涉及考古发掘、民族历史和族源等方面的研究；90 年代以后的研究主要转向文化传承、保护与开发利用；对于该区域的民居建筑文化和特色村寨的研究主要集中在 2009 年以后，从文献来看，涉及的学科主要有考古学、建筑学、民族学、社会学、法学、医学、生物学、农学和艺术学等学科；下面对研究的内容、视角与方法跟本课题相关的成果展开梳理和述评。

一　民居建筑文化本体以及聚落或村落研究

学者们以民居建筑本体与聚落展开的研究，主要从四个方面进行：一是通过考古、测绘等方式对鄂西南或者恩施地区现存完好的传统聚落、民居、村落展开了实地考察和深度研究，将聚落的地形、建筑布局、样式以及尺度等进行了实地测量，并绘制翔实的图形，出版专著或发表论文；代表性的成果有朱世学《鄂西古建筑文化研究》、北京大学聚落研究小组与湖北省住房和城乡建设厅联合编著《恩施民居》；或者通过实地考察和采访，以图像的方式记录，代表性成果有张良皋等编著《老房子：土家吊脚楼》、辛克靖《中国少数民族建筑艺术画集》、王莉《鄂西大水井古建筑群考察报告》等。二是通过文献与田野考察对其历史发展展开研究，代表性成果有朱圣钟《明清鄂西南民族地区聚落的发展演变及其影响因素》、刘孝瑜《鄂西土家族地区城镇的兴起和发展趋势》等。三是对其传承、保护与开发利用的研究，如余压芳《景观视野下的西南传统聚落保护：生态博物馆的探索》、黄柏权《科学规划引领民族村寨保护发展》、欧阳玉《从鄂西山村彭家寨现状的调查兼议山村传统聚落文化的传承与发展》等。四是从村落、建筑的形态、布局及其与环境的关系等方面展开研究，如陈纲伦《鄂西干栏民居空间形态研究》、肖慧《鄂西南土家族传统聚落形态研究》、朱世学《土家族传统聚落的布局与武陵山自然生态环境》等。

二　族群记忆与文化认同的民居建筑研究

对于该方面进行研究的主要以民族学、人类学、社会学学者为主，将聚落或民居建筑作为文化载体，以此获得民族身份和文化的自我认同、群体认同，从而构建和谐的家族、族群和社会环境与心理，达到人与自然、人与人、人与社会的高度和谐，其成果主要反映在两个方面：一是深入到具体的村落，展开深度的田野调查，对现存聚落、建筑的实际状况作客观而翔实的记录和陈述，如谭宗派《绝壁凌空的千年古堡：鱼木寨》、李滨利《历史记忆与族群认同：对鄂西南一个移民村落的历史人类学考察》等。二是在翔实的田野调查基础上，将聚落、建筑作为文化符号来看待，解读居住其中的个体与族群的记忆，以此阐释族群记忆和文化认同感，并探析他们的情感和心理诉求，具有阐释人类学的特征；如石庆秘《土家族吊脚楼文化的群体记忆与精神符码》、贺宝平《鄂西南土家族传统乡村聚落景观的文化解析》等。

三　社会习俗与文化的聚落村落文化研究

聚落及其建筑是文化的物质外显，生活其中的人和群体构成的族群及其关系，以及他们在共同生活中所创造、承袭的习俗，是该地域、该族群文化的内核。因此，对鄂西南区域的社会习俗文化的研究，主要集中在婚俗、丧葬习俗、饮食习惯，以及贯穿其中的音乐、舞蹈、戏曲、美术与工艺传承的文化因子。这方面的成果主要体现在三个方面：一是基于客观记录的民族志、人类学考察的文献，对某聚落、某民族的社会习俗做深度调研和客观记录；如辛克靖《湘鄂西土家族民居风情》、林春《鄂西地区三代时期文化谱系分析》、陈荣等《仪式音声中的互动仪式链——以鄂西土家族"陪十姊妹"仪式音声为例》等。二是从不同学科的角度展开对某一类型习俗的考察研究与文化意义阐释，如牟成文《论鄂西土家族"跳丧舞"丧俗的整合功能》、方妙英《论鄂西土家族哭嫁歌》、梁丹玉《传统民族村落的民间信仰变迁研究》等。三是对其历史、变迁及其缘由的研究，如宋仕平《鄂西土家族婚姻习俗的变迁》、张艺《鄂西土家族民歌风俗的演变》等。

四　鄂西南地域、族源与文化的历史变迁研究

这一类成果是在 20 世纪 50—90 年代对鄂西南地区的地质、动植物、病虫害防治等问题考察研究的基础上，借助考古发掘资料，对活动其中的族群起源与变迁、人们生活状况变化、文化事象变化的整体性缘由的综合研究。其成果主要涉及三个层面：一是考古资料基础上的族源及其变迁研究。认为鄂西南地区的土家族起源主要与廪君、古代巴族、板凳蛮等有关；潘光旦明确指出："土家族是古代巴人的后裔。"[①] 学者们不满足于该说法，以此展开了深入研究，如彭英明《试论湘鄂西土家族"同源异支"——廪君蛮的起源及其发展述略》、陈启文《鄂西土家族族源考略》等。二是对鄂西南地区的文化起源展开研究。普遍认为，鄂西南地区的各

---

① 潘光旦：《湘西北的"土家"与古巴人》，中央民族学院研究部编《中国民族问题研究集刊》第四辑，1956 年。

少数民族文化与巴文化、楚文化和汉文化有着千丝万缕的联系；如杨华《从鄂西考古发现谈巴文化的起源》、沈强华《鄂西地区大溪文化的去向和屈家岭文化的来源》。三是对民居建筑样式的起源和发展变迁的讨论。普遍认为，鄂西南地区的民居，特别是吊脚楼源起于古代的干栏式建筑，后经不断衍化发展至今天独具特色的建筑样式；张良皋先生及其同事们是这方面的典型代表。代表性成果有张良皋、李玉祥编著《老房子：土家吊脚楼》、辛艺峰《传统建筑装饰艺术的瑰宝——鄂西传统建筑石雕装饰艺术探索》等。

五　少数民族特色村寨相关研究的国家社科基金项目

2019 年以来，与少数民族特色村寨及聚落、村落相关的研究项目有三个，主要是从益贫式乡村振兴路径、传统体育文化融合发展机制、永续发展问题等方面对少数民族特色村寨开展研究。早期还有研究武陵山聚落、村寨或山地文化的项目，如《武陵地区传统聚落保护与民族文化传承研究》《贵州山地文化研究》等，对本书也具有借鉴的价值。

六　文化记忆理论的区域性、群体文化研究

文化记忆理论是 20 世纪 80 年代德国学者扬·阿斯曼和阿莱达·阿斯曼夫妇正式提出的概念，主要从文化传承向度思考和解释文明的发展规律；探讨记忆主体、记忆客体、记忆的发生实施过程这三组相互依存、互为因果的问题，这些主体的神经系统和心理机制，最终外化为社会性的民间神话、博物馆、地方志、纪念碑、礼仪习俗、档案材料、社会习惯等一连串人类历史行为。1997 年，吉森大学"回忆的文化"研究项目以及英美文学方向的学者安斯加·纽宁和阿斯特莉特·埃尔发展了文化记忆理论；此后，文化记忆理论不断向前推进。

文化记忆理论的中国化始于 2004 年《中国海洋大学学报》上刊登的扬·阿斯曼的《论有文字和无文字的社会——对记忆的记录及其发展》与王霄冰的《论汉字在传统社会中的文化功能》两篇文章，2007 年北京外国语大学的研究群体对文化记忆理论做了进一步的具体译介，文化记忆理论正式移植于中国学术界，开始了理论中国化的道路。之后的发展主要有两大阵营，一是中国海洋大学的王霄冰最具代表性，其成果有《文化记忆、传统创新与节日遗产保护》《仪式与信仰：当代文化人类学新视野》等，主要是从语言文字学、民俗学、文化人类学、汉学视角切入文化记忆，关注文化记忆的两大主要媒介文字与仪式对文化记忆的建构意

义。二是德语语言研究者构成的研究阵营，如四川外国语大学的冯亚琳教授撰写的《德语文学中的文化记忆与民族价值观》《文化记忆理论读本》（与德国学者阿斯特莉特·埃尔合编）；金寿福翻译了扬·阿斯曼《关于文化记忆理论》，并撰写《评述扬·阿斯曼的文化记忆理论》等。

文化记忆理论的核心是将一种文化或文明作为整体性加以思考，并通过主体记忆与物质外化及人类行为相关联，其表现主要体现在具有文化代表性、典型性的物质、仪式和文本三个层面的共存，并具有惯性的、不断的延续和传承。

将文化记忆理论用来研究区域文化或者族群文化的成果近年也逐步呈现出来。如陈镭、王淑娇的《"同一个"天桥——北京天桥的空间变迁与文化记忆》、姬安龙《山地民族文化记忆：下寨苗族文化变迁研究》、黄勇《"右派"记忆及其方式》、陈蕴茜的《国家典礼、民间仪式与社会记忆——全国奉安纪念与孙中山符号的建构》等。均从某个单一的层面展开研究，追溯文化的历史变迁，解释文化的存在。

对鄂西南地区民居文化的研究，从内容上主要集中在聚落、建筑、风俗、艺术等单一方面展开。从研究视角上来看主要以考古学、民族学、社会学、历史学、艺术学、建筑学等学科视角展开。从研究方法上主要以田野调查、文献追溯、案例分析与比较等方法展开。从研究的结果来看主要集中在四个方面：一是历史研究，主要以族源、建筑、文化发祥与发展等为主；二是现状记录与文化阐释，主要以案例的形式对聚落或建筑进行测量、绘制和记录，同时，结合文献、田野从学科视角展开文化阐释；三是集中对聚落、建筑等文化的传承、保护和开发利用的策略研究上；四是从学科本体的角度对具有学科属性的文化因子展开记录、分析和描述。

七 土家族吊脚楼营造技艺与文化研究①

鄂西南地区聚居的少数民族以土家族为主，因此，对土家族吊脚楼文化的研究是民居建筑文化研究的重点。土家族吊脚楼营造技艺作为非物质文化遗产，已经于2011年5月由湖北省咸丰县、湖南省永顺县和重庆市石柱土家族自治县共同申报，并列为国家级第三批非物质文化遗产名录，在类别中属于传统技艺类。这项名录的产生，表示土家族吊脚楼营造技艺受到国家、地方政府的高度重视，也表示它所面临的困境。随着科学技术

---

① 详见石庆秘、张倩《土家族吊脚楼营造技艺文献研究述评》，《湖北民族学院学报》（哲学社会科学版）2015年第3期。

的发展，钢筋水泥等现代建筑材料的广泛使用，新式建筑样式的进入，在一定的时期里，传统木结构的吊脚楼受到来自各个方面的挑战，同时，由于年轻人外出务工，对吊脚楼营造技艺不感兴趣、经济收益不高等原因，使吊脚楼技艺拥有者们面临后继无人的窘境。近几年，国家实施西部大开发、新农村建设等政策，特别是武陵山经济试验区的确立和乡村振兴计划的实施，武陵山特有的自然、人文资源受到普遍关注，旅游开发和传统文化保护、发展成为热点，土家族吊脚楼及其技艺与文化得到保护、开发和利用，使我们看到了土家族吊脚楼营造技艺美好的未来和前景。

多年来有不少的专家学者投入对土家族吊脚楼的研究中，研究的深度和广度逐步得到扩展；对于土家族吊脚楼营造技艺的研究大多散见于各类文献中。土家族吊脚楼营造技艺作为非物质文化，它不仅仅包含民居空间构造、材料使用等建造的技术，更为重要的是它所包含的民俗文化、艺术和技艺传承等非技术内容。因此，对于土家族吊脚楼营造技艺研究文献的整理与分析，是继续深入讨论民居文化研究的重要课题，通过对多年来众多专家学者的文献阅读和分析，梳理出与土家族吊脚楼营造技艺直接相关的内容，主要涉及建筑材料、建造流程、建筑结构、技术要素、细部装饰、建造习俗、技艺传承等内容。

学者们对于土家族吊脚楼的研究，大多是从建筑学、文化人类学、社会学、民族学、艺术学等角度进行的，如建筑学学者们对于建筑结构、技术要素、建造流程等内容的研究，运用建筑学的方法从材料、技术、空间布局、装饰等角度出发，对吊脚楼的建筑工序、建筑类型、建筑结构、技术要素等方面进行讨论。从事文化人类学、社会学、民族学、民俗学研究的学者，则是运用田野调查的基本事实，来记录建造流程、建造习俗、技艺传承等，并以此来解读土家族的社会结构，阐述民众的文化态度和精神诉求。还有学者运用美学、艺术学、生态学等研究方法，以艺术形式、审美趣味来记录和分析土家族吊脚楼的美学法则、审美价值和审美心理，并对艺术审美与民风民俗、价值观的关系进行讨论。

第三节　鄂西南民居的基本类型

鄂西南地区的民居建筑最主要的特征是因地建房、就地取材。该地区总体以喀斯特地貌为主，局部有丹霞地貌，各类木材、石材极为丰富，正好成为民居建筑使用的重要材料。喀斯特地貌所形成的石灰石为建筑的黏合剂——石灰的烧制提供了丰富的原料。森林茂密，植被丰富，森林覆盖率平均在60%以上，有的县市高达80%以上；各类乔木、灌木相映成趣，特别是生长于本地的杉木、枞树、柏木、枫木、椿树、楠木、药王树等乔木以及各类竹子诸如慈竹、楠竹、金竹、水竹、毛竹，还有各类草本植物成为民居建筑的主要材料。各类黏土也成为建筑的材料之一，特别是该地区的黄泥、青泥，为民居建筑提供了原材料。

一方水土养育一方人。鄂西南特殊的地理环境和气候使得生活其中的各民族人民，用自己的聪明才智与自然展开博弈，努力寻求一条与自然和谐共处的生存之道。因此，鄂西南民居在空间的构造上，呈现出极为丰富的造型样式、空间格局和装饰细节，将建筑与文化、建筑与生活、建筑与审美、建筑与技术做到了最为有效的结合。

图1-3-1 木质类民居（咸丰县活龙坪乡茶林堡村蒲家院子）

从历史的角度来看，鄂西南吊脚楼是干栏建筑的代表，但其整体发展历程经历了穴居、巢居到干栏式、台基式建筑的演化，最终发展到如今的钢筋水泥建造的"洋房"。从文化传播与交流的角度而言，鄂西南地区的文化主要是巴濮文化与苗文化的延续、发展和变迁，并受到楚文化、汉文化的深刻影响，特别是改土归流后，受到汉文化的影响最为深刻，我们今天能清晰地感受到这一文化现象的实质存在。现如今，在"新农村建设"

"美丽乡村建设""乡村振兴"的国家战略稳步推进之际，新民居的涌现成为一种新的态势，这其中蕴含着对本地传统建筑文化的回归，对西洋建筑的模仿，对他民族建筑文化的借鉴与模仿，使得新的民居建筑成为融合传统与现代、东方与西方、地域性与国际化、民族特征与时尚追求于一体的民间居住文化格局。

图1-3-2　石木砖类民居（巴东县野三关镇穿心岩村杨家老屋）

图1-3-3　土木类民居（建始县高坪镇石门河岔口子村）

图1-3-4　石木土混合类型民居（建始县高坪镇石门河岔口子村百年老屋）

图1-3-5a　吊脚楼（恩施市盛家坝乡二官寨村小溪胡家大院）

图1-3-5b　吊脚楼（巴东县野三关镇
穿心岩村祝家大院）

鄂西南居住着29个民族，各民族因文化背景、生活习惯不同，民居建筑有较大的差异性，同时，又因为居于同一地域环境而呈现出趋同性的状态，特别是在材料使用、建筑样式和技术采纳等方面具有共通性。

由此而言，我们在对鄂西南地区的民居建筑进行分类时，可以从不同的角度来加以划分。依据民居建筑主体结构使用的主要材料与技术来划分，鄂西南地区的民居建筑主要有木质类民居（见图1-3-1）、石木砖类民居（见图1-3-2）、土木类民居（见图1-3-3）、混合类民居（见图1-3-4）等类型。从建筑的造型与样式来划分：一字型、L型、撮箕口、四合院、多天井的复合型、"西洋别墅"型、庭院复合型等。从民居建筑空间使用的功能来划

图 1 - 3 - 6a　非吊脚楼（宣恩县晓关侗族乡将科村凉桥）

分：用于民众生活需要的居
住空间民居建筑，族群精神
寄予的祠堂、土地庙等民居
建筑，村寨村落公共服务的
廊、桥、塔楼、戏楼、榨油
房、书院等民居建筑。依据
民居选址的地势分布与山势
来划分：山顶型、山腰型、
山脚平地型、依山傍水型。
依据民居分布的聚散关系及

图 1 - 3 - 6b　非吊脚楼（巴东县东瀼口牛洞坪村）

其用途来划分：独立散居类、聚族而居村寨类、多姓杂居村落类、因商聚
居集镇类、行政区划中心类、扶贫搬迁聚居类。依据山势和造型关系来划
分：吊脚楼（见图 1 - 3 - 5a - b）、非吊脚楼（见图 1 - 3 - 6a - b）等。

第四节　田野点与专访人员选择

本书所指鄂西南主要是武陵地区（鄂西南）文化生态保护实验区，
即包含宜昌地区的长阳、五峰，恩施州的巴东、建始、恩施、利川、宣
恩、鹤峰、来凤和咸丰 10 个县市。为了使研究具有代表性和典型性，根
据地域和民族特征，田野点的选择尽量体现出东西南北中的地域特征和多
民族聚居的民族性特征。因此，以恩施城区为中心，从地域性的角度主要
选择了东北部的巴东东瀼口镇牛洞坪村、野三关镇石桥坪村与穿心岩村，
建始高坪镇岔口子村；东部长阳火烧坪乡、五峰采花乡，巴东县水布垭镇
围龙坝村；西部利川谋道镇鱼木寨村、剑南镇王母城与长坪、穆家寨，白
杨镇大水井、沙溪乡张高寨、忠路镇老屋基、咸丰小村乡小腊壁、黄金洞
乡麻柳溪、尖山乡严家祠堂、唐崖土司遗址；西南部咸丰高乐山镇刘家大

院、甲马池镇的蒋家屋场与王母洞蒋氏老宅，来凤百福司镇舍米湖与兴安村、三胡乡杨梅古寨，宣恩沙道沟镇两河口村彭家寨，高罗镇大小毛坡营；中部地区以恩施市芭蕉乡高拱桥村、朱砂溪村、筒车坝村，盛家坝的小溪、旧铺，白果乡金龙坝村，崔坝镇滚龙坝村，红土乡红土溪村，宣恩晓关乡野椒园村与骡马洞村、长潭河乡两河口村与卢家院子。

从田野点的选择来看，兼顾民族聚居的特点，鄂西南地区在整体上呈现出巴东、建始、恩施、利川等北部地区汉族相对较多，土家族占比相对于其他少数民族稍多；东部、南部地区以土家族、苗族和侗族居多，主要以长阳、五峰，恩施东南部、西南部，利川西南部，宣恩，鹤峰、来凤和咸丰为主，其中侗族主要集中在恩施市芭蕉乡、宣恩晓关乡和长潭河乡，苗族主要集中在宣恩县高罗的大、小毛坡营；羌族为咸丰县黄金洞乡麻柳溪村，鹤峰铁炉乡白族乡；其他各少数民族没有明确的村寨命名，散居在各个乡村山寨。

鄂西南民居文化涉及人员众多，其主要包括三大类：一是民居建造拥有技艺的工匠和民居使用者；二是与民居文化相关的择地、看期及其仪式文化的主持者；三是记录、考察与研究民居文化的从业者。在选择专访人员方面坚持官方命名的各级代表性传承人和民间技艺突出的掌墨师或者工匠相结合；因此，采访了土家族吊脚楼营造技艺的国家级代表性传承人万桃元（恩施州咸丰县）与省级代表性传承人谢明贤（恩施州咸丰县）；另外采访了目前仍活跃在民间的余世军（恩施市盛家坝）、康纪中（恩施市盛家坝乡旧铺，已故）、王青安（咸丰县黄金洞乡麻柳溪村）、李海安（咸丰县中堡镇）、李坤安（咸丰县中堡镇）、龚伦会（宣恩县长潭河乡长潭河镇）、夏国锋（宣恩县长潭河乡杨柳池村）、向家群（宣恩县沙道沟镇两河口村）、刘昌厚（恩施市芭蕉乡高拱桥村，已故）和向仕荣（巴东县东瀼口镇牛洞坪村）等一大批民居建造的工匠。采访了石定武（已故）、李文寿、谭光厚、谭学朝（已故）、蒋品三（已故）等民居择地、看期、祭祀相关的文化拥有者。采访了朱世学、刘刘、贺孝贵、黎德兴、李培芝、邓清国、谭代魁、谢一琼、陈大力等民间文化研究者和非遗文化推动者。与此同时，为了与鄂西南地区民居文化有所比较，还特别对土家族吊脚楼营造技艺国家级非遗申报县市的湖南湘西州永顺县泽家镇、龙泛溪与石柱县沙子镇展开了田野调查，并对非遗代表性国家级传承人彭善尧（湘西州永顺县）和刘成海（重庆市石柱县）以及掌墨师梁广州（龙山县捞车河）、付官文（永顺县王村）与良玉华（石柱县鱼池镇）等进行了采访。

　　鄂西南为"武陵地区（鄂西南）土家族苗族国家级文化生态保护实验区"（文化和旅游部批准），遵照国家级文化生态保护区管理办法规定："国家级文化生态保护区建设应坚持保护优先、整体保护、见人见物见生活的理念，既保护非物质文化遗产，也保护孕育发展非物质文化遗产的人文环境和自然环境，实现'遗产丰富、氛围浓厚、特色鲜明、民众受益'的目标。"① 同时，基于文化记忆、文化生态和文化空间的相关理论，在田野中将与民居直接相关的文化事象，特别是仪式性的事象纳入田野考察和文本写作中，主要包括在民居中举办的婚俗、打三朝、白喜（丧葬习俗）、过社、还愿、年俗，因为这些带有仪式性的习俗与事象，一方面，它们主要发生在民居空间里，很多的仪式与民居特定的空间、方位以及时间有着直接的联系；另一方面，这些事象也是鄂西南地区民众建房修屋在精神心理诉求方面最为重要的体现，也是作为技艺拥有者的掌墨师们，在学艺施艺过程中要学习的内容，并在实践中要"招呼"的，是鄂西南地区民居文化的核心要素之一。"由于非遗项目并非孤立存在，而是在其固有的人文环境和文化空间中进行实践和传承，并可能与其他项目关系紧密，如通常实践于同一种民俗活动中、属于同种器物的不同工艺门类等。因此，记录对象除了代表性传承人及其所代表的项目之外，还应包括其所处的文化空间，以及与之相关联的其他项目。"② 以此来审视鄂西南民居文化空间的内在关系，映衬"技艺·空间·仪式·文化"的鄂西南民居文化要素并行又相互作用的关系，将鄂西南民居的物质性和非物质性有机统一成整体，这也是本书研究的基本目标。

---

① 《国家级文化生态保护区管理办法》，中国非物质文化遗产网，http：//www.ihchina.cn/zhengce_details/16006。
② 《国家级非物质文化遗产代表性传承人抢救性记录工程操作指南（试行本）》，2016年7月，第22—23页。

第二章 营造技艺

> 一个时代工匠手艺之高下，一般人对他们技术的爱好与否，在一座建筑物上都留下痕迹。……古人论画不重精巧，不重谨细，却以"自然"为"上品之上"，我们论建筑亦是重自然浑成的表现，不倚重于材料之特殊罕贵，忌结构之诈巧，轻雕凿之繁细。①
>
> ——梁思成

"营造技艺"一词包含多重含义。其一，所谓的技艺，包含着技术和艺术的含义，《辞海》中对"技艺"的解释是"富于技巧性的武艺、工艺或艺术"，这当中既有纯粹的技术因素，也包括造型、装饰、空间布局等与艺术相关的内容。其二，所谓营造，有经营、建造之义，即为经营和建造一定包含人为的设计和过程，其中会有许多与人有关的思维、活动和仪式等；《通典·职官十五》载："掌管河津，营造桥梁廨宇之事。"《隋书·百官志中》："太府寺，掌金帛府库，营造器物。"《明道论》："唯竞穿凿，各肆营造，枝叶徒繁，本源日翳，一师解释，复异一师，更改旧宗，各立新意。"营造义为"建造、制作、构造"。其三，技艺和文化都有传承与发展，传承和发展的方式及其可能性是值得研究的基本内容之一。其四，技艺还意味着与材料、方法、造型、构成结构、色彩设置以及处理手段与方式有着直接的联系。

第一节 材料及其加工技术

鄂西南地区因其特殊的地理环境、气候因素，在民居建筑中的材料使用上呈现出较为明显的因地造房、因材施技、因材施艺、彰显材质、朴实

---

① 梁思成：《说建筑品格精神之所在》，《建筑史学刊》2021 年第 2 期。

稚拙等地域性民居建筑特征。

一 原材料类别

鄂西南地区民居建筑用材主要有木材、石材、泥土、竹子、茅草等各类自然物质材料，以及用这些材料加工的泥瓦、泥砖、石灰等。

（一）木质材料①

在鄂西南地区，木质材料是建房最关键的材料。一般来说，树木要生长 15—20 年、树干 2 米高度位置直径在 20 厘米以上的才能够用作修建民居。用于建造民居的木质材料主要是杉树、枞树、柏树、枫树、椿树、楠木、樟树、药王树等高大树木。木质材料主要用于做房子的柱子、骑筒、枋片、檩子、椽皮、门窗和板壁等。

1. 杉木

杉木为建造民居和做家具最主要的材料，该地区的杉树多为油杉、铁杉和水杉。油杉因其生长较快，且质地较硬，有韧性和香味，树干笔直，易加工成型，不易变形，不怕潮，干后重量轻等特点，在房屋建造中，主要用作柱子、川枋、楼枕、房梁、檩子、板材等，深受百姓喜爱。水杉因质地有脆性、易断裂、怕潮等缺点，在房屋建筑中主要用于装板壁、门窗等非承重部件材料。铁杉因其生长较慢、质地坚硬、树节疤较多，树形很难长得高大，主要用于制造门窗、过桥以及家具等。在早期，杉树皮还是盖房顶的主要材料。

在鄂西南地区，除了天然生长的杉树外，房前屋后都有种植油杉的习惯（见图 2 - 1 - 1）。油杉因其繁殖和再生能力强，有的一个树蔸有很多棵树同时生长，或者不同时期发芽生长而成一丛一丛的，且为常绿植物，生命力旺盛，不易死亡等属性，而常常被用作梁木的首选材料。同时，杉树因应用范围广深受老百姓喜欢，且油杉结果、有子，可榨油，油杉的树蔸树根腐殖后是制作敬神所烧香的原材料之一，油杉还是农家的主要经济作物之一。

2. 柏木

鄂西南地区的柏树多为刺柏，生长较快，砍伐后一般不可再生，主要以人工栽培、移植栽培为主；柏树树身直，树高可达 12 米以上（见图 2 - 1 - 2），材质细腻、硬朗，纹理清晰美观，有香味，因纹理成绞丝状较多，树枝结很硬，加工有一定难度。柏树在民居建筑中主要用于柱头、檩子、楼枕和枋片的制作，有时也可作梁木。

---

① 部分文献来自百度百科。

图 2 - 1 - 1　杉树

图 2 - 1 - 2　柏树

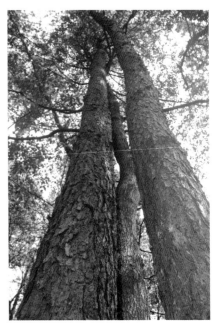

图 2 - 1 - 3　枞树

柏树在中国分布极广，北起内蒙古、吉林，南至广东及广西北部，人工栽培范围几遍全国，是优良的园林绿化树种和建筑用材。生长于海拔100—3440米的地区，多生长在路边、山坡、杂木林、针阔混交林、石灰岩山坡（多为向阳坡），目前已作为观赏树种而被广泛栽培。

3. 枞树

学名为冷杉，枞树为鄂西南地区最为常见的乔木之一，常绿，树干端直（见图2-1-3），枝条轮生，生长速度较快，砍伐后不能再生，因此主要靠飞播和人工移植栽培。枞树材质稍硬重，木纹美观，结构细致，有松香气味，易加工，强度中上，打钉不易开裂，拒钉力强，切削面光滑，湿料较重，干燥后较为轻便，机械加工、防腐工艺性良好。干燥加工后不易变形，耐潮。

在民居建筑中，枞树主要用于制作柱子、檩子、椽皮、地脚枋、楼枕和地楼板、天楼板和装板壁、门窗等。特别是椽皮、地脚枋、地楼枕、地楼板等需要耐水防潮材料的位置，多用枞树做原材料。

4. 楠木

鄂西南是盛产楠木的地方，普通的楠木会用作建筑材料和制作家具。建筑中主要用于房屋的柱子、川枋或檩子等；也可用于装板壁和楼板。金丝楠木为名贵木质材料，一般不用于建房。不过，在鄂西南地区有许多房屋里用到了金丝楠木作为建筑材料的，目前，在恩施林博园有一栋房屋的木质材料全部为金丝楠木（见图2-1-4）。在许多村寨，楠木成为景观树。

图2-1-4　恩施林博园金丝楠木屋

根据《博物要览》原文第十五卷《各种异木》所载："楠木产豫章及湖广云贵诸郡，至高大，有长至数十丈，大至数十围者，锯开甚香。亦有数种，一曰开杨楠；一曰含丝楠，木色黄，灿如金丝最佳；一曰水楠，色微绿性柔为下。今内宫及殿宇多选楠材坚大者为柱梁，亦可制各种器具，质理细腻可爱，为群木之长。"

楠木树形高大，挺直，材质硬朗，木材优良，具芳香气，弹性好易于加工，湿料性燥，干燥过程中易开裂变形，干燥定型后很少开裂和反挠，为建筑、家具等珍贵用材。楠木木材和枝叶含芳香油，蒸馏可得楠木油，是高级香料。

图 2-1-5　樟树

5. 樟树

鄂西南地区樟木较多，樟树属常绿大乔木，木材有香味，可驱虫害；树高达 10—55 米，直径可达 3 米；因其木材粗大，发枝开叉较低，树干挺直的部分较短，在民居建筑中，较少用于柱子、檩子、楼枕等较长规格的建筑部件，而适宜做宽的面板和各类枋片，主要用于做板材和木枋；樟木也是制作家具的好材料。鄂西南有大量的栽培和野生的樟树（见图 2-1-5）；因樟树粗大，树冠形状呈圆形，覆盖面大，被广泛用作景观树，或者成为村寨中的标志性景观。

6. 椿树

在鄂西南地区，椿树常常被移栽至居住环境周围，一是用作景观树，二是叶子在春季可供食用，三是长大后可做木材用于建造房屋和制作家具（见图 2-1-6）。椿树木纹较为清晰，且木质呈浅红色，具有较好的视觉效果。用作建筑材料时，一般做楼枕及各类枋片，或者装板壁、做门窗用；极少用在屋顶。在掌墨师和木匠行业里有"椿不顶天，脚不踏榉"的说法。

椿树又名木蠢树、臭椿，因叶基部腺点发散臭味而得名。原产于中国东北部、中部和台湾地区。椿树生长迅速，可在 25 年内达到 15 米的高度；椿树寿命较短，极少生存超过 50 年。臭椿树干通直高大，春季嫩叶紫红色，秋季红果满树，是良好的观赏树和行道树。香椿为楝科，落叶乔木，树体高大，除供椿芽食用外，也是园林绿化的优选树种。

图 2-1-6 椿树　　　　　　　　　　图 2-1-7 枫树

7. 枫树

在鄂西南地区，枫树也广泛分布于各地（见图 2-1-7）。枫树为高大乔木，因其树干粗大挺直，也常常用于做民居建筑材料。枫木因其性执拗，易变形和开裂，同时其名"枫"与"疯"同音，故在民间建筑中，该树一般不在中柱、房梁和大门、神壁等重要位置使用，多用于前后檐柱等位置。

8. 花梨木

在鄂西南地区，花梨木主要以白花梨和红花梨为主。花梨木为高大的乔木，品种繁多，其材质硬度较高，纹理美观，且具有很强的韧性，干后不变形，民居建筑中常常用于楼枕、檩子、柱头或门窗边框料等。因其重量和密度大，在家具制作中常常被用作脚料或者面板。

9. 榉木

榉木是鄂西南地区常见树种。在民居建造中有"椿不顶天，脚不踏榉"的用材讲究，即是说榉木不适宜用来做楼板或者楼枕，踩踏在脚下，因此主要用作柱头、骑筒、川枋等建筑部件；建筑内檐装饰也常选用榉木。按《中国树木分类学》载："榉木产于江浙者为大叶榉树，别名'榉树''大叶榆'；木材坚致，色纹并美，用途极广，颇为贵重。"有的榉木有天然美丽的大花纹，色彩酷似花梨木，为优良家具用材，又可供造船、建筑、桥梁等使用；江南有"无榉不成具"的说法①，榉木材质坚致耐久，纹理美丽而有光泽，其性脆而硬，施工不易；榉木性能稳定，变形率之高，为各类木材之首。榉木重、坚固，抗冲击，蒸汽下易于弯曲，可以制作造型，抱钉性能好。

10. 青冈树

青冈树在鄂西南地区为常见树种，常绿乔木，高达20米，广布于长江以南；资源丰富，用途较为广泛。木材质地坚硬耐腐，是木匠制作刨子的最好原材料，也是制造家具、农具的好材料；民居建筑中常被用作窗格材料、过桥等；它还可用来做铁道枕木。

在宣恩县七姊妹山自然保护区有大片台湾水青冈原始林，面积超过1000亩，主要分布在海拔1550—1700米范围内的山脊。在处于中亚热带的七姊妹山自然保护区，分布有如此完好的大面积原始台湾水青冈林，实属罕见。

11. 板栗树

鄂西南地区野生板栗树很多，既是建筑用材，也是家具用材，还是食品来源与经济林木。板栗树高达20米，落叶乔木，胸径可达80厘米；树皮暗灰色，不规则深裂，有纵沟，皮上有许多黄灰色的圆形皮孔。板栗树因木材质地坚硬，耐腐蚀，在民居建筑中主要用于做土墙屋的门窗过桥、窗格等，或者用作家具的脚料。在民居附属建筑中，主要用于建造猪圈，不怕猪啃和踩踏。

12. 锥栗树

常绿乔木，树可达30米，树龄为120—180年，平均成熟期为85年。锥栗树比板栗树纤维直，树干更加高大和挺直，且木质坚硬、耐腐蚀，但易变形，材料很重。在民居建筑中常被用作地脚枋、地楼板等，在家具制作中常被用作脚料。也因其坚硬耐腐常常被用来建造猪圈或者牛圈。

13. 泡桐树

鄂西南地区泡桐树栽培较为流行，多用作打造家具，特别是在传统社

---

① 参见百度百科，https：//baike.baidu.com/item/%E6%A6%89%E6%9C%A8。

会，家里有女儿出世，即栽泡桐，待女儿到了出嫁年龄，则泡桐用来制作陪嫁的嫁妆，建筑上做梁、檩、门、窗和房间隔板等。泡桐属于高大乔木，生长快，适应性较强，适宜于鄂西南地区生长。泡桐树干直，材质优良，轻而韧，具有很强的防潮隔热性能，耐酸耐腐，导音性好，不翘不裂，不被虫蛀，不易脱胶，纹理美观，油漆染色良好，易于加工，便于雕刻。

（二）竹类

鄂西南地区的民居建筑中，竹子的使用也较为普遍，其主要用于建筑的装饰部分，如装饰板壁、墙体、天花板等，以及建筑的附属设施，如搭建柴房、灰棚、栅栏等。竹类材料也是百姓制作日常生活用具的主要原材料，比如竹席、晒席、箩筐、背篓、筛子、簸箕等。鄂西南地区的竹类材料主要以楠竹、金竹、水竹（见图2-1-8）、慈竹、毛竹等为主。

图2-1-8 水竹

（三）石材

石材是鄂西南民居建筑的主要材料之一，特别是在清江流域和长江流域地区，以石材、泥巴建造房子比南部地区要多得多。现存的民居建筑和考古资料显示，以土石木为建筑材料的台基式和洞穴式建筑，分布地区也主要以鄂西的清江流域和长江流域为主。

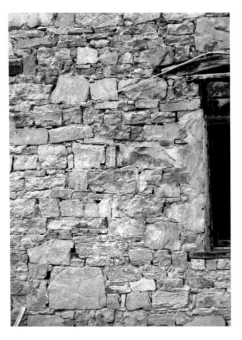

图2-1-9　石质材料

鄂西南地区用于建筑的石材主要以青石、红砂石、绿豆石、羊子石、河卵石、石灰石为主（见图2-1-9）；由石材加工而来的石灰，更是土石木类民居建筑不可缺少的材料。20世纪80年代以后，以现代科学技术生产的钢筋、水泥、机制灰砂砖、仿瓷及各类涂料等代替了石材、石灰，成为新民居建筑的主要材料。

以石头为原材料加工而成的石灰，是鄂西南传统民居建筑中常见的建筑材料，主要用于打土墙、平整地基和粉刷墙面。石灰是用石灰石（碳酸钙）在土窑内900—1100度高温煅烧而成为生石灰（氧化钙），一般呈白色块状；生石灰吸潮或遇水后分解为熟石灰（氢氧化钙），为白色粉末状，有轻微刺激味，也称消石灰。熟石灰加水较多则成为石灰浆，再经过筛网过滤并浸泡"陈化"，过火石灰至少两周时间后，沉淀去除多余水分成为石灰膏，主要用作黏合剂和粉刷涂料；石灰浆或石灰膏在空气中失水结晶和氧化后而被固化，起到固定和固化的作用。石灰浆或石灰粉与泥土、细砂子混合，可用于筑墙、勾缝等。生石灰块和生石灰粉须在干燥条件下运输和贮存，且不宜存放太久；长期存放时应在密闭条件下，且应防潮、防水。

（四）泥土类

鄂西南地区地处山区，泥土资源极为丰富，本地人为了建筑房屋，就地取材，在民居建筑中较为普遍地使用泥土，同时还可以节约成本。

1. 黄泥

在鄂西南地区的民居建筑中，运用泥土作为建筑材料建造房屋是一种较为普遍的现象。特别是在清江流域和长江流域，土墙屋很多。在土墙屋修造中，所用泥土主要是黄泥（见图2-1-10），修造房屋所用黄泥，含水量要少，并与石灰按照一定的比例混合，用墙板和墙锤夯打，一板一板相接地逐层夯接，再用拍板从墙体两侧催打、夯实，至墙体坚实定型，且在墙角处，加竹片作为墙茎，加固墙体转角的强度；在土墙屋建造中，每次夯墙高度在5—6尺，要等其夯实定型后再继续添加往上建造。依次累积往上添加墙体和附属固定材料，至封顶为止。

图2-1-10　黄泥

土墙屋的建造在技术上要求比较高，而且具有一定的危险性，稍不注意，就会有坍塌的危险。土墙屋需要用石头垒砌墙基，屋基至少需要两层，第一层需要下基脚，即要将地面松动不结实的土层全部刨开，一直挖到较为坚实的基础为止，挖开的地基槽宽度要大于墙体宽度至少1尺以上，以大石头夯填垒砌踏实，至地平面以上约3寸到1尺。在此基础上再垒砌与墙体一致宽度的墙基，约1尺或者更高的高度，有的甚至垒砌至楼枕枋以上；再筑土墙墙体至顶端。有的土墙屋还会在前面加一柱一骑的木构架以增加地面的使用面积。

土墙屋在建造中，门窗是需要使用木质过桥的，即门窗上方放置一块与墙体同厚度、比门窗宽2—3尺的木板，木板厚度一般在5—7寸，且多采用硬质木材，如青冈、板栗、锥栗树等硬质杂木制作。

2. 砖瓦泥

在鄂西南地区传统民居建筑中，所用瓦片和砖块主要是自产自销，取材于当地。制作砖瓦的泥土主要是灰色的黏土，一般情况下，这样的泥土是取自地表层以下2—3尺的黏土，再经过加工、烧制成型。对砖瓦泥土的要求比较高，一是要没有石头、树根等杂质，大多在种植过庄稼的地里更适合找到这样的泥土；二是泥土必须具有一定的黏性，且干后与烧制不开裂，易于采挖、揉捻、加工，最好的为高岭土。

（五）其他材料

在鄂西南地区的传统民居建筑中，除了树木、石头、泥土作为主要的建筑材料以外，还需要其他的一些辅助性材料，如石灰、茅草、杉树皮、谷壳、油麻藤、桐油、大漆等。

石灰主要用来筑墙、平地和粉饰墙面；茅草和杉树皮在早期可以用来盖屋顶，后来主要用来砌筑墙体时遮盖墙头，以避风雨；谷壳大多用来筑墙和整理地坪，增加黏土的摩擦力和黏结度；桐油和大漆主要用于门窗和家具的饰面，以增加坚固度、耐水性和防腐防潮，同时还可以美化门窗。

二　民居建筑材料的加工方法

鄂西南地区民居建筑材料的传统加工方法主要以手工完成，许多的材料加工还需要请专门的匠人来做。材料加工因材料的属性和用途不一，其加工的方法也不同。

（一）木质材料加工

木质材料主要用于制作柱头、骑筒、檩子、橡皮、枋片、楼枕、门窗、板壁等，因其在不同的建筑部位，材料的加工方法也就不同。木材加工主要以木匠使用的工具为主。

1. 主要工具

（1）锯类

锯类工具主要有撩锯、解锯、榫锯、圆锯、销锯等，其作用为裁料、下榫、分解木料。具体来讲，撩锯用来将树木根据建筑部件的长短进行裁剪，以便于搬运；解锯是用来将画好墨线的毛坯木料，分解为枋片、板材；榫锯是专门用来下榫锯榫，去掉多余榫口料材；圆锯是用来锯圆形造型的木材；销锯则是因为木板拼装后，板面较宽，一般的锯子无法下锯，而用直柄的销锯来锯出拼装板背面的木屑榫口。解锯和撩锯的锯片都比较宽，锯齿较粗，锯身也比较长，榫锯的锯片较窄、锯路比较细；只有圆锯的锯条很窄，路数很细。撩锯、解锯和榫锯多由铁锯条一片、铁钉两颗、木锯鼻两个、木锯把两个、木锯梁一根、锯绳（棕绳或者麻绳）一条和竹木锯别棍一

图 2-1-11　锯子

块组成（见图 2 - 1 - 11）；销锯是由一个锯头和木锯柄组成。

（2）砍削类

砍削类工具主要包括斧子、刀子、锛子等。斧子为木匠行业里最主要的砍削工具，也是农家生活必备工具；主要用来砍树、砍料和敲打凿子，或者劈柴等；斧子由斧头和木柄组成，斧子造型各异，重量不同。一般的木匠有两把斧子，一把重的用于毛加工砍料，另一把轻一点的用来砍画了墨线的板材、木方的余料，或者用来敲打凿子。锛子为修建房屋专用工具，主要用来挖开口较大的榫口，或者去掉余料。刀子不是木匠专用工具，而是农家生活必备用品，俗称镰刀，有弯直之分，直镰刀多用来砍树、劈柴用，弯刀则多用来割草、割藤用。

（3）刨类

刨类工具主要包括七寸刨、清刨、线刨、榫刨、圆刨等（见图 2 - 1 - 12）。刨子主要分为三大类，一是用来刨光柱骑、枋片、板材表面的七寸刨和清刨；二是用来做榫用的榫刨，主要有公榫刨和母榫刨，是楼板、板壁的板材加工做公母榫的必备工具；三是线刨，即装板壁、打家具等枋片边沿走出的装饰线。圆刨则是加工圆形物品刨光表面的工具，主要是细作部件的加工，有内圆和外圆两种。

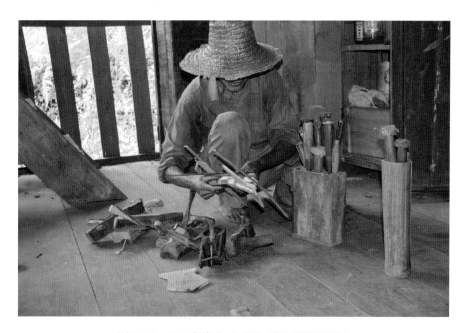

图 2 - 1 - 12　各类木工工具（摄于谢明贤家）

随着科学技术的发展，现如今大多采用电动刨子。这样大大节约了时间，但电动刨子相对废料，如需精细加工，仍需要人工刨制。

（4）画线类

传统木工的画线类工具主要有墨斗、墨锥、墨签、墨线，还需要墨汁。墨斗在木匠行业里是比较神圣的，一般不可以随意向墨斗里放置任何其他的东西。墨斗是用木头和竹子雕刻组装而成，前部是可以盛装墨水线团的杯状形态，中间为绕线的轮盘与摇柄，后部为可以插进墨签的尾部，许多墨斗都会以各种手法塑造成各种形状，并雕刻精美的图案加以装饰。墨锥连接在墨线的最前端，缠绕紧密，墨线穿过墨斗前端的杯状形态，绕在中端的线轮上，通过摇柄可以放线收线。放线时用墨签将墨杯里的线团翻起，压住穿过的墨线，拉动墨锥牵引出墨线至需要的长度，用手按住墨线，即可弹线。收线时摇动中端线轮上的手柄，将线绕在线轮上，即可将放出去的墨线收回。

墨签主要用来做记号、画墨线，墨签是用竹子做的，一般前端呈扁平细丝状，便于含墨，后端成尖状。墨线一般是细麻绳，或者棉线。

现代技术的发展，使得画线的工作也大大改进，目前大多采用铅笔、圆珠笔、水性笔等现代笔类来画短线。长线仍然需要用墨斗或者是灰线包。

（5）凿子类

传统的木工凿子种类较多（见图2-1-13），一般有榫类凿、洗眼

图2-1-13　各类凿子

凿、圆凿、方凿等，凿子主要用来打孔、凿榫或者剔掉多余的木料，还可以用来做雕刻。凿子的大小不一，最窄的为3分凿，宽的可达3寸左右。凿子的头部为铁，尾部为木头，尾端还会用牛皮或者麻绳绕箍，以便敲打尾部时不至于破裂。

现代凿子大多由电钻代替，但是电钻所钻孔洞为圆形，稳固性不好，因此，仍需用凿子将孔洞凿为方形。

图2-1-14　五尺（摄于余世军家）

（6）尺类

传统大木匠行业里使用的测量工具主要有五尺（见图2-1-14）、门光尺（见图2-1-15）、高杆、角（guo）尺、曲尺、搬角尺、卷尺、皮尺等（见图2-1-16），

图2-1-15　门光尺（摄于万桃元家）

五尺与高杆一般只能精确到寸，多用于粗加工的尺寸丈量，或者用于画柱骑的榫口位置。角尺主要用来取垂直关系和画短直线；搬角尺则可以根据具体的角度来确立画线的位置。其他如卷尺、皮尺等现代类尺子，也大多用来丈量大材料的尺度。

图2-1-16　其他尺子

（7）其他工具

在传统的木工行业里，还需要木马（见图2-1-17）、马板、马口、抓子、衬子、油斗、磨石、锉子、油类、扯钻（见图2-1-18）等辅助类工具。木马是用来固定放置木材或者马板的，马板和马口主要是用来刨枋片或者板材时放置材料和固定材料的。抓子、衬子一般是解料时固定木料的。油斗和油是用来润滑锯子、凿子的；锉子是用来磨洗锯齿，使其更加锋利；磨石是用来磨斧子、凿子等铁质工具的锋口。

扯钻是木匠的必备工具，不管是大路木匠还是细作木匠。扯钻是用来打眼的工具，特别是木质板材在拼接缝隙时，需要在打竹钉前，用扯钻钻眼孔，再打入竹钉。扯钻有各种尺寸规格和形状，钻头有大小之分。

图 2 - 1 - 17　木马（高罗乡政府凉亭走道建造现场）

图 2 - 1 - 18　扯钻

图 2 - 1 - 19　加工成型的各类
建筑部件（宣恩县高罗乡
政府凉亭走道建造现场）

2. 主要加工程序与方法

木质材料在民居建筑中根据其用途与造型，主要分为圆木类、枋片类、板材类和钉栓类。圆木类主要是指木材加工后呈圆柱形或接近圆柱形的建筑构件，有柱头、骑筒、檩子、楼枕等（见图2-1-19）。枋片类主要是指木材需要经过深度加工才可成型，即将圆木先按照规格要求裁切成方形木墩状，画墨线，解料一分为二，或者一分为"四轮上线"状；主要有川枋、地脚枋、楼枕、地楼枕、灯笼枋、各类门窗枋片，以及装板壁、神壁等边框枋片等，厚度从一寸到八寸不等，宽高比从1∶1—1∶2。板材类是对木材深加工后成为各类板材，主要有楼板、板壁板、椽皮等。楼板一般为一寸至一寸二，装板壁的板材一般为六分板——八板，椽皮一般为六分至八分，且宽度为四寸左右。

加工程序一般遵循"伐青山"（砍树）、裁料、去皮、方正画墨线、解料、阴干或晾晒、细加工成型（画墨线、裁料、再画墨线、去除多余料成型、刨光、再画墨线、打孔、洗孔、"讨退"、画墨线、做榫、洗榫）等基本程序。

木料初加工除了需要大量的体力劳动之外，还需要众多的脑力劳动。画墨线和砍料都需要脑力，思考如何合理用材，如何有效利用原材料，以减少材料的不必要浪费，特别是一些不是很挺直的树木，需要根据房屋建筑用材的具体情况来合理裁切。比如，一棵砍倒的树，该如何裁切？分几段？哪段作何用？曲直如何利用和裁剪？等等。画墨线弹墨线更是如此，画墨线主要靠记忆力，弹墨线既靠眼力，更靠手的准确度和力度，用"失之毫厘，差之千里"来形容弹墨线也不为过，画墨线和弹墨线要注意尽量减少材料的浪费。从"伐青山"砍树开始，就要对建筑用材量加以计算，以五柱四骑、高1.98丈，正房三间厢房两间屋的钥匙头吊脚楼民居建筑来计算用料，长短不同的落地柱子约38根，且最高的柱子要达到近10米长，长短不同的骑筒约28根，楼枕地脚枋约120片，川枋约30片，挑枋16片，檩子约80根，椽皮约1760米，楼板约10立方米，板壁类板材枋片约30立方米，青瓦片约2万片。按照目前的材料价格该栋民居建造完工的材料费用约60万元，人工费及加工费约20万元。加上其他附属设施及装饰费用，大约需要120万元。木料加工主要分为初加工、细加工和拼装三个阶段。

（1）初加工

民居建筑材料的准备一般要提前至少一年。砍伐树木的最佳时间为立秋以后，当年在白露后来年春分前更合适，一是这个时间段的树木水分较少、易干，二是木料不易长虫和腐蚀；春夏之际不宜砍树备料。砍倒的树木裁切后一般在山上或就地放置 1—3 个月，再搬运回家加工，有的直接在山上找个合适的地方进行初加工后再运回家。

初加工首先得要去皮，有些树木不宜过早去皮，而是要阴干一段时间后，再去皮，主要是防止木料干裂或者扭曲。去皮有多种方式，视木料本身的材质和种类而定。杉木直接用镰刀就可以轻易剥下树皮，剥下的树皮呈一整块，一张张摊开重叠放置，上面用石头之类的重物压住，等干透后还可以用来盖房子。有的树皮需要用斧子或镰刀砍削；有些树木也可以不去皮，直接进行型材初加工。

初加工第二步：取直方正。其一，将裁切好长度的去皮木料架在两只木马上，木马脚向内，根据木料的曲直和建筑部件的具体要求，翻滚木料，至较为合适的角度。其二，用墨斗等工具在木料的两端找到木料的垂直中心线：左手持墨斗，将墨斗线缠绕在墨斗摇柄上，墨线锤向下做吊线锤，眯一只眼用墨线对准木料截面中心和另一头的木料中心，右手拿墨签依照墨线对准的木料中心，在界面上下分别画个点作为垂直线记号，再用直尺对准两点，用墨签画出垂直线；依据垂直线再用直尺画出截面的水平线；再依据垂直线和水平线按照对称原理找到木料界面的正方形或者长方形建筑部件的外观形状的方正材料面；以此方法找到另一端的截面型材图示。其三，用斧子去掉需要弹墨线位置的树皮，再用墨斗线弹出树身的型材对应墨线，弹墨线时要将墨线垂直提起放下，不可偏移。其四，根据墨线用斧子或者锛子砍去多余的部分，砍时要留有一点点余地，便于后期加工刨光，且一面砍完，再翻过来砍另一面，砍完后保障砍切面具有一定的平整度；加工木料的两头时，要从里面向两头砍或者锛，这样更为准确地靠近墨线去掉多余的部分；然后用刨子刨光表面至成型。如果是柱子和骑筒等柱形建筑部件，初加工到此为止。

枋片和板材还需要继续进行初加工。其一，在方正好的材料截面继续用墨签和直尺按照枋片和板材的厚度，平均分割截面呈多份，再将对应两端分解的多层墨线按照相同的方向在材料身上弹出墨线来。以此，批量完成板材和枋片的墨线绘制。其二，将所有弹好墨线的型材，水平放置在解料的木架上，用抓子和衬子将需要解开的木料固定在解料木架的前端，后端则放上需要解开的木料型材和解开后的板材或者枋片，主要是用来压住解料木架，不使其移动和晃悠。其三，一内一外两人用解锯从树料的一端开始解料，一层一层地将木料分解。解料拉解锯时需要一人拉，另一人要松开锯口,即拉解锯的人锯口吃料深入,另一人让锯口,只需将解锯平稳扶住即可,不要用力推。一来一去,将料依次解开。如果是圆形料,解到超过一半后,需要将木料翻过来,再继续解料。解料是一个需要训练的技术活,拉锯要平稳、均匀,来回要自如,二人配合要默契;也是一项体力活,需要很好的臂力、腰部力和协调能力。

分解好的板材和枋片需要堆放平整,继续晾晒干燥至定型。一般会将材料按照三角形排列,依次交叉水平叠放呈高塔式,在木材交叉点下面垫放石板或者木墩,上面用石头或者重型材料压住,防止其变形扭曲,这样经过日晒雨淋半年左右,使材料干透定型。

(2) 细加工

细加工环节一般会有明确的分工与合作,一般情况下,掌墨师和二墨师主要是做画墨线、做记号等关键性技术活;技术稍好的木匠则可以打孔、做榫、洗孔、洗榫等;技术不是很好的,则主要是平整刨光、取直方圆、排扇等工作。

民居木构建筑的细加工主要包括平整刨光、取直方圆、画墨线、打孔做榫、讨退排序等细致工作(见图2-1-20)。

图2-1-20 四轮上线(龙山县洗车河镇捞车村修建湖亭施工现场)

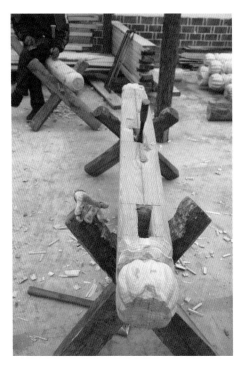

图2-1-21　木料加工之凿孔做榫
（宣恩县高罗镇镇政府院内）

A. 平整刨光、取直方圆

在初加工材料的基础上，需要根据建筑部件的具体要求对材料进行进一步的取直、平整、方圆与刨光。如柱子、骑筒、枋片等，画墨线和打孔后，柱子一般做成圆中带方的形状，需要对方形的木料去棱，再用刨子刨光。枋片则需要对其进一步地取直和刨光处理，以备画墨线和做榫。（见图2-1-21）

B. 画墨线

在技术层面和行业里，画墨线是民居建筑中最为关键的环节，所有的结构和空间关系，均在这一环节得到落实。出现差错，则料就废了。因此，这个环节是学习民居建筑营造技艺的核心环节，也是最难的环节。鄂西南地区的民居建筑，没有专门的设计图纸，掌墨师采用的是高杆，也叫斗高。就是将整栋房屋的川枋、楼枕及其榫口位置，集合在一根与房屋等高的竹竿上；用它去度量每个部件的具体榫口和榫头的位置、大小、方向和形状。画墨线时将一列扇架的柱骑按照结构顺序排列在地面上，用高杆将柱骑上所有有川枋、楼枕的榫孔位置整体确定下来，再根据具体的榫卯结构关系，从中柱开始画墨线，依次展开。画墨线还需要确立扇架的穿斗形式，主要有满川满挂和非满川满挂。满川满挂从一川、二川、三川、四川均穿过所在位置的柱骑（见图2-1-22）；非满川满挂则是一川为满川，二川、三川和四川则视情况而定（见图2-1-23）；但一般川枋至少要穿过三根柱骑，方可起到稳固的作用。画墨线包含四个方面的内容：一是建筑部件的实际大小和长度需要用精准的墨线表述。二是所有榫口高低、大小、形状和榫头的样式、形状、大小，需要精准地画出具有严格数据关系的结构图。三是要明确标注部件的正反方向，许多建筑部件是有明确的方向性的，这种方向性不仅是出于建造技术和房屋美观的要求，而且有的方向性是文化习俗的约定。四是要用鲁班符标注每个建筑部件在整栋房屋的具体位置。

图 2 - 1 - 22　满川满挂民居

图 2 - 1 - 23　非满川满挂民居

画墨线的主要工具就是墨斗、墨签、墨线、角尺、五尺、高杆或者钢卷尺、皮尺，榫口和榫头主要靠高杆和直角尺来完成。所有的柱骑都必须找到部件的中心线，并在柱身弹出墨线，以此开始画榫口或榫头的墨线。画墨线务必要对应川枋、楼枕、檩子等部件的大小、方向、形状和内部结构。

在木匠行业，建房修屋属于大路活，也称"外作木匠"或"大木匠"，对尺寸和制作技术上的要求相对较低，家具制作是小路活，也称"细木匠"或"内作木匠"，即需要制作精细，技术精良。俗语"大料去一寸，主人不晓得信；小料去一分，主人就要哼"（万桃元），就是对木匠技术要求的形象描述。因此，民居建筑中对于材料的加工技术要求并不是很高，其难度在于对整栋房屋结构和空间关系的架构。

画墨线前首先要"起高杆"，包括房屋高度、开间大小、步水宽窄、屋顶水面、升三、四角八扎等技术参数进行设置（后文详述），并在一根与屋高一样的竹竿上刻制出来。高杆即是大木作行业里的建筑图纸，也是考察一名掌墨师是否具备建造房屋资格的核心技术。起不了高杆，也就建不了房屋。因此，并非所有的木匠都会建房，也并非做工精巧和细致就能建好房；所以，在鄂西南地区称可以建房的师傅为"掌墨师"。这里的掌墨即是将整栋房屋的墨线结构关系，全部通过大脑储存和记忆，根据主人建房的意愿外化为高杆，并监管整栋房屋的建造过程和承担建造全过程的安全责任。

"讨退"是传统穿斗式木构建筑中常常被采用的一种川枋、挑枋与柱骑的榫头连接方式，是很重要的一种技术，其根本目的是保证柱头和骑筒在穿斗时准确地掐住位置，以增强扇架的稳定性和房屋的牢固性。以一川为例，中柱为加工成型的川枋原始尺寸，也为该枋片最中间的位置，依次在穿过的下一根骑筒或者柱头位置，要将川枋靠上面的榫头减少3—5分，川枋的下面保持直线，至檐柱则川枋变得最小；且将减掉的部分藏于柱头内部，这样柱头上的榫孔靠近中柱一面要高大，而靠近檐柱一侧要低矮，榫孔呈"L"形，俗称"肩膀榫"；同时，因为柱头和骑筒的大小不是绝对一致，柱头和骑筒的榫口宽窄不是绝对一样大小，因此，枋片上减掉缩小的尺寸大小，需要从柱骑上讨下具体的尺寸数据，才能准确计算出减掉的位置和尺寸关系，故名叫"讨退"。挑枋则按照相反的方向递减。这是大木匠行业里的专有术语。在许多民居建筑中也不用讨退，而将川枋做成尺寸一样大小的立方体形状，柱头或骑筒的榫孔是与枋片一样大小的长方形状。这样的穿斗式扇架的稳定性和牢固性要减弱很多。

画墨线还需要牢记枋片、柱头、梁柱等连接位置的榫卯结构关系，在穿斗式木构民居建筑中，大结构主要连接关系的榫卯结构有穿榫、燕尾榫、巴掌榫、肩膀榫、公母榫等。地脚枋与地脚枋、檩子与檩子的连接大多用燕尾榫；楼枕与楼枕的连接大多采用巴掌榫，川枋与柱骑的连接多采用穿榫或者肩膀榫，楼板、神壁板材、板壁板材的连接大多采用公母榫。

画墨线还需要用鲁班符在每一个独立的建筑部件上标注该部件在房屋中的具体位置和方向。标注位置是以东西、前后表示方位，结合柱骑、枋片的名称来表述，如东头前大骑、西头二金柱等，再配以画"撇"作为扇架的列数序号。鲁班符是一种在大木匠行业里传承至今的标识符号系统，只有行业内的人可以识别，有的可能在同一个建筑班子内才可以识别，其目的是保障技术的私密性。鲁班符实际上是一种将汉字草书与画结合的书写方式，且带有强烈的艺术化特质，在许多民居建筑中，这些符号一直保留在建筑物上，也成为一种有趣的建筑文本和可供观赏的图形符号。标识部件方向一般以堂屋中柱为基准做参照区分东西和前后，即面向神壁，右手为东、为大，左手为西、为小，背部朝向为前、面部朝向为后；因此，标有东西方向鲁班符号的，即表示为与中堂的左右关系，前后方向鲁班符标识即以中柱为界，表示其前后关系。

C. 挖榫孔与洗榫孔

挖榫孔是加工建筑部件的又一重要环节，考察的是工匠对于技术的熟练程度和技术精度，也包括对工具的有效控制度，稍不留神或出现差池，就可能出现榫卯松动、歪斜、扭曲等问题。所以，挖榫孔需要严格到毫厘的尺寸差异，且严格在墨线的控制范围内，特别是垂直、水平关系、榫孔深度的控制，还有对材料的熟悉程度，打孔的顺序以及打孔的操作手势手法都有严格的要求。

打孔一般也有严格的程序，柱骑上的榫孔，因为建筑部件特别是柱骑上的榫孔较大，一般遵循先"开田"，再挖孔。"开田"也是大木匠行业的专业术语，即用凿子按照墨线规定的榫孔关系凿下一分及以上，即为开田；行业有"三山六水一分田"的口述技术秘诀，这里的"一分田"即是"开田"的描述。开田后再用"挖子"或凿子将榫孔里多余的材料挖出来，因为这种工具较重且用力更猛，挖孔更快捷。通过这种打孔技术完成的榫孔是粗糙的，甚至还有许多地方没有达到榫孔穿榫的要求，因此，需要进行洗孔的环节。挖榫孔一定要细致，且留有余地，对手操作工具的稳定性要求较高。

在木匠工具里，有一套专门的洗孔工具，主要是口部较宽的凿子，洗榫孔是用洗凿对榫孔进行精度加工。主要完成三个任务，一是凿掉榫孔内多余的木料。二是依据墨线将榫孔方正取直，这个环节在技术上的要求是：凿孔洗孔务必在墨线上或者墨线内，不得凿到墨线外面来，即凿孔宁愿比榫头小一点，而不能比榫头大；因为小点还可以再洗掉多余的，如果凿大了，榫卯就是松的，需要固定的话就只能填塞木楔了，这样就大大减弱了榫卯建筑部件构成结构的稳定性和牢固性。三是将榫孔清洗干净，不出现多余的木屑，榫孔各面平滑，便于榫卯穿斗。

D. 做榫洗榫

做榫主要是对川枋、楼枕、檩子以及后期装饰的门框、窗框和装板边框的榫头制作技术，也包括柱骑的两端的部分榫头与装饰制作。

做榫与打孔是对应的技术环节，做榫采用的工具主要是锯子和凿子、刨子等，首先完成三个环节：一是用锯子沿墨线锯下到规定的位置，并将不要的材料锯掉；二是用凿子或者刨子将榫头洗方正和平滑；三是用凿子或刨子将榫头的末梢的方棱去掉约2分，以便穿斗时好进入榫孔。

做榫头的技术要严格按照墨线的线路进行，最好锯路走在墨线的正中，以保障榫头不小于对应的榫口，做完的榫头最好是比对应的榫口稍微大0.5—0.8分，这样让榫卯结合时敲打进去，使结构更加稳定和牢固，因为木料是有让性的，特别是像杉木、松木等木质较软的材料。做榫头要宁大勿小，留有余地。

大木作中做榫的工具很多，锯子有专门的下榫锯子，锯片较宽、锯路较窄、锯齿较细，有三种下榫锯子，大料用大些的锯子，小料用小锯子；锯子锯片宽一点，主要是防止锯子行走过程中出现歪斜，便于控制，锯路较窄主要是保证吃料少点以使榫头的准确度更好，锯齿较细，也是保证锯子吃料窄且行走较快，易于控制。做榫时会使用到各种凿子，做榫头使用凿子主要是在锯子行走不到或者下不去的地方，比如燕尾榫、插口榫的内端就需要用凿子凿去多余的料。具体操作时是根据榫头的大小关系选择对应的凿子。榫头洗榫也不宜太过于光滑，必要时保持一些锯路的痕迹，榫头的些许粗糙感会使榫卯结合更具摩擦力而牢固和稳定。榫肩膀部分下榫时，锯口应该稍微向内挖，以契合柱骑等建筑部件的外侧更好地吻合。

E. 部件造型雕刻与绘制

鄂西南民居虽不是豪华型的建筑，但是仍然有许多建筑部件通过各种手法加以造型、构造空间和完善结构。许多榫头、枋片还会做装饰造型，即榫头或者枋片雕刻出各类样式（见图2-1-24a-b），或者绘制各类图

图2－1－24a　吊骑金瓜造型（宣恩县沙道沟镇两河口村彭家寨）

案，以增加美观度，如骑筒、地脚枋、
一川等枋片的末端以及枋片本身对其做
各种造型，或者绘制各种图案等用来装
饰。所有的部件雕刻都需要先画墨线，
再用各类工具实施雕刻，先雕出大致形
状，再做精细刻画，至完成。它们是建
筑承重和结构一体的建筑部件，而非独
立雕刻装饰品的安装。在鄂西南地区的
木构民居建筑中，通过雕刻与绘制方法
完成的主要部件，有以下几种最为
典型。

　　第一，金瓜。鄂西南民居建筑的
"金瓜"，是在骑筒或者栏杆立柱的末
端，通过雕刻的手法制作完成的具有装
饰性的建筑部件，多数向下掉的骑筒末
端或者骑在川枋上的骑筒下端均有金瓜
造型；因其造型类似于金瓜，故取其
名。一根柱骑的末端或中间的金瓜在数

图2－1－24b　堂屋扇架骑筒底端造型
（利川市柏杨镇大水井村李氏庄园）

量上有 1 个、2 个、3 个甚至更多，一栋房屋里的金瓜造型也是各种各样
的，一般情况下，相同部位的金瓜造型基本趋于一致，特别是数量和大的
造型趋于一致，不同部位的金瓜会选择不同的造型；当然，也有一栋房屋
所有的金瓜造型均不一样，这个对工匠的要求更高。"金瓜"的制作程序
为：首先画墨线，画墨线是根据所做金瓜的具体形状，在骑筒末端找到十
字垂直交叉线，以此分出截面的等分关系，然后，在柱身靠近末端的位置
根据柱身大小和金瓜形状，设计找到金瓜的高度等分线和金瓜柱身的中
线，再将截面等分线延伸至高度等分线形成交叉墨线。其次是锯子在高度
等分线上沿柱身垂直锯出约 1 寸深，再用各类凿子根据金瓜的造型和墨
线，从柱端内侧向外侧凿掉多余的材料，再反向靠锯出的深度线凿掉多余
的材料，沿柱身墨线凿出金瓜的大致形状。最后用凿子深入雕刻，雕刻时
可以用锤子敲打凿子，也可以直接手拿凿子削掉多余材料，直至金瓜形态
达到预想效果。这类雕刻主要以圆凿为主。同一根骑筒的末端雕上 2 个及
以上的金瓜，还会在末端或者金瓜直接辅以其他的造型，雕刻的难度更
大、更复杂。板凳挑或者骑筒末端的金瓜还会与榫头一起制作完成，金瓜
的下面还会做榫或者榫头和金瓜融为一体（见图 2 - 1 - 24c）。金瓜主要
雕刻在吊骑、板凳挑上骑筒、扇架骑筒以及栏杆柱等末端位置。

图 2 - 1 - 24c　板凳挑的装饰造型　　图 2 - 1 - 24d　板凳挑的装饰造型
（咸丰县坪坝营镇新场村蒋家花园）　（宣恩县长潭河侗族乡杨柳池村）

第二，屋顶房梁。鄂西南地区对于房屋的梁木是高度重视的，首先体现在屋顶房梁的造型和美化上，其次是在于房梁的材料选择、制作、运输和上梁仪式等众多环节（后文专述）。屋顶房梁的造型与美化主要体现在五个方面：一是梁木的尺寸要求，一般要求屋梁的整个长度与宽度要保持尾数为 8，特别是长度。二是屋梁除实用性的榫口榫头的制作外，还有一个非技术和结构关系的特殊"梁口"造型（后文专述）。三是梁木的两端会用各类造型来美化，且以对称的方式处理；梁身造型上下多取扁状直线形、前后仍然保持树的圆弧形。四是会在梁身绘制太极图、龙凤、万字纹或者书写"紫气东来""吉星高照"等吉祥类文字。五是会用红布包梁，并在梁木两端的榫口位置扎彩带美化梁木。

第三，川枋。雕梁画栋，不仅体现在对梁木和柱骑的造型和装饰上，许多民居建筑，对部分川枋的处理也用造型和装饰，这些建筑部件主要是不装板壁和半封闭的川枋，如堂屋里的灯笼枋、檐柱的一川、扇架的二、三、四川等，这些川枋的造型来自两个方面，一是充分利用树木本身的弯曲状态自然形成的形态，这样既充分利用了自然材料的形状，稍做加工，在末端做出榫头并予以造型装饰，又减少了加工的程序，节约了时间和精力，这应该是民居建筑具有智慧的具体体现；二是人为设计的造型和装饰处理，如在川枋的末端雕刻各类几何形状、动植物形状等，也有在川枋的身子部分进行简洁的造型处理，如几何形或者花草等简洁的形状雕刻或者绘制。

第四，挑枋。在鄂西南地区的民居建筑中，挑檐是很重要的结构，其目的是将屋顶水面向外延伸至少一步水或者两步水，最多的可以延伸三步水，以尽量将屋面滴水向远处引出，避免打湿墙体或者板壁，同时增加地面使用面积，遮蔽走道风雨。挑枋在造型和技术处理上，一般选择具有一定自然弯度的树苑，加工成挑枋，从檐柱或骑筒向内挑至少两步水。挑枋穿过柱骑同样采用"讨退"的技术（见图 2-1-25），如果屋顶水面为"人字水"，挑枋的安放高度既要考虑建筑部件型材本身的弯曲度，还要考虑檐口水面"升三"的技术处理。如果是屋角要采用"翘檐"结构的话，其技术难度更大（后文专述）。挑枋在檐口端也会有造型处理，雕刻装饰纹样或者绘制纹样。挑枋的类型主要有两种，一种是直接挑在檐口下承接和安防檩子的普通挑枋，多为弯曲形状、挑一至两步水；另一种是板凳挑（见图 2-1-24d），即在檐柱楼枕上下位置穿出一步水一至两片枋片，枋片上置一块木板，木板上再搁置骑筒，骑筒上再安装普通的挑枋，骑筒似坐骑在板凳上的感觉，故此，张良皋先生称其为"板凳挑"；板凳

挑及其架于其上的骑筒也会有造型处理，结构多样。板凳挑是鄂西南地区
民居建筑的典型结构之一，其智慧体现在对檐口承重处理和地面空间的有
效分配与使用上。

图2-1-25　讨退（宣恩县沙道沟镇两河口村彭家寨）

　　第五，将军柱。将军柱是鄂西南地区木构建筑中最具代表性的结构
之一，将军柱是居于正屋同一水平面上最高的一根中柱，它承载来自正
屋和厢房两个方向的川枋、檩子的结构连接，是正房与厢房转接的抹角
屋的转向结构柱子（后文专述）。在造型处理上没有什么特别，其关键
在于川枋屋顶梁木和川枋的榫卯连接上，因此，在技术上要求能够具有
丰富的想象力和经验才可以完成画墨线和做榫卯。在技术处理上，因为
民居建筑中一般修房屋的时候，如果添加厢房成为"L"形或者撮箕口
形的房屋时，厢房会比正屋矮一步水，因此，在结构关系上不是一一对
应的关系。厢房的梁木应该置于将军柱正房梁的下一步水面的檩子位
置。依次构造前后檩子，建立前后屋面的水面关系，并保持屋檐的水平
一致。将军柱形成的抹角屋在屋面一般会形成"马屁股"和"钥匙头"
两种基本的屋顶水面关系（见图2-1-26a-b）。不同的水面形式，在
结构处理和技术上是不一样的，因此，在画墨线和榫卯结构上也呈现很
大的差异（后文详述）。

图 2 - 1 - 26a　马屁股（来凤县百福司镇兴安村田氏老宅）

图 2 - 1 - 26b　钥匙头（宣恩县沙道沟镇两河口村彭家寨）

第六，板材的制作和安装。所有的木板板材安装的基本程序是画墨线取直板材两边，再用斧子砍掉墨线外多余部分；用七寸刨和清刨刨平板面上下面和左右两侧的缝隙对接面。对接面的接缝处理主要有两种：一种是直接对接，也称撞缝，即直接将板材两边刨平对接即可；对接板材需要在板材缝隙面用扯钻对应打眼，打入楠竹或者金竹竹钉，然后将板材对接拼装到一起。另一种是机器缝，即为公母榫缝隙，是板材两边清缝后，再用专门的公榫刨和母榫刨刨出公榫和母榫，公榫凸出的高度和母榫凹陷的深度要吻合，可以将母榫稍稍做深0.3—0.5分，这样缝隙连接时保证缝隙更加紧密；楼板要保证靠向楼枕一面的厚度一致，这样才能使楼板装上后保持平整。为了使板材对应位置和撞缝时的顺序关系，可以将砍完边材废料的板材一字排开，在板材的某一面整体画一个"八"字形直线，便于区分板材的安放位置，也便于撞缝清缝时对应缝隙。板材的清缝是一个十分细致而烦琐的工序，需要一点点仔细核对和清刨，直至缝隙看不见光亮为止，特别是做撞缝板材的对接，对板材的清缝要求更高，因为稍不留意，就会透光或者漏灰尘；而机器缝板材清缝则没有那么严格，因为有公母榫交错对接，而不会透过光线或者漏灰尘，但是相对耗材。楼板的安装要从扇架边开始，在中间结束，靠近扇架的第一块板材需要讨墨，挖出柱子、板壁枋板凹凸形状，才能合缝到边；中间结束板材一般为楔形，且要比剩余留出的缝隙宽半寸到1寸，这样楔形板材安装上去，会挤压周边的板材，使整个楼板的缝隙更加契合和严密，而且这一块板要在3个月或者半年左右，继续向内催打，使楼板因温度变化和板材干湿缩水造成的缝隙能够严丝合缝；在楼板没有最终固定前，上面最好有压枋固定楼板，一般一趟楼板要2—3片压枋来固定；最终成型固定的楼板还需要打入楔形竹钉或者直接用铁钉钉入，固定到楼枕枋片上。而装板壁、做门等使用的拼装板材则需要用一个专门的装置对其进行压缝处理，即一根或者两根较为硬朗的圆木中段挖掉至少1/3，挖出的长度比拼接后的板材宽度略宽半寸左右，将表面做平整，再将拼装好的板材放置到卡口内，空隙处再用硬质木楔打入，硬催，放到太阳底下晒，晚上再收回催打木楔，如此往复三五次，板材缝隙即可紧密严实。催好缝隙的板材需要在背面画楔形墨线，用销锯锯下3—5分，凿子凿去楔形内的木头，将与之对应做好木楔打入楔形槽内催紧，并用扯钻在木楔的两端即板材两边的木板中间位置钻眼，用竹钉锁定；取下催缝装置，再做边榫，以备安装。

（二）石质材料加工

石质材料主要用于夯筑墙基、砌墙、制作磉墩、地脚枋下的隔潮条石以及砌筑墙角的转角石；有的也用作门窗的边框。

1. 加工工具及其使用

石匠所用工具有墨斗（颜色多用朱砂或土红颜色）、墨签、铁角尺、皮尺、钢卷尺、铁撬、锤子、钢钎、各类钻子、风箱等。

锤子有两类，一类是用于开山打钎、碎石的大锤，一般重量在6—12磅，需要双手用力，另一类是用来敲打钻子和敲打局部碎石的手锤，单手使用。

钢钎主要用来开山凿石、撬动大石，可以用来钻孔打眼后放炮、翘石、分解大石等，多为扁口，钎身多为棱形或者圆柱形，长短不一，长的有近2米，短的只有20厘米左右。开山凿石主要有两种方式，一类是放炮炸开石山，再用钢钎之类的工具撬开石材；另一类是直接用钻子钻出槽口，沿槽口不断将石头从山体上裁切下来。前一类主要用于整体无缝隙山体的石山开凿，炸开后的石材大小不一，多呈不规则状，且有的石材会因为炸药的威力被震松散；后一类则主要用于山体石头有缝隙的层岩，且裁切的石材比较稳定；红石山或者绿豆石之类的山体也适合直接用钻子裁切的办法。钢钎开山凿石至少需要两人来操作，一人执掌钢钎，钢钎被打一锤，就要稍微转动一下钢钎，以使钻开的口子呈圆形，握钢钎的人务必保持钢钎的稳定性；另一人操持大锤敲打钢钎顶端，开始用力时要轻一点，抡锤高度不宜过高，当钢钎钻进石头3寸左右时，使大锤的人就可以甩开膀子抡锤敲打了。抡锤时一手握在锤把靠近锤身的前端，另一手握在锤把的末端。抡锤敲打时前手需要前后移动，以保持落锤的稳定性，后手握住锤把末端不动，以使锤子运动保持圆形轨迹；当然，也有技术很好的，两手握住锤把末端直接甩锤打钢钎的。

钻子主要是指钢铁质类石匠工具，一般为一个人独立使用。主要有三大类：第一类是用于裁切大料、毛料的，俗称龙骨钻，结构为木柄下端有铁套，铁套内可以插入钻头，钻头呈椎体状，木柄上端用牛皮绳箍住，防止木柄顶端在锤子的敲打下开裂；配有长短大小不同的钻头，不同的钻头使用取决于石料的大小和钻路的粗细。第二类为尖头钢铁钻，钻身呈四棱柱体，钻头呈四棱锥状，无柄，主要用来雕刻剔料和钻花路修饰。第三类为扁钻，钻身呈扁长方体状，钻口呈扁平形。主要用来修平表面或者刻线、刻画细节所用。所有钻头口部或尖部均是经过淬火的，约1寸。如果长期使用，钻头失去钻力或者出现卷曲、缺口等现象，则需要重新打造和淬火，而不是用磨刀石磨，所以，一般的石匠是会打铁的工匠。在雕刻石头的过程中，钻子的使用也有技巧，一般钻头不宜垂直于石头面，而应该保持一定的倾斜度，这样才能保证钻头运行的路线既往前又往里走，如果

图 2-1-27a 磉墩(咸丰县
坪坝营镇新场村蒋家花园)

图 2-1-27b 隔潮石板(巴东县
野三关镇穿心岩村杨家老屋)

角度近乎垂直,则用力会将石材钻破,角度太小,钻头吃不进石头里,则剔不掉石料。钻子的角度和锤子用力还要互相协调,也要视石料的具体雕刻内容和位置而言。石匠制作和雕刻磉墩,其造型和装饰图案主要靠师傅传授形成的个人记忆和个人实际生活体验的创新运用,有的也有绘本式的文本参考。

2. 石质材料建筑部件及其加工技术

(1) 磉墩

传统的木构建筑为了防潮,所有落地柱头下面和地脚枋下面都会用石材制作磉墩(见图 2-1-27a)、石板(见图 2-1-27b)、门槛石来隔潮。在这些石刻建筑部件中,磉墩是极为考究的,有多种造型和装饰。从形态上来看,主要有方形、圆形、方圆复合体以及各类异形,从雕刻技术来看,主要有圆雕、浮雕、透雕和线刻;从装饰图案的题材内容看,主要有人物、动植物纹样和几何纹样;从材料的使用来看,主要为本地常见的青石、红砂石、绿豆石等石材。磉墩制作安装的技术程序一般为:开山取料选料、画外形墨线、初加工基本外形,画内部图案墨线、根据墨线初加工形态、深入细致雕刻、成型,运输、安装。

在鄂西南地区民居建筑中,磉墩、条石、门槛石等要请专门的石匠打制,至少在立屋或者修房前2—3个月定制,才能将磉墩制作好。磉墩的数量一般是一根落地柱一个磉墩,即一栋房子有多少根落地柱就有多少个磉墩,一栋房屋的磉墩造型可以是一样的,也可以不一样,这要看主家的具体要求和经济实力来决定。最简洁的磉墩就是将石头敲打成方体或者圆

柱体形状即可，最复杂的有透雕人物
或者动物图案（见图 2 - 1 - 27c），
且有多层结构。磉墩一般直接安放在
地基平面上，有的磉墩下垫一块石板
或者石墩。安置磉墩是在"割斗"
（后文详述）之前，"割斗"在立扇
架之前要完成。磉墩是整栋房屋的底
层承重部件，且一般会露在外面。

图 2 - 1 - 27c　磉墩（利川市
忠路镇老屋基村三元堂）

　　石磉墩的加工程序一般为：裁
料、画外形墨线、剔掉多余材料成外
形、画图案轮廓形、钻出轮廓形、依
据图案结构和起伏剔除多余材料、精
细加工、表面美化处理。钻刻石头时
要顺势而凿，用力要根据材料性质和
纹理状态下凿子，且要根据不同材料
和不同图案选择制作工具；剔料和刻
线时多用尖头钻子，打造平整多用平
口钻子。制作石磉墩是一项烦琐的体
力脑力活；同时，还要高度重视安全，一般石匠会戴手套和戴眼镜操作，
以保护手和眼睛。加工石材的工地，尽量不要让非工作人员进入，以避免
被飞溅的石子石屑砸到碰伤；即便是在同一工地干活的匠人，工作时也要
保持一定的距离，且最好背对背工作，以减少对面部和身体正面的伤害。
　　（2）石墙的砌筑与饰面技术
　　人类很早就学会了利用石材来制作工具，解决自己的生活生存条件，
原始社会的打制磨制石器即是最好的代表。人类早期利用自然石质山洞来
遮风避雨，逐渐演化为在洞穴内利用石材、木材、泥土等材料构筑属于自
己的小空间。在鄂西南的利川，至今仍然有人居住在山洞里。
　　鄂西南地区因其喀斯特地貌和丹霞地貌，石材资源极为丰富，种类繁
多，青石、红砂石、绿豆石比比皆是。在北部地区的清江流域和长江流域
因山大石多，因此石墙屋也较多。
　　石墙屋的建造程序主要包含开山挖石、加工石墙部件、运到屋场、砌
保坎、下基脚、砌墙、安放门窗过桥楼枕挑枋灯笼枋、收踩等步骤。主要
工具有开山加工用的钢钎、大锤、小锤、钻子、角尺、墨斗等；运输石头
主要靠人工挑抬背等形式，主要工具有铁红、抬杆、打杵、箩箩、撮箕、

扁担、背篓等。砌石墙所用工具主要有麻线、吊线锤、锤子、灰刀、扺子、墨斗、灰泥桶、薅挖锄、撮箕、扁担、竹木跳板、竹木支架、茅草篷、竹篾条等；主要材料包括石头、黄泥、石灰或者水泥、竹子、木枋等。石墙屋的石材一般会就近取材，或者是岩石地打造屋基地挖出来的石头即作为建筑材料使用，或者在修房子的左右两边或者屋后开山取石，这样既减少搬运的麻烦，也减少经费开支。

石墙屋在正式砌墙之前，要加工必要的一些石头部件和其他木构部件，如墙角的转角石、门槛石、门框石、门楣石、窗框石等，讲究的还需要在石上雕刻出精美的图案，如果与木构扇架混合，还需要打制礩礅。

墙角转角石主要有两种类型，一种是外墙转角处的石头，是将石材的两个相邻面锤打钻修为互相垂直关系的平面；另一种为门窗洞的墙体转角。这类部件既可以用一整块石材加工成独立的一块部件，拼接安装构成门洞，整体、好看，还可以做造型和雕刻图案，部件需要材料整体、无缝隙，但运输难度较大，至少需要四人抬运。因此为了节省时间和人力，民居石墙屋的门洞转角石多为小块转角石砌筑而成，只要能将两个转角砌筑成90°转角即可。这类转角石和外墙转角石基本上是一样的。

砌筑石墙需要先布线，即根据预想的房屋形状、尺寸和结构关系在地基上放线，放线须先将堂屋的中轴线对准山向，用石灰画出线，再以轴线为准，对应找出堂屋前后墙体中心线的地基位置和房屋间的分隔墙的中心线；根据中心线以对称方式放出墙体线。然后，挖墙体地基、砌筑墙体地基和墙根脚。砌筑墙基时需要用麻线准确定位墙体位置和厚度尺寸，分别用木棍或竹竿固定。砌筑墙体地基首先将墙基下的松软泥土挖开，务必挖到老底，即硬质的泥土或是成片的石头处，再采用较大的石材砌筑墙基，每块石材务必安放稳当。第一层需要一块石材紧挨另一块石材，石材间出现的缝隙需要选择大小形状合适的石头安放进去，并辅以碎石泥土混合物夯填，再用三合泥或者泥浆或者水泥砂浆勾填缝隙。第二层石材垒砌时尽量压下层的石缝，依次砌筑和填塞至地平面位置。砌筑时有的材料不合适的需要用锤子敲掉多余边材，安放不实在的还需要用大锤敲打夯实。墙体基脚做好后则要布线砌筑墙根脚，墙根脚比墙体稍宽约2寸（内外各1寸），高度至少1尺以上，主要用于防水和加强稳固性。

砌筑石墙和夯筑泥墙一样需要搭脚手架，一般会用木棍穿过墙体，与树立在地上的木材搭接，在横着的木棍上铺木板或者竹跳板，这样既牢固又便捷，墙体砌筑完成后，取下木棍，填塞空洞即可。也可以在墙体外搭建脚手架，铺放跳板，跳板宽度一般在1—2尺，离墙约1尺，单层高度在 6 尺左右。

砌筑石墙的技术要领：一是要严格按照墙体尺寸和形状要求，水平放线，安放石头时让其外侧面与基准线保持在垂直线上，转角处放置转角石，以保证转角的直角关系；同时，需要随时用吊线锤在墙体的转角处或者有垂直线的位置检测墙体的垂直度，不得偏移。即便再有经验的师傅，也离不开吊线锤的使用。二是要将每块石头安放稳当，且尽量将稍平的面置于墙面，没有平面状的石头需要用灰刀或铁锤敲掉多余的石料，找准合适位置摆放试一下，能合缝摆放稳当，再添加勾缝泥浆，然后将石材对应摆放，用锤子轻轻敲击石头，让其和下面及四周贴紧压实，用灰刀刮去墙面多余的泥浆，放置到墙内或者灰桶里。三是石头缝隙尽量错开放置，多采用压缝处理，或者大小相间的方式放置，以保障墙体的稳固性。四是砌筑墙体时最好是内外各一人同步砌筑，以使观察更易把控；同时，每个师傅一般要有一名小工帮忙，主要任务是运送石头泥浆等材料上跳板，混合泥浆，搭建脚手架等工作。

石墙砌筑可以在不同的位置多个人员施工，雨天是不能砌筑石墙的。砌筑石墙可以连续施工，不像泥墙夯筑一截后需要干燥，收水拍实压紧，为防止下雨淋湿，砌筑好的墙头仍然需要用草棚覆盖。因此，建造石墙屋比建土墙屋所用时间要相对短一些，石墙屋也更为牢固，也可以建到更高的高度，石墙屋的后期饰面处理要麻烦一些。早期的石墙内部饰面一般要用加稻壳的泥浆打底，泥浆灰底主要是找平墙面，因此，上浆务必保持手势平稳，反复涂抹，压紧压实，要让泥浆渗进石缝，内部连接密实，表面平整，不宜太过光滑；再用带谷糠的泥浆打第二层底。第二层的任务是找平墙面，减小墙面的粗糙度。在此基础上再上白灰，白灰一般要上 3—4 遍，第一遍要用灰刀刮上去，第二遍再刮，第三遍可以用生石灰水刷 1 遍或者 2 遍。20 世纪 90 年代以后的墙面处理，则多采用了夹麻灰和仿瓷涂料、外墙漆等新型材料来饰面了。

鄂西南地区的石材大多是不规则的青石，也有层叠结构的青石，均可作为民居建筑材料用。层石砌筑墙体时，一般是平放，即面积大的两个面朝上下，也可朝左右，不宜大面朝向墙面。不规则石头砌筑墙体，小点的一般将长度大的方向与墙体垂直放置，大的不限，只要安放稳当，并使墙体表面部分敲打平整即可。红砂石一般会在加工时敲打成与墙体厚度一致的条状，即石砖；上下和左右面抹灰，错缝砌筑整齐即可。河沟里的鹅卵石不适宜直接用来砌筑墙体，因其太光滑，砌筑墙体的稳定性不好，需要用凿子加工，使其表面变得粗糙有棱角。

（三）泥土类材料加工技术

泥土作为建筑材料需要与石材、木材等材料一起才能建起一栋房屋。泥土材料在鄂西南民居建筑中应用较为广泛，主要用来夯筑墙体、整理地坪、做砖瓦，也可与水、石灰混合成泥浆，作为石材砌筑保坎、墙基、墙体、沟渠的黏合剂。

1. 泥土类建筑材料加工主要工具

作为建筑材料的泥土一般为黄泥或者具有黏性的泥土，传统施工程序一般包括挖泥、剔杂物、碎泥、拌石灰、挑泥、夯筑、拍实、粉刷等。泥土加工所用工具主要有挖锄、蓐锄、矮系撮箕、带钩扁担、墙板模具、夯锤、衬子、拍板、抿子、泥瓦刀、吊线锤、竹木跳板等，可以与之混合的有熟石灰、糯米浆、稻壳、米糠、篾条、稻草等辅助材料，还需准备石材、木材制作的门窗过桥、楼枕、檩子等建筑部件。泥土、石灰和糯米浆混合后俗称的"三合泥"，干透后坚固耐用。

2. 主要建筑部件及其材料加工制作技术

（1）砖瓦

砖瓦是民居建筑很重要的建筑部件和建筑材料，在鄂西南民居建筑中，砖瓦是由专门瓦匠制作售卖，主家买回家备用即可。瓦片是极为重要的建筑部件，随着钢筋水泥房子的普及，传统的制瓦制砖技术也已经逐步淡出人们的视线。在20世纪80年代前，各村各寨均有自己的青瓦青砖制作坊和窑口，2000年以后，慢慢消失殆尽；以至2019年宣恩县彭家寨做村寨保护，修复民居屋顶需要加密瓦片时，只能找到老高山被拆迁的老房子旧瓦，可见在鄂西南地区，烧制青瓦已经几乎绝迹。现如今在鄂西南地区的村寨中，大量盖瓦的民居房屋建筑，大多用水泥瓦或者玻璃钢瓦替代传统青瓦。鄂西南地区传统民居盖房使用瓦片，在形状和制作技术上没有沟瓦、盖瓦、滴水瓦、脊瓦等类别之分，均使用同一种瓦片。

制作青瓦青砖看似是一件体力活，实则是一件既要体力，更要脑力，耗神费力的精细活，每一个环节都需要精细制作、管理，特别是在上窑烧制阶段，对火候、温度、时间、水量等要素的控制，是关乎一窑瓦坯变成瓦片的关键。烧窑是一件十分辛苦的事，从点火开始，烧窑工就不得离开窑，要连续七日左右日夜守在窑口边，随时监控窑火的状况，稍不留神，几个月的功夫就是白费。烧瓦是制瓦的关键环节，焖火放水铁化需要约3天，加上装窑、卸窑各需要3天，一窑瓦烧下来大约要半个月时间。烧窑也并不是每一位瓦工都能完成的，而是需要聘请经验十分丰富的烧窑师傅来做。

传统民居多采用青瓦作为屋顶的覆盖部件材料，早期也有用草和树皮、石板盖顶的。制瓦制砖需要有专门的炼泥坑和制瓦、凉瓦棚。以青瓦制作为例，看看传统制瓦技术基本程序和技术要领。青瓦的制作程序和技术一般分为挖泥选泥、炼泥踩泥、切削成踪、制作瓦筒、晾干成型、上窑烧制、量水铁化、出窑堆放等主要环节。传统制瓦需要用到的工具和材料主要有挖锄、薅锄、牛、弓丝切削器（弦子）、制瓦器、制瓦板子、制瓦台、水盆、谷壳或者草灰、大量木柴、水、茅草蓬或者塑料薄膜等。

挖泥选泥：青瓦使用的黏土材料要求比较高，一般为地表层下的高岭土或者有黏性的泥土。选择好位置后，需要将表层泥土刨开，挖至全部为黏性泥土为止，表面面积为 60—100 平方米大小，再继续深挖约 40 厘米，挖泥时需要将泥土用锄头拍松拍细，以便于从中将树根、草根、石头等杂质剔开。

炼泥踩泥：首先将挖好选好的泥土置于一个 60—100 平方米的大坑里，或者就地挖泥时构造出泥坑，放水将泥润湿，润水 3—5 次，让水分达到合适程度。接下来就由人牵着牛进去开始踩踏泥土，转圈反复踩泥，将泥踩至细腻黏稠，且具有可塑状态为止（见图 2-1-28a），炼泥踩泥一般至少要半

图 2-1-28a　搅和泥土（牛踩人踏）至粘连
（张洪刚摄于恩施市三岔乡阳坪村
下槽坝杨师傅土瓦厂）

天以上。踩踏要均匀，每一寸泥都需要反复踩到，尽可能保障所有的泥土的可塑性、收缩性相近；踩踏中还需要反复将踩踏中遇到的树根、石子、草根等杂物捡出丢掉。

切削成踪：炼好踩好的瓦泥需要从坑内切削挖出，一般用专用的切削弓丝工具将瓦泥切成块状，搬运至瓦棚内堆放，堆放的瓦泥要用草棚或者塑料膜、油纸覆盖保湿。同时，将瓦泥切削成 1 尺×2 尺条状泥板，再行堆砌压实成一堵 4—6 尺高，很规则的泥墙；或者直接搬运瓦泥先堆砌到一定高度，再用切削弓丝切削成宽 1 尺、高约 6 尺的长方体泥墙，以便做瓦时裁料。堆砌好的泥墙一样要在四周和顶部覆盖保湿材料，保障瓦

图 2 - 1 - 28b　取坯入模（张洪刚摄于恩施市三岔乡
阳坪村下槽坝杨师傅土瓦厂）

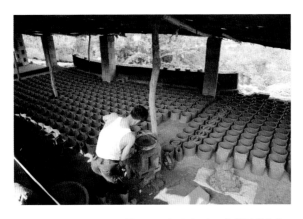

图 2 - 1 - 28c　一模四匹 晾干成型（张洪刚摄于
恩施市三岔乡阳坪村下槽坝杨师傅土瓦厂）

泥的水分不流失（见图 2 - 1 - 28b）。

制作瓦筒：需要用到弓丝切削器、制瓦器（瓦坯桶）、制瓦平台、瓦筒高度切削器、谷壳等工具和材料（见图 2 - 1 - 28c）。主要程序为：切泥片、上制瓦器、处理泥片接头、旋转泥瓦台沾水拍打泥片成型、取瓦筒高度切去多余材料、移出粘底部谷壳、放置到地平面、取下制瓦器、拿掉内胎布。制作技术要点：切削泥片一般在半寸左右厚度，要尽可能保持厚薄均匀；上泥瓦制作器时，要将泥片搁置贴紧，接头部分要保持约 3 寸的交叉叠合长度，并用手将两个尾部稍作削薄楔形处理，再搭接接头，手握拍板用力拍打接头处，使其连接紧密，拍板再沾水用力抹平泥片表面，并不断旋转制瓦台子，使泥片表面平滑、均匀和密实。一般情况下，上部应比下部稍薄，因为制瓦器的圆形筒是上小下大；瓦片成型后，窄边较薄较短，宽边较厚较长，两侧厚薄长短匀称。瓦筒高度切削器使用时要保持垂直，切削要平稳、切透。粘谷壳或者草灰的目的是让湿的泥筒放置到地面，起到隔绝的作用，以使泥筒不至于和地面泥土粘在一起，便于瓦片成型。取制瓦器时首先将制瓦器木板从缝隙处往内收板，脱离内胎布和瓦筒，再取下内胎布，制瓦器复原，套上内胎布。如此反复进行，制出的瓦筒按照顺序排列在地面晾干。

晾干成型：制作好的瓦筒在制瓦棚内的地面阴干，不得受阳光直射，或者温度过高，以免瓦筒在晾晒过程中收水太快而出现裂隙，尽量不要让其变形、坍塌；若遇裂隙、变形厉害甚至坍塌的，则要毁掉。瓦筒在阴干收水定型且还有一定湿度时，要用铁钉或者木楔在瓦筒内部出现瓦片分界线上划出深约2分的一道口，以便分解成型时易于分开。在瓦筒水分干至七八成时，则用手轻拍瓦筒身子，将瓦筒分解为三片或者四片瓦坯；拍打时尽可能用手掌全部，用力要均匀、受力面尽量要宽。分解好的瓦片要置于专门的晾坯台基上，第一层按照一致方向的顺序摆放，第二层反方向排列摆放，如此多层垒叠起来继续阴干，一直到瓦坯干透为止。

上窑烧制：这个环节是青瓦制作最为关键的环节，微小的失误就会导致整窑瓦片成为废品。因此，这个环节一定要请经验丰富的烧窑瓦工来把控。首先是往瓦窑内装瓦，码窑采用"中密边稀"的原则，① 码窑装瓦时要一层一层地按照一致的方向排列，相邻两层的方向要相反；务必要留出烟火道，以使柴火燃烧的火苗或者温度进入每个角落和每一片瓦，使其尽可能受热均匀。装瓦和装柴同步进行，这样就保证窑底部的瓦片周围布满木柴；装好瓦片和柴火，需要将窑门用砖封小，留出点火加柴窑口。烧窑主要有四个阶段：点火预热排潮、大火焙烧升温、稳火焙烧保温、闭窑下水冷却。窑门点火时，要将窑顶所有的气门打开，窑口一般会放置干柴，点火后会将窑内木柴全部引燃，烧窑时主要通过窑门火的颜色和窑顶气眼的烟，来判断窑内温度和瓦片烧制的成熟度。窑火开始时，窑顶冒出的是白色烟，柴火全部点燃后，窑顶会冒出青黑色烟；窑内砖瓦变为白色时，

要将窑顶中间的气眼封闭堵死，使窑火向窑的四周燃烧扩散。一般情况下，窑内温度要达到800—1000度，才可以闭门焖烧，并关闭窑顶其他气眼。

量水铁化：窑内木柴或者燃料全部燃烧且温度达到800—1000度时，则将窑门、窑顶气眼等进气出气孔全部封

图2-1-28d 上窑烧制 闭窑铁化（张洪刚摄于恩施市三岔乡阳坪村下槽坝杨师傅土瓦厂）

① 汉五铢：《中国建筑材料：传统青砖的工艺流程和技术》，《古建中国》2019年1月25日。

闭堵死，隔绝氧气，进入焖烧；窑顶放水冷却，使窑内温度迅速降低，柴烟进入瓦片内碳化，同时，窑内隔绝氧气，使泥土中的铁不完全氧化，使瓦片呈现出青色，实际上是一种近于黑灰色的颜色。量水铁化的过程中，务必保证窑的四周不得漏气，如出现漏气现象，应及时封堵。窑顶不能断水，并要随时添加补充水，保持水量充足，直至窑内温度降低至60度左右，方可开窑出瓦（见图2－1－28d）。

图2－1－28e 出窑待用（张洪刚摄于恩施市三岔乡阳坪村下槽坝杨师傅土瓦厂）

出窑堆放：瓦窑烧制冷却完成，打开窑门出瓦。打开窑门后要等一段时间，让外面的新鲜空气进入，保证窑内氧气充足，进窑前，需要用手背触碰一下窑内瓦片温度，应该略比体温稍高方可进入（见图2－1－28e）。出窑时应该从上面开始取瓦，一层层依次往下，要防止坍塌。运出窑的青瓦要摆放整齐，为防止泥土和水浸湿瓦片，可在下面平放一层烧好的砖头。瓦片堆放一般按照螺旋形在地面摆放第一层，第二层反方向螺旋摆放，外围向内收一片瓦的宽度，这样层层垒叠呈锥体状的瓦堆；若在室外，上面可用茅草或者油纸遮盖。堆放时还需要对瓦片的质量加以检测，不合格的次品可以放置一边，或者毁掉。

制砖的方法、程序和技术要求与制瓦基本一致，不同的是制砖使用的模具不同，也不需用水将砖的表面磨光；砖头晾干码放时则要使砖头之间留出缝隙，以保证通风。烧制时一般会将砖瓦分开烧，这样更能保障质量，当然也有混烧的。在鄂西南地区，还有一种青砖是直接用泥土在砖模里夯筑、晾干后烧制的，砖块较大、表面粗糙、内有气孔，承重效果较差，主要用于做隔断、垫于地脚枋下隔潮等。

制作青砖瓦是一项十分烦琐且技术含量很高的建筑部件制作技艺，也是中国传统建筑中具有很高价值的建筑工艺。在钢筋水泥冲击下的今天，在鄂西南地区这项技艺基本消失（见图2－1－28f）。

（2）土墙屋墙体夯筑与饰面技术

鄂西南地区的民居建筑中，有大量的土墙屋，即房屋四壁和隔断全部

图2-1-28f　现存烧砖瓦窑口（拍摄于恩施市芭蕉侗族乡野鸡滩）

使用泥土夯筑墙体围合而成建筑主体。当然也有半土半石加木材混合式，也有土木混合式、砖土木混合的；屋顶使用木头檩子、椽皮，加盖青瓦或者树皮、茅草之类。土墙屋墙体的夯筑程序主要有放墙基线、挖墙基壕、垒砌地基石、砌筑墙体基脚、夯筑墙体、安放门窗过桥与墙筋、催打紧实、再次夯筑墙体、安装楼枕与墙筋、催打紧实、再次夯筑墙体、安放拉枋灯笼枋挑枋和墙筋、拍打催实墙体、割跺封顶（找水面）、计算步水与挖檩子槽。土墙屋的地基是用石头砌筑的，一般至少要做两层，第一层为墙体地基层，要深挖至硬质的底层，再以石头加三合泥或者泥土石灰混合浆做黏合剂，砌筑到地面以上5—6寸，至少要和房屋最终的地面齐平，墙基层要比墙体宽3寸以上，底基层厚度一般在2尺以上；在此基础上，继续用石头砌筑与墙体同宽的墙基，墙基厚度一般在1尺到1尺5寸，墙基主要用来防潮隔水，砌筑高度至少在地平面以上1尺，要视主家的意愿和材料情况而定。

土墙屋墙体夯筑技术要领。

泥土选择与混合：做土墙屋的泥土一定要选地表土层下面的黄泥或者具有黏性的泥土，挖出的泥土要将树根、石子以及各类杂物剔掉，再将泥土敲碎打细，尽量成为细小的颗粒状，再加熟石灰粉一起干混拌至均匀，混合后如果太干，则适度喷洒水分，再继续混合搅拌。干湿程度以将泥拿到手上捏实成泥团，松开泥团掉落地上，泥团自然分开即可。

墙板模具与墙锤及其使用技术：夯筑土墙的墙板模具一般使用较厚的两块一样长和一块短木板用卯榫结构拼合制作完成的，一头用板材榫卯连接相对固定，另一头是开放的，开放一头用模具卡卡住墙板模具，两块长木板中间的距离即是墙体的厚度尺寸。模具卡也是用木材制作的，为活动的支架型结构，由两部分组成，下面是一根比墙板模具宽且带孔的直木棍，孔距与墙板模具的外侧距离一致，这根木棍可以准备两根；上面是三根木棍榫卯连接成 U 字形，竖直木棍末端可以插入下面那根木棍的榫孔内，一起来固定墙板模具的另一头，使夯筑墙泥时墙板模具的两块长板保持平行竖直。墙锤用硬质木材制作的两端较粗的锤形状，中间为手握柄部分，整体长度为 5—6 尺，两端锤形一个为较粗圆形截面，作用主要是加力；另一端锤形为稍细的长方形截面，其作用主要是用来夯实墙泥，做成长方形才能和墙板模具的边角吻合，夯泥时才能夯筑密实。

墙板模具安放：在上泥前应该将模具卡下端的木棍垂直于墙体的地基或者墙头上面水平放置，再将墙板模具开放的那端距离墙板头约 1 尺的位置放在模具卡的木棍上，插上模具卡的上半部分卡住墙板模具，墙板模具的另一端放置在地基或墙头平面上，将墙板模具内侧板面与墙体厚度线对齐、放置水平。

上泥夯墙拍墙：上泥先从墙板模具封闭一端开始，第一层泥土上 6 寸左右厚，用脚将泥土轻轻扫平，再用墙锤从墙板边开始轻轻夯打墙泥；打泥时，应该从墙板边开始，一边一锤，依次连续锤打；捶打时一锤压半锤，如此打完第一遍；防止用力太猛和单独打一边会使墙板歪斜，后期很难调整。第二遍加大力气用墙锤夯筑泥土，方法同前，主要是将泥土夯筑密实。第三遍则用力夯筑，使墙体泥土结合更加密实稳固。夯筑时墙锤握在手上时，两手保持适当距离，锤身略微成一定倾斜状，落到泥土上时，成垂直状态，这样保证墙锤表面与泥土表面结合均匀、受力一致。第一层夯实后，再夯筑第二层泥，直至整个墙板模夯满为止。一板夯完，用墙锤敲打模板卡使其抽出，并将模板卡子的上部分取下，再轻轻敲击墙板使其与墙体松开，再用力将墙板模具提起，接着该板夯好的土墙反过来放置墙板模具，装卡、上泥、扫平、夯筑三遍；如此往复一板接一板地沿地基夯筑完第一巡墙体。门洞可以预留，窗洞不需要预留。接下来再夯第二巡，如此往复至需要安装其他部件或放置其他材料。在墙体夯筑的同时，还需要至少两个人一内一外将墙体用拍板敲打拍实、拍光滑，拍墙过程中各自需要放一撮与墙体一致的泥土，随时填补夯筑中未夯实的空隙，将泥土用手摸上去，再用拍板拍平墙面。这项工作从开始夯筑墙体就要进行，且务必一内一外两个人同步拍打相对应的位置，这样才可以使墙体不出现歪斜和变形，特别是墙体中段和越往上夯筑这个工作越重要；之后一般每隔3—5 天要催打一次，使墙体泥土紧密结合达到稳固坚实且美观。

　　放墙筋、安过桥、楼枕：墙体夯筑过程中，在墙体内需要加装慈竹片作为墙筋，特别是转角处和墙体连接处，横竖均可添加，墙筋的主要作用是使墙体连成整体，增加墙体的稳固性。墙体连续夯筑至门窗上沿高度时，需要安装门窗过桥。过桥是预先做好的，一般是一块厚3—5寸的硬质木板，或者是硬质木枋拼装的。安装过桥应该考虑墙体的收缩程度，所以一般会比计划尺寸略高1寸左右；安装时首先要准确量出门窗高度，用锄头铲去多余的墙泥，再用水平仪在墙体上找水平，前后左右都需要认真核查水平状态，并将墙头铲平整，最后放上过桥板，务必保证与墙体宽度一致，或略小于墙体宽度。安装好过桥需要继续往上夯筑墙体1板左右即可安装楼枕枋；安装楼枕枋仍然需要量水平，以保证楼枕呈水平状。楼枕装完需要再加一板墙，然后歇息7—10天，让墙体收水、干燥，同时需要专人继续用拍板拍实墙体；其间还可以准备下次夯筑墙体的材料和建筑部件。夯筑和休息期间，还需要每天晚上用草棚遮盖墙头，以使墙头泥土保持湿润、防止露水侵蚀，同时，也是防止下雨淋湿墙体；此项工作一直持续到房屋修筑到屋顶盖瓦后才可停歇。如此经过3—4轮墙体夯筑、拍打、修饰、装部件，即可完成整栋土墙屋的主体了。

　　割跺封顶踩水面：当房屋前后墙体达到预设高度后，前后墙体夯筑停止，继续夯筑有屋脊的墙体，这是需要根据水面大致按照一定的距离，一板一板地向脊梁位置收缩，墙板仍然水平夯筑，先收缩呈锯齿状形态，到顶端呈小方形。然后根据计算的水面和屋脊高度确定水面角度和线形，将水面线以上部分用锄头铲掉，并修正成所需要的水面，这个过程也叫"踩水面"。修正好水面，需要在墙垛上开挖檩子口，也就是房屋檩子的步水。至此墙体夯筑全部结束，可以举行上梁、上檩子、钉椽皮、盖瓦等屋顶工作了。

　　鄂西南地区的民居一般有两层，即地面层和楼枕层，屋高至少在1丈58的高度，因此，建土墙屋不能一次完成夯墙，因为泥土是湿的，夯筑一轮（为3—5天，具体情况视房屋大小和主家请来的建筑班子人数以及帮忙人数而定）后，需要停歇7天左右，待墙体收水，并通过催打拍实，再进行第二轮，以此类推直至墙体夯筑完成；下雨天、霜冻天都不可夯筑墙体，以此计算，一栋土墙屋仅墙体夯筑完成至少需要50天左右的时间，若遇雨天则更长。建土墙屋最好的季节是阴历八至十月，即秋收后天气还没有出现霜冻前。这个季节雨水相对较少，天气温和，且家里有招呼匠人和帮忙人等的食物，也有足够的时间来实施此项工作。土墙屋的檩子、椽皮、楼枕、挑枋等建筑部件制作与木构建筑基本一样。不同的是楼枕可以不做榫、川枋不用讨退。土墙屋也可以在前面加装一柱一骑的木构部件，以增加屋前阶沿宽度，增强阶沿实用性。土墙也可以与木构扇架结合，即墙体作为前后封闭空间用，可以不承重，一般夯筑耳间前后和神壁，耳间墙体高度可以视具体情况而定，可以到楼枕下，也可以到檩子下。如果是与木构扇架结合，需先立木构扇架，再夯筑墙体。土墙也有和石墙结合建房的，一般会将石墙砌至楼枕位置，上面再夯筑土墙。

土墙屋可以素面使用，也可以饰面。因为夯筑过程中已用拍板（见图2-1-29）拍打光滑和密实，所以表面不能直接上白灰浆。早期的土墙表面处理方法：其一，将土墙表面用钻子之类硬质工具敲击，使其表面有深约3分、较为密集的小窝，让表面变得粗糙；其二，用喷雾器向敲击过的墙面喷水，使其表面打湿，一般要喷水三次，趁墙体表面没干前，用带糠壳的泥浆或者夹麻灰抹上，抹灰厚度为2—3分，抹灰的目的是让墙体表面与表面白涂层之间起到连接作用，同时找平墙面，抹灰要平，但不宜太过于光滑。其三，上饰面灰浆，一般用石灰浆，第一遍可以在石灰浆里加短细的苎麻丝，以使其更好地与基底结合牢固，用力抹均匀、抹平，也不宜太光滑，越薄越好，使墙体变白和再度找平；第二遍抹灰浆，这一遍要用纯石灰浆，抹平抹光滑，要使其表面不可见下面的基底，保障干后色泽基本一致。一般的土墙屋会将室内处理为白色的，条件好的，也可以内外均刷白；做得简单的抹一遍白灰、再刷一遍石灰水。

图2-1-29　拍板（建始县高坪镇岔子口村）

3. 竹类材料加工与施工技术

鄂西南地区天然生长和人工栽培的竹子类别繁多，为本地区人们的房屋建造和生活用品制作提供了丰富的原材料，竹笋还是人们的美味食品。以竹子作为原材料加工而成的生活日用品主要有筷子、碗、筛子、簸箕、筛席、睡席、竹椅、斗笠等，并在工匠们的精心编制下，也变成了一件件工艺品。在民居建筑中，竹子既是建筑部件制作的原材料，可以用竹子做厨房火塘的楼枕板材、板壁分隔材料、土墙墙筋，还可以用作建筑装饰材料；也是辅助建筑的工具性材料，如木构建筑起高杆即是用竹子、搭建跳板、做支撑杆等。楠竹和金竹还是木构建筑板材拼接缝隙时竹钉制作的关键材料。

竹子作为独立建筑材料主要体现在制作隔断和楼枕格栅上。

竹隔断编织主要采用两种形式，一种为席类加竹骨架安装在相对应的建筑位置，耳间的前后房间的隔断或者是附属建筑物的外围围遮蔽隔断。另一种为直接编织成栅栏式的竹隔断，可以直接将筒状的竹子用力敲破碎成扁平状，再编织成片状，外面糊泥，里面糊纸，以避风。竹材料在加工和编织技术上有多种，加工竹子常用的工具有：篾刀、匀刀、锯子、刨子、扯钻，将竹子加工成各类篾片、篾条和竹夹、竹竿等。用篾条编织各类席子，其编织的纹样很多，常见的有十字编织、人字编织，以及由此延伸的回纹编织、波纹编织等。从技术上讲，篾条在编织中有直纹编织和斜纹编织，即经纬篾条在图案中形成的关系。直纹编织是先将经度篾条架好，再用纬度篾条挑压经度篾条，依次添加维度篾条，编织图案，收口在经纬线边上。挑压篾条的数量和位置不同，构成不同的图案形式，如一片压一片即是单纯的十字编织技术，如果压一片纬篾挑两片压两片经篾再挑两片经篾，则构成人字形图案的基础，且下一片向两边跳压一片经篾，依次编织则可构成人字形图案形状。斜纹编织是先用两片篾条架成互相垂直的十字形，再沿篾条的方向加篾条编织，最长的先编，依次缩短篾条，最后在角上收尾。

鄂西南地区民居建筑中的火塘楼枕上一般不安装楼板，因为楼板采用机器缝或者撞缝会使房屋内的柴火烟无法排出，所以一般安装木条或者竹栅栏以排烟，同时，可以用来堆放需要熏干的食品或者木柴等其他物品。竹格栅一般会直接将金竹、水竹之类的竹竿捆绑或者钉在楼枕上，竹竿之间留出约一杆左右的距离，与楼枕共同形成格栅栏。竹子本身坚硬且有弹性，加之烟熏会使竹质材料更加耐用。

竹子还可以直接用来做室内室外的装饰材料，或有序排列、或编制、或与其他材料配合使用，均可以制造出不同的效果。民居建筑对于竹子也很偏爱，栽竹养竹吃竹用竹，无所不在，正如苏东坡先生所言

"宁可食无肉，不可居无竹；无肉令人瘦，无竹令人俗。人瘦尚可肥，士俗不可医……"

鄂西南地区因山高坡陡，山林茂密，生态多样，民居建筑在材料使用上具有就地取材、因材施艺、技术拙巧、装饰平实的基本特点。因此，民居建筑修建周期不是很长，一般在6—10个月基本可以完成，当然，要视家庭经济状况而定。家庭经济条件不好的，仅能建造出房屋的主体框架，盖瓦平地装好大门即投入使用，整栋房屋并没有装饰，待有经济支持后，再慢慢装饰完成。即便在今天，鄂西南地区民居建筑仍然以朴实、耐用为基本的建房目标。

第二节　建造程序

鄂西南居住着土家族、苗族、侗族等各个少数民族，特别是土家族居多，约占该地区人口的40%。虽然各民族在生活习惯、文化取向、精神信仰等方面存在差异，但在造房建屋的材料使用、样式选择、空间布局、程序仪式等方面，总体上趋向一致，呈现出较为强烈的地域性特征。又因材料不同，而在建造的程序上也会有些差异，因此，鄂西南地区的民居建筑在主体结构的材料使用上，可以分为木板壁屋、土墙屋、石墙屋、石木混合式屋、土木混合式屋、砖木混合式屋、钢筋水泥屋等类型。

在鄂西南地区，人们认为人生有三件大喜事：结婚、生子和修房，凡是遇到这三件事情，家里一定会选择良辰吉日，将族亲邻居叫来帮忙，且设宴款待前后3天，以示庆贺。由此可见，修造一栋新房子对于一个家庭或者一个人来讲，是极为重要的家庭事项，而且，修房造屋不仅仅是人脉资源的聚合，更是家庭经济和综合实力的表征。

一般情况下，要建造或重新修一栋房子的意图，主要源于以下五种因素：一是因原来的房子老旧而损坏严重，不能再居住，需要重修；二是因为家里人口众多，需要分家立户，特别是儿子结婚成家以后，一般会独立出去；三是天灾人祸带来的损坏，如水淹、塌方、火烧等自然力或者人为因素造成的损毁；四是外地搬迁而至，需要立足生活；五是居住的房屋总是坏事不断，不吉利，则会选择重新择地建房，俗话说"饭炦赖筲箕，人穷赖屋基"，这种状况在鄂西南地区还是客观存在的社会现象。

一栋民居房屋的建造，从技术使用的先后顺序而言，大致程序基本一致，主要包括主家建房意向生成、确立建房、选择屋场、挖地基、备料、加工部件、正式修筑房屋主体、上梁、钉椽皮、盖瓦、撩檐、装饰墙壁、做门窗等基本步骤。但因材料不同而技术有差异，也使建造房屋的程序有许多环节呈现出不同。下面以木构民居、土墙民居、石屋民居和砖混钢筋民居为例，对其建造程序及差异做出分析。

一 木构民居建筑

木构民居建筑是鄂西南地区最为主要的传统民居建筑，且以土家族、苗族和侗族的吊脚楼建筑最具特色和代表性，这个代表性不仅仅体现在建筑的样式上，还体现在其建造程序更为丰富和更加富有文化价值上，因此，大多学者研究鄂西南地区的民居建筑多以吊脚楼为研究对象而展开，对其建筑本体、文化习俗、精神取向等加以研究。其实，木构建筑在鄂西南地区不只是吊脚楼，大多木构建筑不属于吊脚楼，而是台基式木构建筑样式，其建造程序和技术使用没有本质上的差别，仅仅是在空间的构造上有较大的差异。

（一）建房意向确立

不管是因哪种因素而需要建新房，都是这个家庭的一件大事。要具备几个重要的条件才能保证房屋顺利修建起来：一是必要的经济条件，鄂西南地区基本属于传统的农耕生产模式，其经济来源十分单一，对于大多数家庭而言，其主要的经济来源是多余的粮食、自留地或自留山经济，依靠多种菜、养家禽家畜、种植水果药材等经济作物，售卖获得必要的经济收入，以改善家庭生活的状态；经商并非鄂西南地区的大多数家庭的经济来源。二是必要的劳力和建筑材料，劳力来自家庭成员，或者自家族亲和邻居村民的帮忙；木材、石材、泥土等建筑材料主要来自自留山，山石树木自然生长，人工栽培树木竹子；如果自留山没有或者少有这些建筑材料，则需要更丰厚的经济基础来购买这些建筑材料。当然青瓦、砖、石灰以及当今使用的钢筋水泥等建筑材料都是需要购买的；建房还需要支付一笔数目不小的工匠工资和招待工匠的生活费用；所以修房远比结婚、生子在经济上的要求更高。三是要有建新房的充足理由，以获得政府的允许认可，方可砍伐树木、开采山石、开挖地基。这些意愿总体达成，基本上就可以开始修房的各项准备了，进入正式的修房阶段。

建房意向的确立还包括需要建成房屋的高度、进深、开间大小和基本形制。鄂西南地区的民居建筑，一般将房屋的高度定在 1.68—2.28 丈，堂屋开间一般在 1.28—1.58 丈，耳间开间比堂屋开间对应小 1 尺，即 1.18—1.48 丈，进深则根据单列扇架的退步来计算，一般退步在 2.5—3

尺，民居建筑最小的柱骑数量是三柱二骑，大的有七柱六骑；多数为五柱四骑、五柱二骑等。柱骑数量根据主家的意愿来确定，柱头数量多为奇数，骑筒数量多为偶数。房屋单间的宽度和进深的尺寸均是以柱子的中心线来计算的。

如果是修造转角的吊脚楼，则厢房的屋脊比正屋一般要矮一步水。即正屋如果为五柱四骑，则厢房为五柱二骑，也就是前后均少一根骑筒，正好低一步水的高度。

（二）堪舆屋场、选择地基

鄂西南地区民众对于修房造屋的屋场要求较高，一般情况下，房屋地基的选择主要考察四个方面的内容。一是屋基的位置、朝向、大小和形状：在民间，坐家屋场位置一般选在半山腰、溪流边、山间平地或者山顶山坳处，且一般会后面靠山、两边宽敞，前面开阔无悬崖的位置；朝向多以坐北朝南、坐西向东或者坐东向西的走向，极少出现坐正南朝正北方向的屋场，认为"北风扫堂，家破人亡"。二是要考察地基所处地面的山体土质类型及其周边环境状况：鄂西南地区虽为山地，选择屋场对于地质的要求还是比较讲究的，要选择具有一定硬质又比较容易开挖的山体，一般不会选择泥沼地、易滑坡地、孤峰独岭地、离河流水塘太近的地方作为屋场。三是考察地基周边的山势形态、走向及前后远山、森林树木：一般情况下，后山要比屋基高，而且要是连绵不断地一层高过一层的山势，山体要稳固坚实，长有树木为最佳，左右宜宽敞明亮无悬崖断壁，有树木竹林相伴，前山要稍远，且层层退去，至远山有升高之势，有矮小树木或竹林，无断崖峭壁，屋场正对远山凹处，民间有谚语"坟打堡来屋打垭"，即房屋的正中轴线对准前山的山垭口，而坟茔的轴线应对准远处正面高的山尖。四是考察屋基周围水的流向：鄂西南地区的民居极少有靠近大河边的，人们似乎对于水有一种天然的畏惧心理，即便是靠近水边，也主要是小河小溪，且一般离小河溪流至少在100米以上，同时，在屋场的选择上，水不宜直接从后山流下来，或者对面有正对堂屋流下来的水，都会认为不吉利，其实，主要是因为这样的水会在山洪暴发时极易造成对房屋和人的伤害；同时，还会选择屋前较远处有水塘或者左右走向且蜿蜒流走的水渠或小河流。选择地基会请掌墨师或者阴阳地理先生（也称风水先生）来堪舆。请阴阳地理先生或掌墨师一般需要主家备齐礼品，登门拜请，礼品一般为白酒、面条、腊肉以及各类副食点心等。此阶段请阴阳地理先生或掌墨师主要完成选择地基和吉日。

一是为房屋选择地址，并确定房屋的基本朝向。需要阴阳先生或掌墨

师亲临现场，堪舆地形、山水以及
周边环境状况；根据主人家建房的
大小，定出屋基的基本朝向和高低
位置，以便开挖地基。在鄂西南地
区的民间造房选址，仍然流行着拜
请阴阳风水先生或者掌墨师来选择
地基的习俗（见图 2 - 2 - 1）。选
地基不只是找个能够建房的地面就
可以了，它需要考察很多因素。首
先考察地形山势水流土壤植被及房
屋整体朝向等整体性因素。在传统
风水理论中将其描述为"龙、穴、

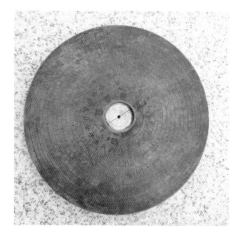

图 2 - 2 - 1　罗盘　石定武家传

砂、水、向"，称其为"地理五诀"。传统风水理论中把山脊的形状看作
龙脉在自然中的外在呈现，对山脊起伏形状的考察称为"审气脉""断生
气""分阴阳"。传统风水理论中将我国的山脉东、南面为阳，西、北面
为阴，山的阴阳面不同，则太阳日照量会有很大区别；因此房屋基址以
"山阳"为理想，这样可以得到充足的阳光照射。在整体上特别强调"主
山降势，众山必辅，相卫相随，为羽为翼"。《撼龙经》如此描述，"莫道
高山方有龙，却来平地失真踪。平地龙从高脉发，高起星峰低落穴。高山
既认星峰起，平地两旁寻水势。两水夹处是真龙，枝叶周回中者是"。审
气脉的核心是判断山脉走势、形状、层次、结构、植被等自然状况，包括
地下岩土层的结实与否，这直接关系到地基承载力的情况。传统风水学的
原则在根本上是尽可能利用好的地形来建设房屋，对地形的考察就是对日
照、气候、土壤、风向等自然要素的考察，并与人结合起来，这与现代科
学倡导的生态建筑要求基本吻合；同时，也强调对于一些不好的地形环境
条件做出相应的改造，比如植树、修道、砌筑、筑塘蓄水等方式，对自然
环境予以修正，达到较好的生活生产的便利和人心的舒适。在河道、水沟
附近修建房屋时，一般选择在河道水沟的凸岸，而不选在河道水沟的凹
岸，其目的是避免洪水的侵袭。其次是要定下房屋建筑需要的地基，包括
位置、大小、高低、朝向等。在传统风水理论中称为"明堂""穴"，就
是选择适合人居住、生活和工作的地点，俗语说："靠山吃山，靠水吃
水。"说明山与水能够提供给人必要的生活、生产资料和物质保障。传统
风水学以中华传统文化代表四方的四神兽来命名穴场周围的环境：前朱
雀，后玄武，左青龙，右白虎，并配以五行学说对所构成的环境做出逻辑

的分析判断。① 朝向选择主要是以人的根本生存、生活、生产需要来审定的，特别是对于风、地磁、阳光等因素的考察最为重要，其本质是达到天人合一。对屋场山水的描述诸如"山管人丁水管财""水抱边可寻地，水反边不可下""地有十三怕有二十四好""后有托的有送的，旁有护的有缠的，托多护多缠多，龙神大贵"等，都从不同的角度对人所居住场所与环境的重视和选择。

二是要请风水地理先生或者掌墨师为主家选择开挖屋基的动土吉日。择日一般有几种对日子的选择方式：一是动用《万年历》《玉匣记》《象吉通书》《鳌吉通书》等传统用来择日的专用书籍来择选日期。首先查找确定本年度的立春日，以此建立年月日时的关系，区分春夏秋冬季节；再根据季节、月大月小和主人家的生辰八字来测算和挑选日期。十分讲究的还要通过"周堂"推选，并架横推，挑选出吉日良辰。造屋修房最好选择到星宿为紫微星的日子，故有"紫微高照""吉星高照"在建房中大量被使用；若遇红沙日、木马煞等日子均不可用；也不会选择与主家及家人有直接关系的日子。其次选择具有一定吉祥意义和纪念性的日子，甚至是国家重大纪念日。传统意义上的日子，如上九日（阴历正月初九）、元宵节（阴历正月十五）、社日（立春后第五个戊日）、端午（阴历五月初五、十五、二十五）、月半（阴历七月十二）、中秋（阴历八月十五）、重阳（阴历九月九）、小年（阴历腊月二十三或者二十四）、春节（阴历腊月三十或正月初一至初三）等具有普遍性的节日也可。20世纪中期以后，也有将五一节、国庆节、七一节、八一节等国家重大的纪念日用来作为自家喜事的日子；民众认为，国家重大节日一定是带有吉祥的寓意，会给自己带来好运的。最后是随机挑选日子：这种情况一般会是比较紧急的情况下，随机确定一个比较方便或者天气较好的日子，或者采用别人家准备过喜事的日子，搭接使用，因此，在民间也有"择日不如撞日"的说法，相信"百无禁忌"。

（三）按照房屋朝向放大线，挖屋基

20世纪90年代以前，在鄂西南地区修房造屋除了掌墨师、木匠、石匠等专门的匠人需要支付工资外，其他做工的是不需要支付工钱的，主要是找自家族人、邻居、亲戚等人来"帮忙"，当这些人家有事的时候，再还这个"帮忙"的"人情"。在那个时代，没有大型的现代化机械来开挖

---

① 参见老水牛《风水地理（龙、穴、砂、水、向）》，http://www.360doc.com/content/17/1222/14/29398567_715353606.shtml。

屋基，主要是用锄头、薅锄、撮箕、扁担等工具依靠人力来完成，如果遇到石山则要用到钢钎、锤子、火药等实施爆破，再将石头抬出，并用炸出的石头砌筑保坎或者夯实地基。90 年代以后，特别是近几年来，开挖屋基逐渐被挖土机所取代，过去帮忙的习俗也由现在的专业建筑队或者班子取代，主家只需要支付费用就可以了。

挖屋基需要按照风水地理先生或者掌墨师所定向支，开挖屋基的大小、位置、方向和高低。首先砍去地里的树木、杂草之类的植物，再用石灰洒出一条大致界线，然后挖出地基。一般屋基的周边特别是靠山体的一边至少要留出 2 米左右的距离，一是要留出屋檐滴水的排水沟位置，即至少一步水的尺寸，一步水的距离一般在 2.5—3 尺；二是要保证有光线进入室内，必须留出一定的空间，同时，要防止后山的垮塌危险。地基整理时要看具体情况，如果地势平坦宽阔，则适宜建造台基式建筑，如果是山坡地，则按照山坡的具体情况，至少挖出堂屋的地基形状和高低关系，堂屋两侧耳间可以做成吊脚楼；或者一侧做成吊脚楼。如果地势成横向排列的较平地势，则可以根据地形将地面整理平整为三间或者五间正屋的地基，两头还可以做吊脚楼。吊脚部分与正屋部分的高低落差一般在 8 尺左右，且分界处一定要用石头或者砖块砌筑平整。一般在山坡地开挖地基，还需要在屋前或者两侧砌筑保坎，以保证房屋地基的稳定性，砌筑保坎要尽可能保障屋前场坝的空间。场坝的高低位置一般要比屋基矮 1 尺左右，主要是防止屋檐滴水往屋里倒流。

开挖地基时，朝向和地基的高低是很重要的参数，虽然没有用尺子来度量，但是，一定会按照风水地理先生或者掌墨师给出的要求，将屋基的朝向确定准确，高低位置也很重要，因为高低位置直接关乎视线看出去的山水景观所构成的龙脉是否相称。

在人工开挖屋基的时代，这是一件十分辛苦的事情，需要举全家之力，通力合作，甚至还需要请大量的劳力来帮忙完成，要有足够的物资和工具准备，遇到有石山的地基，一般需要几个月才能够开挖平整完成。人工时代建房所用的各类撮箕、扁担、背篓、抬杠、箩斗、锄把、薅锄、挖锄等一切工具材料均需要自家提前准备；至于像锤子、钢钎和火药等材料，需要借用和购买。

（四）确定形制与起高杆

一栋房屋在准备材料和建筑部件前，需要确立基本形制，掌墨师根据基本形制还要起高杆。

鄂西南地区民居建造中，起高杆是掌墨师的必备技能，也是核心技术。即将一栋房屋的高度、开间大小，楼枕、川枋的位置与大小，计算出来，刻在一根竹竿上，竹竿的长度就是这栋房屋最高的那根柱子的高度，一般为将军柱或者是中柱的高度（后文专述）。确定好形制和起好高杆，就预示着这栋房屋的高矮大小和柱骑川枋楼枕挑枋等建筑部件数量就确定了，可以完全计算出所需要的材料的数量和基本尺寸关系，以便加工磉墩和伐青山砍伐木料。

（五）打造磉墩

鄂西南地区因为气候潮湿，雨水较多，因此，修造房屋一般都会将木构的柱子安放在石头材料的磉墩上。因此，在主家确定了修房的意愿之后，就要请石匠专门打造磉墩，还有地脚枋下的条石等。

磉墩的样式各种各样，可繁可简，最简单的是将石头打造成立方体，将表面的钻子路线规整好。复杂的则有各种图案雕刻，雕刻技法有线刻式、浮雕式、透雕式以及综合技法运用，雕刻的图案有几何、人物、山水、花鸟等纹样，内容涉及自然地理、人文景观、历史故事、神话传说等。

磉墩的打造一般会就地取材来完成，有时就是整理屋基时开挖的石头，用来打造磉墩；或者找距建房最近的石山开挖石头来打造磉墩，以减少制作和运输成本。打造磉墩开山时，石匠会有必要的开山仪式，以示对自然馈赠之情、人为破坏环境愧疚之心和敬畏自然心理的仪式表征。

（六）伐青山：砍树备料，运回屋场

鄂西南地区修房建屋砍树伐木有专业的术语叫"伐青山"，即是第一次进山砍树叫"伐青山"，"伐青山"时所需工具主要有"五尺"、斧子、锯子、刀子和绳子等，带齐祭祀山神的香蜡纸烛等用品；进入山林前需要在树林边举行祭祀山神的仪式，方可带领砍伐树木的人员进山砍树。

砍树时尽量往没有树的方向倒，以免伤害到更多的小树，或者尽量成片砍伐，以减少对森林的伤害，也便于重新植树。砍倒的树首先用镰刀或者斧子去掉树的枝丫，再根据树的生长情况和曲直状况裁剪，尽量取直的部分，弯曲的部分则有意识地加以利用，可用作挑枋、灯笼枋等。裁料需要认真计算和有效评估树木的状况，既要满足建房部件需要，还要充分有效利用材料本身，以减少浪费。

"伐青山"带上"五尺"的作用主要在于：一是用来丈量建筑材料的尺寸，以便裁料；二是用来防范毒蛇猛兽，因为五尺的底端是用铁打的尖头，既可以插到地上或者木头上，也可以用来防身；三是祭祀山神时需要用到的牌位。

　　裁好的木料一般会放置在山林里一段时间，让其水分蒸发掉一部分后，再运送回家。在人工运送木料的阶段，这是一件十分辛苦的工作，需要大量的人力才可以完成，主要采用山上滑送，推送到合适的地方，一般为路边；再用人力抬回屋场，码放整齐，等待加工；有的也会在山上初加工后再运送回屋场，甚至解料干燥后再运回。

　　人力运送木料很讲究用力的方法，一般每个人会准备一根打杵，用于歇气时搁置木料；一块包袱或者毛巾，主要用来垫肩，减少对皮肤的磨损和伤害，还可以用来擦汗。两人抬料时，起步会先将木料一头抬起，搁置在一人的肩上，再将另一头抬起放置在另一人的肩上。两人抬木头时，一是要同肩搁置木料，以防滑倒时受到伤害；二是要尽量脚步同频率；三是要将腰板挺起来，不可塌腰；四是要休息时，需将木料搁置在打杵上，并手扶木料，不可歪倒；五是转弯抹角处、上下坡时，务必看清踩实，不可操之过急。行走中可以用打杵撑地，来帮助稳住脚步，也可以用打杵放置在另一只肩膀上协助平衡木料和分解木料重力。

　　运回屋场的木料，一般会按照木料准备使用的部件类别放置，如柱骑类、檩子类、川枋类、楼枕类、椽皮类、挑枋类等，便于加工。

　　有些木料因为性烈，需要阴干，因此不可去皮干燥；比如楠木、枫木、锥栗树等木料去皮干燥，则容易裂口、变形；这类树木最好在山上砍倒后，去掉枝丫，就地放置1—2个月，让其焖干一段时间，再运送回屋场加工。

　　（七）初加工木料

　　木料的初加工主要是根据木料的用途分类裁剪、去皮和方直取平，枋片类、板材料则需要解料。该环节主要用到斧子、撩锯、解锯、墨斗、墨签、刀子、抓子、衬子、木马、油刷等工具。

　　裁剪：将木材根据所在部件的尺寸，用尺子丈量后，用撩锯锯断加以裁剪；裁剪时一般会比成型建筑部件两端多留2—3寸。

　　去皮：杉树去皮一般用镰刀，分段轻轻沿树身周围砍出一道口，再沿树身直立方向用刀尖划出一道口，用刀背沿这道口插进去，轻轻剥开树皮；取下的树皮摊开放置平面处，依次堆叠起来，上面再用石头或者重物压住，等其干燥；杉树皮可以用来盖屋。其他类型的树皮，一般没有太大用处，故去皮就和方直木料一起完成了。

　　方直取平：主要是根据木料的曲直关系结合建筑部件的形状，将木料初步加工成型，以墨斗、墨签和斧子为主要加工工具。

　　解料：主要是用解锯将整块的木料分解为木枋、木板类材料，涉及的建筑部件有川枋、楼枕、椽皮、楼板、板壁板材和枋片等。

（八）细加工：画墨线、方直、做榫、打孔等

从建筑技术上来看，画墨线、方直、做榫、打孔、洗孔等细加工程序是木构建筑的核心环节，特别是画墨线，需要对整栋房屋的结构了然于心，所以，一般画墨线是由掌墨师或者有经验的二墨师来完成。同时，还需要将每一个建筑部件用墨签画"鲁班符"，标注出每个部件在建筑中的所在位置，以便安装时识别。做榫打孔也是极为重要的环节，稍不留神就会导致榫头松垮。

细加工建筑部件时，必须考虑"升三""步水""水面""飞檐""将军柱""龛子""板凳挑"等木构建筑中的核心技术。还要考虑建筑部件的材料大小和房屋的稳定性，因此，川枋的"讨退"、柱骑的"四角八扎"是极为核心的技术之一（详见核心技术部分）。

（九）"割斗"：安放磉墩、地脚枋与"矮人子"

"割斗"是鄂西南地区木构建筑的重要步骤之一，即在平整好的地基上，根据风水地理先生或掌墨师确定的房屋准确朝向和正屋的开间位置、大小，将房屋的朝向和大小、位置准确定位下来，并画线，放置好磉墩和"矮人子"，以备立扇。即在地基上找准房屋地平面图并用磉墩、地脚枋确定下来。

"割斗"首先以堂屋的中轴线为基准，对准前后方位，画线；再以轴线找准堂屋的进深，以进深点画垂直线找到堂屋神壁和大门所在中心线；在该线上找到正屋每间房屋的开间大小，以堂屋轴线两侧对称点画线即为堂屋、耳间等扇架的中心线。所有线均为点中线，开间大小和房屋进深均以此线为计算数据。方正正屋的四边四角，找到中柱的轴线，确定中柱所在磉墩的位置，并根据布水分别找准其他落地柱头磉墩的位置。若有厢房，则以正屋为参照，分别找到扇架落地柱头磉墩所在位置，用线方正房屋地平面形态。

放完线后要安放好落地柱子的磉墩，在磉墩上安装地脚枋；磉墩和地脚枋务必安装水平、方正。之后要在有磉墩的地脚枋处安装"矮人子"，即用篾条或者绳子捆绑比地脚枋高度低3—4寸的木墩子，以备立扇之用，"矮人子"的作用是防止柱头下端的榫口在立扇时被撑破。

（十）排扇

经过细加工的柱骑、川枋和挑枋等建筑部件，首先需要拼装组接成一列一列的扇架，即为排扇。排扇时每列扇架均从中柱开始穿斗川枋，首先穿一川，再穿二川，依次到顶川；接下来穿前大骑、后大骑，再接前金

柱、后金柱，依次穿完所有柱骑，最后上挑枋。

排扇一般从最靠外边山头的耳间扇架开始，且尽量让柱头的脚对应靠近安装好的地脚枋处，扇架顶端向外，一扇一扇排，最后排中堂的两列扇架。所有扇架排完，以中堂轴线来看，即为对称排列且柱头脚相对，以便立扇时按照顺序操作。

最为传统的穿斗式木构架，扇架排列完成后的柱骑，在整体上呈上窄下宽的趋势，即一列扇架的中柱是直立的，其他柱骑依次微微向中柱倾斜，上部往中柱内收，下部稍微张开。所有川枋和柱骑在做榫时均以"讨退"的方式，固定柱骑所在的位置和大小，不可错动，也错动不了。

排扇时使用的工具主要为"法锤"，一种木头做锤身、楠竹片做把的锤子，用它来敲打柱骑，以免损伤柱骑。

（十一）立扇、上楼枕、灯笼枋

立扇就是将排列好的扇架，对应地脚枋和磉墩位置将扇架垂直树立起来，并以楼枕枋、灯笼枋连接扇架与扇架。传统的立扇需要很多人才能够将扇架树立起来，其中用到的工具主要有"箭杆""法锤"和"金带"。"箭杆"就是各种长短不一的木棒子、竹子等，也可用檩子，用来撑起扇架；"金带"就是篾绳或者麻绳等带状物，用来捆绑箭杆和扇架，拉扯牵引扇架的绳子。

立扇先立堂屋的扇架，立扇时一帮人站在柱头底端一侧，用木方顶住柱头脚底，扇架另一头由一帮人一起用力将扇架慢慢抬起，依靠箭杆、木方和金带之类的工具撑起扇架，慢慢升起，同时移动箭杆位置，直至将扇架立起来接近垂直位置，并将柱头底端的榫口掐进地脚枋和磉墩的"矮人子"之上，用箭杆、金带将扇架支撑稳定。用同样的办法再立另一扇扇架，另一列扇架树立为80—85度时，依次上楼枕枋、灯笼枋、神壁枋与大门枋等。当堂屋的所有楼枕枋、灯笼枋、神壁枋和大门枋全部上完，并将榫口对好之后，再将扇架立垂直，用法锤敲打柱头至榫口落实到位。再立耳间扇架、穿楼枕、立垂直；依次立完所有扇架、穿好所有与扇架垂直榫卯交接的横向枋片，敲打落实柱骑，使榫口落实到位，上好钉栓。立扇全部完成，则所有的柱头都掐进了地脚枋的榫口里，并立在了磉墩的"矮人子"之上。

一般由掌墨师主持仪式和立扇活动（详见仪式一节）。

（十二）落磉

落磉是将树立在"矮人子"上的扇架放下来，落实到磉墩上，即为落磉。落磉时需要多人协作，一列一列地用箭杆、木枋、金带将扇架抬起稳住，去掉下面的"矮人子"，再慢慢将柱头落下，使地脚枋完全掐进柱头的榫口内，落实到磉墩上；依次落完所有的扇架。落磉还需要继续调整水平和方正屋架，并将屋架固定下来，等待上梁、上檩子。

（十三）砍梁树、做梁木、开梁口

在鄂西南地区，梁木对于一个家庭来讲是极为神圣的。首先是用作梁木的树木选择就很讲究，一般选用杉树，且多选有多根大小不一的杉树簇拥在一起的一蔸杉树中的那根粗壮杉树。用作梁木的杉树一般要树干挺直、枝叶生长茂盛，树围1米以上为佳。特别讲究的是，这棵树的不同部位，其用途不同：树蔸用来作装神壁的木板，第二节用来作梁木，第三、四节用来作神壁边框枋。

砍梁树在鄂西南地区叫"偷梁树"，说"偷"，实际上是已经与人说好，砍树时主人不在现场；天刚蒙蒙亮，一帮人带着工具上山砍树，砍梁树时不允许说话，悄悄将梁树砍倒，裁好后，抬回屋场。砍梁树一般需要将树往山上倒；还讲求砍树的人一般是家有后人的青壮年男丁。砍倒后的梁木不允许任何人从树身上跨过，用脚踩踏，或屁股坐在梁树之上。运送过程中一般不得放下歇息，可以轮班抬回。抬回后，将梁树放在安放好的木马上，等候掌墨师和二墨师来做梁木和开梁口。

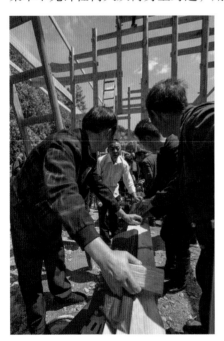

梁木必须是上梁之日现砍现做，做梁木和开梁口都有仪式活动。首先是仪式活动和说福事；接着由掌墨师先开工，接着二墨师开工同时做梁木，掌墨师做东头，二墨师做西头。一般做梁木时很忌讳旁人乱说话，由掌墨师和二墨师说福事。梁木长度一般在中柱榫口两端留出1.8尺或者2.8尺，梁木整体做成扁平状，即梁木的上下做成平的，前后则可以保留树身的圆弧形。两端留出的位置需要雕刻图案或者做出造型来进行美化（见图2-2-2）。梁木的下面需要画太极图或者吉祥

图2-2-2　梁木加工（宣恩沙道沟镇老岔村　文林摄）

类图案、书写文字等。

开梁口也是由掌墨师和二墨师完成，与做梁木一样，二人各站一头，一边说福事，一边动手做。开梁口是在梁木与中柱交接的榫口内，用锯子和凿子开掉约半寸深的小口；开凿掉的木屑还需要由主人家反身用衣服接住（见图2-2-2），接住的木屑最后在上梁时由掌墨师和二墨师将其放置在中柱顶端的榫口内，有的也在包梁时与其他物品一起包在梁木正中间。做梁木和开梁口前，主人家一般会给掌墨师及木匠师傅们封红包，以讨吉言，图吉利。

（十四）上梁

梁木是堂屋顶端中柱上的一块木头，在民间被看得极为神圣，因此，在鄂西南地区至今仍然流行修房屋要"上梁"的习俗，即在上梁的当天要设宴请客，举行隆重的"上梁"活动（在仪式中作专述）。

上梁是整栋房子的扇架立起来，调整好水平以后，将制作好的梁木从地面的木马上，在掌墨师的指挥下，用人力将梁木拉升至中柱顶端，并将其安放至中柱顶端的榫口内。梁木在技术上主要起到固定堂屋两列扇架的作用，因其两端有榫口，相互咬合正好将中柱与梁木契合；梁木安放时，需要用法锤敲打梁木，使其落位至中柱顶端的榫口内。梁木的上方再安放一根脊檩，构成屋脊的内层结构。

在传统的木构建筑中，中堂的两列扇架与梁木、檩子构成的框架，扇架底端和顶端在尺度上是有差异的，即顶端比底端要窄8寸，至少也要8分。这样，整栋房屋的扇架（前文已述扇架也呈锥形）立起来后，呈锥体状，加之地面磉墩与柱头之间缝隙的非固定性结构，房屋的稳定性和防震性能会大大加强。这种结构在现当代建筑中已经被忽略。

（十五）上檩子、钉椽皮

上檩子、钉椽皮是与上梁工作在同一天完成。上梁完毕，接着就是上檩子、钉椽皮。

檩子的上面是找平的结构，以使屋面呈线性状态，榫口的衔接面一定是平的。檩子的连接结构一般是燕尾榫，上檩子时，将有燕尾榫榫头的檩子插入带有燕尾榫榫口的檩子，两根檩子便连接起来，檩子贯通整个屋顶。

在鄂西南地区，檩子的安放是有讲究的，一般堂屋屋顶的檩子是树蔸朝向东头，树尾朝向西头；而耳间的檩子安放则是所有檩子的树蔸都朝向堂屋，树梢朝向山头。这种安放规则在技术上也使耳间山头扇架的"升三"具有科学的依据，即"升三"的目的是解决树蔸和树梢的大小在尺度上的数据差。

钉椽皮是将椽皮按照严格的尺寸要求用竹钉（后来改用铁钉）固定在檩子上。一般从中堂正中间开始，两块椽皮之间的距离一般不超过4寸。

檩子与柱骑之间依靠碗口固定，无须加装其他部件，檩子上钉椽皮，椽皮上盖瓦片，即檩子、椽皮和瓦片是相对独立的屋顶结构，与下面的柱骑之间仅靠柱骑底端的碗口与檩子吻合即可稳定。因此，扇架和楼枕、川枋才是木构建筑整体空间形态的支撑结构主体；而柱头与地面、柱骑与屋顶彼此之间并不是榫卯连接起来的，而是彼此触碰式的结构关系；瓦片的重力作用使得屋顶不会轻易地被风掀起，甚至吹走。

（十六）撩檐

撩檐主要是对掩口的椽皮及其相关结构进行处理。一是将檩子、椽皮末梢多余的部分用锯子裁掉，前后檐口的椽皮一般要距离檐口檩子1尺左右，山头檐口一般留出一步水的距离。二是要用一块做了装饰的木板作为水口挡板，并固定在檐口椽皮上，要间隔几块椽皮做榫口，使连接的椽皮穿过来固定，其他位置可以用钉子锁上。三是在檐口椽皮的上面再加装一块窄木条，以便瓦片在檐口更加稳定，且使檐口瓦片略微上翘。撩檐加装带装饰性的木板，有的还会做双层装饰结构，使得檐口滴水下更加美观。

（十七）盖瓦、摞脊

盖瓦、摞脊是传统建筑屋顶处理的最后环节。

盖瓦一般从屋脊开始，先安放沟瓦，即瓦片凹面向上，放置瓦片要使上一片瓦搭接下一片瓦，搭接的尺度一般要保证盖住下一瓦片的三分之一，最好到一半，盖好几沟瓦后，再安放盖瓦，即瓦片凹面向下，两片瓦之间仍然需要搭接至少三分之一，且要盖住两边的沟瓦，大约也是三分之一。靠近屋脊瓦盖好后，就要摞脊。盖瓦一般在滴水檐口收尾，这样便于下屋。

摞脊是用瓦片在屋脊上方多层堆砌，盖住屋顶脊梁和檐口，同时造型美化屋脊和屋檐口；摞脊一般会垒砌多层瓦片，其作用一是防水，二是压住屋顶和檐口瓦片，不使其挪动，三是造型使屋脊和檐口美观。堂屋屋脊的正中央一般会造出非常美观的形状来，这些形状主要是依靠瓦片本身的形状，加上巧妙的排列和搭接，构成美丽的图案（见图2－2－3a－b）。最为简单的是用瓦片垒砌成一定高度的三角形；摞脊还包括屋顶檐口部分的处理。摞脊也会用石灰或者白水泥填塞出一定的厚度，上面再趁湿加盖瓦片，使其连接紧密，这样既节约瓦片，又增加檐口叠压厚度、重量和颜色，以使屋脊更加稳固、美观漂亮。

图 2-2-3a　垒屋脊一（宣恩县两河口村彭家寨）

图 2-2-3b　垒屋脊二（宣恩县两河口村彭家寨）

（十八）装神壁、板壁、楼板

神壁在鄂西南地区也是极为神圣的位置，它是安放家神和祖宗牌位之地，也是一栋房子向支的关键所在，选址定向在一定程度上就是让这个神位在视线上有一个十分理想的视觉效果。因此，装神壁就有很多讲究（后文详述）。一栋房子在投入使用时，不管其他位置的板壁能否装好，但是神壁一定会做好的。

装板壁也是一项较为浩大的工程，一般至少要将二川以下的扇架空格部分，全部装上木板。条件好的，则可以将扇架所有的空格全部装满。

装楼板即是将所有楼枕上面铺满木板，可供人活动，并保证不漏灰尘，一般有机器缝和撞缝两种缝隙连接方式。装楼板一般要使上下面均平整，便于好用。

（十九）做门

做门在鄂西南地区也是比较受重视的程序和部位，特别是大门和房门。

在大木匠行业里，掌墨师一般都有"门光尺"，该尺是用来丈量门的尺寸数据的。不同行业、不同种类的门均要求符合门光尺上的数据和吉祥寓意规范。同时，做门对于门的形状也有不同的要求。

大门：大门为一栋房屋进出屋最主要的通道，且大门与神壁对应构成房屋的中轴线关系，因此，大门是极为重要的建筑空间。在鄂西南地区的习俗里，大门一般要做成一定的形状，其高度一般与神壁的高度相近。在尺寸的要求上，一般是宽度尾数不离"五"，高度尾数不离"八"。大门一般是双开门，也有做六合门的；门后加装门闩，有的还会加门杠，外面加装可以锁门的门扣。传统的大门均用质地较为坚硬的木质材料来做，用门斗将门固定在大门的门框内，使大门开关闭合；传统大门在做法上，还需要使门在开关时发出叫声，起到警示和防偷盗的功能。有的家庭还会在大门外边，加装一道低矮的双扇门，叫作"腰门"（见图2-2-4），用来防止鸡鸭狗猫等动物随意进出堂屋；还有在大门上方安装"打门锤"的。

房门：在鄂西南地区大木匠行业里，做房门仍然极为讲究。房屋（主人的卧室）一般在正房右边的里间，房门开在板壁靠近中堂的一侧，不允许正对房屋的窗子开门。在形状上，要求"上小下大"，有寓意妇人生产时能够顺利、安全的愿景。而且，在尺度上仍然讲究门宽度的尾数不离五。房门一般为单开板门，也要求做出开关门有叫声的状态；现如今则多改为印门。

耳门：在鄂西南地区的民间，堂屋两列扇架上的耳门忌讳正对着开；即不应与堂屋中轴线形成严格意义的对称关系，需要错开一点距离。认为

图 2 – 2 – 4 腰门（宣恩县长潭河侗族乡杨柳池村）

"对开耳门易造成家里人相互之间拌嘴"的现象。

传统民居建筑的门大都采用木材制作的板门，很少使用"印门"，也不使用现在的铰链和门扣。

（二十）整地坪

在鄂西南地区的民居建筑中，室内地面整理一般有两种处理方式，一是在整理平整的地面上加装地楼，即装地楼枋，再装楼板；这种地楼板主要用在耳间房屋的处理上，以及厢房。二是采用三合泥整理平整地面，主要原料有黄泥、石灰和糯米粉，将三者混合，铺平，用"连枷"拍打，使其初步严实平整，再用厚实木板装置反复压打地面，最后用拍板催实打平，催打时出现有凹凸不平之处，要添加三合泥填补，使其尽量平整；在未干透之前，要用拍板多次催打，使地面平实，变得牢固光滑平整。拍板有大小重量不一的，第一、二次拍打时可用较大的拍板，后面的可用较小的拍板。

（二十一）打灶、做火塘

在鄂西南地区，灶与火塘都是很重要的家用装置，是生活的必需物资准备，因此，打灶和做火塘都需要请专门的师傅来做。

鄂西南民居中的灶，一般有三种类型：一是土灶，主要是烧柴做饭用，即用石头加三合泥来制作，再装上铁生水锅，一般会有 2—3 口锅。

二是节约灶，多采用砖头、水泥、瓷砖等材料制作完成，加装了烟囱和漏灰的铁桥与通风口，这种灶更加卫生，火力大，基本室内无烟。三是更为先进的沼气灶或者燃气灶，这种灶目前在民间并不是很普及，因其造价高，管理麻烦，且安全隐患大。民间的灶还会有许多附属的设施，如在两口锅之间靠灶膛前的地方加装一口陶罐，可以用来盛水，做饭时，热量同时将水烧热，保证随时都有热水可用；再如，在灶膛的后面做一矩形孔洞，利用烧灶的热量用来烘干鞋子；有的还会在灶的前面靠近墙壁一边，加装一个"灶眼"，可以将灶内烧成的火炭放入，用来烧火锅、蒸米饭等用；也会在灶膛前面，做一些小的孔洞，用来存放火柴等。

火塘在民间一般安置在耳间的前半间房内，火塘是鄂西南地区最为重要的地方，它既可以用来烤火取暖，还可以用来做饭煮菜，炕腊肉，也是一家人常常聚集之地。在早期，火塘主要是烧柴。火塘的制作主要是用四块石条，按照"口"字形置放镶嵌在地楼板下，石材上面与地楼板保持平整，如果是地面，则需要将地面挖一个火坑，将石条安置镶嵌在火坑四周，周边再用泥土压实压紧。早期的火塘中，常常有四件必备之物，火钳、铁三角、梭筒钩和鼎罐（见图2-2-5）。

（二十二）上桐油或上漆或彩绘

在鄂西南地区的民居建筑，普通的民居一般不会使用该道程序，因为桐油和大漆都是比较昂贵的材料，即便是自家有桐子树和漆树，都会作为经济作物栽培，所产桐油和大漆一般也会作为家庭主要的经济来源而售卖出去。自己用也主要是必要的生活用品，如水桶、家具等。在建筑装饰上使用桐油和大漆以及彩绘的，一般是有钱的大户人家，主要用桐油来处理板壁和门，很讲究的还会将门用大漆、朱红等材料处理。彩绘主要是对檐口、挑枋等部位的装饰，民间极少使用。

（二十三）踩财门、安家神

在20世纪90年代以前，踩财门和安家神是鄂西南地区修造房屋的最后步骤。从建造技术层面来看，它已经不属于技术性的工作，而是一种习俗文化的约定。但它是鄂西南地区房屋修建完成搬进新家的重要程序，因此，将其纳入建造程序的范畴来加以陈述。

踩财门和安家神是指大门和神壁做好以后，需要请掌墨师和族亲中德高望重之人一起来进行的一种仪式活动（后文专述）。通过这种仪式活动使一家一户的大门能够神圣地打开，寄予着主人家对家庭的厚望和美好愿景，同时，安家神则使列祖列宗的神位安置稳妥，以示对祖先的敬重，获得内心的安宁，并给予美好的愿景表达。不过，这些仪式性活动，在21

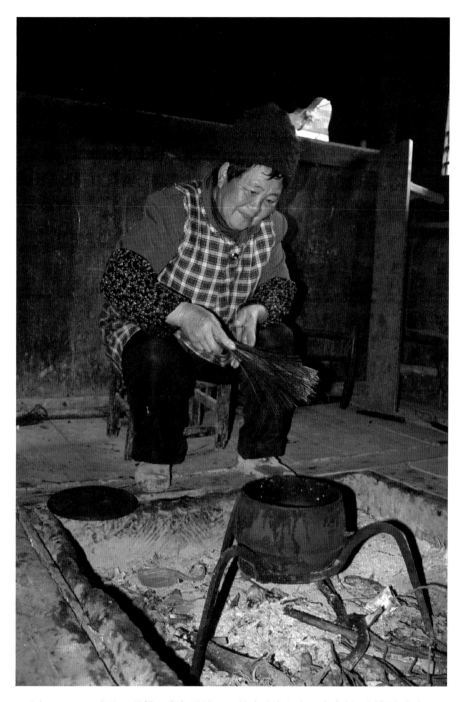

图 2 - 2 - 5　火坑里的铁三角与鼎罐（恩施市盛家坝乡二官寨村小溪胡家大院）

世纪以来的今天，民居建筑程序里已渐渐淡出了人们的视线，终将成为一种永恒的记忆。

二 土、石墙屋建造程序

土、石墙屋的建造，大多数的程序与木构建筑是一致的，如建房意向确立，请阴阳先生堪舆屋场、选择地基，按照房屋朝向放大线、挖屋基、确立形制、按照房屋形制放线、初加工木料（主要为楼枕、檩子、椽皮及门窗过桥等），细加工（画墨线、方直、做榫、打孔）等，以及后面的砍梁树、做梁木、开梁口、上梁、上檩子、钉椽皮、撩檐、盖瓦、摞脊、整楼板、整地坪或装地楼板（打灶、做火塘）、踩财门、安家神等程序。土、石墙民居建筑与木构民居建筑的不同之处，在于以下几道极为重要的程序。

（一）挖墙基

建土墙屋和石墙屋对墙基的要求很高。土墙屋和石墙屋需要构筑坚实的墙基，以承受泥墙和石墙的重量。按照结构的基本状态来看，木构建筑近似于框架结构，承重主要是落地柱子，柱子之间依靠川枋和楼枕等双向交叉的结构相互支撑。而土墙和石墙屋的墙体均为承重墙，因此，地基务必要坚实可靠，保障墙体地基的承重效果，否则会有严重的安全隐患。从技术上要将墙脚下到"老底"上，即墙基底面是硬质的土壤或者岩石。

（二）砌墙基

土墙屋和石墙屋需要在挖出的地基上砌筑墙基。一般用石头加三合泥，或者用石头加水泥，或者用砖头加石灰泥等材料砌筑离地平面1尺以上的高度。

（三）准备建造土墙石墙的辅料与工具

建土墙屋、石墙屋还需要准备诸多的辅料，除了黄泥、石头、熟石灰以外，还需要准备篾条、麻、门窗过桥，以及拍实墙体所用的拍板，防雨防晒用的茅草棚，脚手架的材料。在人工劳作的时代，还需要准备挑泥巴用的撮箕、扁担，挖泥上泥用的挖锄、薅锄、钉耙等工具。

（四）夯筑或者砌筑墙体

土墙屋夯筑墙体需要完成挖泥拌石灰、挑泥上墙、墙体夯筑、拍（催）墙、安门窗过桥、安楼枕和灯笼枋、割水面等工序（具体技术详见前文）。夯筑墙体需要专门的土匠掌板（墨）师傅，讲求技术的娴熟，需要有胆量，还要能招呼和管理整个工程的施工并保障安全。砌筑石墙墙体需要专门的泥瓦匠来进行施工。

（五）催墙、挖门（窗）洞、做门（窗）、粉墙

建土墙屋需要经过很多比较烦琐的工序，催墙就是其中一项，在墙体没有干之前，将墙体上有坑的地方，用泥巴补上，并用拍板拍平拍实，直至墙体干硬。同时，催墙也是为了防止墙体在收水过程中出现开裂现象，所以，一栋土墙屋建造完成后，还需要不断地用拍板催墙。土墙屋建造中，为了保障安全，一般会将门窗的过桥安放在墙体内对应的位置，等墙体干后再用挖锄挖出门窗洞口，并方正取直，再安装门窗边框。

石墙屋在建造中，直接封出门窗洞口，并在相应的位置首先将门窗框安置好后再砌筑墙体，这样保证门框窗框能够更加严实；为防止门框、窗框变形，会加装更多的支撑木枋。上部仍然会加装门窗过桥，以保障安全。

土墙和石墙屋建好后，既可以直接入住，也可以粉刷。粉墙在土墙和石墙屋建筑中应该是最后一道工序。

总之，在民居建筑中，建造主要程序基本遵从技术规范和要求来实施，工期会因其材料和技术的不同而有较大的差异。木屋和石墙屋基本上不受材料干湿的影响，只要是天气不下雨，均可以施工。土墙屋施工受泥巴干湿影响很大，必须经过至少两段中途停工，让墙体干燥收水，并要专人拍打墙体，使其平整实在。同时，这些程序中包含着众多鄂西南地域性的习俗文化因素（后文详述）。

第三节　民居建筑中的核心技术[①]

鄂西南地区的传统民居建筑主要以穿斗式木构建筑为主，特别是鄂西南南部地区更为常见；北部地区则是木构与土、石混合的建筑类型更多。南部地区的宣恩县、来凤县、咸丰县、鹤峰县、利川市南部和恩施市南部地区又以木构建筑的吊脚楼最为典型。由吊脚楼构成的特色村寨在鄂西南地区的南部很多，如恩施市盛家坝乡的旧铺、小溪，白果乡的金龙坝、芭蕉乡的筒车坝唐家院子，宣恩县的彭家寨、野椒园、板寨、小茅坡营、杨柳池、卢家院子，咸丰县的小村小蜡壁、刘家大院、蒋家屋场、麻柳溪，利川市的张高寨、老屋基，来凤县的舍米湖、兴安村等。随着时代的变

[①] 本节部分内容参见石庆秘等《土家族吊脚楼营造核心技术及空间文化解读》，《前沿》2015 年第 6 期。

迁，20 世纪 80 年代以后，鄂西南地区的民居建筑逐步引入了以砖、钢筋与水泥为主的平房建筑样式，2005 年后，随着新农村建设的推进，在钢筋水泥建筑的基础上，逐步复原了原有民居建筑样式和元素，成为当代鄂西南地区民居建筑的主要代表形式。

鄂西南地区传统民居建筑在其发展的历程中，积累了很多建筑技术和建筑样式的经验，特别是作为该地区民居建筑代表的吊脚楼，其将军柱、板凳挑、走马转角楼和思檐结构与样式，具有典型的地域性和民族性特征。在技术上，历代掌墨师们充分发挥自己的聪明才智，通过良好的师徒传承，使得技术与文化得以发展延续至今。在鄂西南地区的民居建筑行业里，流传着"三山六水一分田""脊上要梭（suō）瓦，檐口要跑马""四脚八扎（zhā）""地八尺、天一丈"等掌墨师常用的技艺口诀，它从客观上反映了土家族吊脚楼建造中所具有的核心技术，"土家族吊脚楼营造技艺在其漫长的发展历程中，积累了丰富的建造经验，并总结出一套有关吊脚楼建造的关键性技术，从工匠的角度而言，这些口述史的传承一方面成为核心技术的直接表述，另一方面也成为衡量工匠是否成为掌墨师傅的评判标准，是否拥有这些技术指标，是考察木匠是否得到真传的重要方面"[1]。

一 计算步水与水面[2]

步水是指民居建筑中同一列扇架相邻两根柱子（也指相邻两根檩子）之间的水平距离，点中计算尺寸。鄂西南地区地处山区，雨雪较多，山体垂直高差大，因此，退步也会因为海拔高度不同而不一致，步水的尺度也会有差别，一般为 2.4—3 尺不等。高山因为常年积雪，步水一般会小些，即多为 2.4—2.8 尺。步水的尺度大小，还要以建筑材料的大小来定，特别是柱头和檩子的大小直接关系到屋顶水面的承受力。一般材料偏小，则开间和退步也相应缩小，材料偏大，则退步和开间相对较大。退步最大距离一般不会超过 3 尺（即 1 米），因为还要考虑人在屋顶盖瓦或者维护屋顶瓦片的时候，人的跨步大小，超过 1 米，人一步跨过去就会很困难。

水面是指屋顶坡面的倾斜度，即房屋扇架顶端的柱骑构成的线性关系，屋顶水面的倾斜度是依靠两根相邻的柱骑顶端向下的高度差和步水距离，共同构造形成屋顶斜面的线性状态；鄂西南地区的民居建筑的屋顶水

---

① 石庆秘等：《土家族吊脚楼营造核心技术及空间文化解读》，《前沿》2015 年第 6 期。
② 石庆秘等：《土家族吊脚楼营造核心技术及空间文化解读》，《前沿》2015 年第 6 期。

面一般有"竹竿水"和"人字水"。"竹竿水"是指屋顶水面呈直线形，即从屋脊到檐口呈一条直线。"人字水"是指屋顶水面呈弧线形。即从屋脊到檐口是弧形线，人字水实际上是屋脊和檐口"升三"（详见后文）的结果。因此，计算水面，主要是计算出相邻两根柱骑顶端或者相邻两根檩子之间向下的高度差。水面计算与退步的尺寸直接有关，且通常有其独特的计算方法。鄂西南地区的民居建筑水面一般为 4 分 8 到 6 分 5。"三山六水一分田"中的"六水"即是指最为传统且最为常见的屋顶水面的计算方式，"六水"即六分水，表示相邻两根柱骑之间的高度差等于退步尺寸的 60%。如果是"竹竿水"，以扇架的平均退步（两根柱子之间的距离）为 2.8 尺、水面为 6 分水来计算，则相邻柱与骑（或者柱与柱或者骑筒与骑筒）之间的平均高度差 = 2.8 × 0.6 = 1.68 尺，表示中柱比相邻的大骑高 1.68 尺，大骑比金柱高 1.68 尺，即相邻两根柱骑之间的高度差均为 1.68 尺；同样是退步为 2.8 尺，水面为 5 分 5，则两根相邻柱骑顶端向下的高度差均等于 2.8 × 0.55 = 1.54 尺；若退步为 2.5 尺，水面为 4 分 8，则水面高度差均等于 2.5 × 0.48 = 1.2 尺，这样的水面就相对平缓很多了。以此可以计算出对应的水面与退步的尺寸关系；因此，竹竿水应该是比较好计算的水面了。而"人字水"的水面计算要复杂很多，我们以退步为 3 尺，水面为 6 分，扇架为五柱四骑前后各挑出一步水，中柱高 21.8 尺来计算，平均相邻柱骑向下高度差等于 3 × 0.6 = 1.8 尺，中柱高度是包含了"升三"的尺寸的，因此，中柱高度减掉 3 寸（0.3 尺）再减 1.8 尺，则表示中柱"升三"后紧邻的大骑的尺度关系，但是应该考虑屋脊水面问题，如果中柱与大骑之间一下减掉 3 寸，会让这两根柱骑之间的水面太陡，屋顶水面的形态也不好看。因此，一般大骑也要相应地升高 1.5 寸（0.15 尺），即中柱与大骑、大骑与金柱的实际高度差为 1.95 尺，金柱高度 = 21.8 – 1.95 × 2 = 17.9 尺；与此同时，檐口也要"升三"，即檐口的水面（挑枋口）在平均高度差计算的基础上要加上 3 寸，相邻的檐柱升高 1.5 寸，因此檐柱的高度等于 17.9（金柱高度）– 1.8 – 1.8 + 0.15 = 14.45 尺，檐口挑枋的碗口离柱头脚平面的高度等于 14.45 – 1.8 + 0.15 = 12.8 尺。由此可以计算出中柱碗口的高度和檐口挑枋碗口的高度在屋顶上高度差为 21.8 – 12.8 = 9 尺。而"竹竿水"的金柱高度则应该为 21.8 – 1.8 – 1.8 = 18.2 尺；檐柱高度为 14.6 尺，檐口挑枋的碗口离柱头脚平面的高度仍为 12.8 尺。

计算步水和水面是掌墨师必备的基本技能，只有计算出水面和步水尺寸才能够排扇架，也才能主持修建房屋。通过计算步水和水面，"再加上升三的尺寸、开间大小和房屋高度，才可以计算所有材料的长度，才具有画墨线的能力"。同时，"六分水为最为古老的计算水面公式，是基于茅草和树皮作为屋顶覆盖材料的水面计算方式；当瓦片成为屋顶覆盖材料时，水面则大多采用了 4 分 8、5 分、5 分 5 等水面计算公式"①。在我们对鄂西南地区民居建筑的调查中，工匠们普遍认为五柱四骑和五柱二骑是最为传统又最为常见的木构建筑排扇格局，水面大多为 5 分水至 5.5 分水，退步一般为 2.5—2.8 尺，房高一般为 1 丈 68 至 2 丈 18 不等。

通过以上步水与水面、"升三"等尺度关系的换算可见：屋顶相邻柱骑的高度均差越大则屋顶水面越陡，高度均差越小，则屋顶水面越平。屋顶水面既要考虑流水不回灌，又要考虑屋顶承重，还要考虑雨雪气候的不同。因此，退步和水面计算是长期以来该地域的工匠和人们，在特殊的地理环境条件下，经过大量的实践和总结而获得的基本数据与尺度关系，是人们生活经验的总结，也是众人智慧的结晶。

二 升三①

在鄂西南地区的民居建造中，"升三"是核心技术之一。"升三"主要用于堂屋两侧的山头扇架顶端向上升高，因此也称为"升山"。在"人字水"的屋顶和檐口也需要"升三"，即"人字水"的民居建筑需要将屋脊、檐口与山头的柱头顶端，在计算平均水面值的基础上向上升高。"升三"一般是指升高 3 寸，有的也指一定高度数值的概数，即提升一定高度的含义，尺寸一般为 3—8 寸，如果是飞檐翘角则另当别论。"升三"主要在三个部位——山头、檐口、脊梁；掌墨师们通用的口诀"三山六水一分田"中的"三山"即是指代这个意思。

山头"升三"主要是指堂屋的两列扇架保持原有计算的标准尺寸高度，即中柱高度一般为 16.8—22.8 尺，尾数均为 8；紧靠堂屋的耳间扇架则在堂屋扇架高度的基础上升高 3 寸，楼枕与堂屋保持水平、屋顶檩子与顶川的距离保持一致，升高的 3 寸化解在二川、花川的位置尺度上，从扇架的基本形态来看，看不出升高的尺寸。山头的"升三"是连续的，即四列三间的耳间山头扇架升高 3 寸，则将军柱升高为 6 寸，以此来算，六列五间的耳间扇架依次升 3 寸、6 寸，将军柱升高 9 寸；以此类推计算出山头扇架和将军柱的高度。厢房的扇架也要采取"升三"的做法。山

---

① 石庆秘等：《土家族吊脚楼营造核心技术及空间文化解读》，《前沿》2015 年第 6 期。

头扇架的"升三"，在技术上解决了因檩子树蔸大和树梢小的尺寸问题（安放檩子要树蔸朝向堂屋，树梢向山头）；在审美上使房屋的两头略微上翘，形式更为美观；同时，矫正了因为视觉观察的距离而形成的错视现象。

屋脊和檐口的"升三"：一般屋顶水面为"人字水"的，均是这一技术的具体体现，是指单列扇架在起高杆和加工扇架柱骑时，屋顶水面要将檐口和屋脊做"升三"处理，即从侧面观看扇架屋顶水面应该是略带弧形，而不是直线。屋脊"升三"是指中柱在整体的水面基础上要升高3寸，紧挨的大骑升高1.5寸，屋脊"升三"也称为"冲脊"，屋顶水面总体偏陡；檐口"升三"是指挑枋要在均值水面的基础上升高3寸，紧挨的檐柱或者相邻的挑枋升高1.5寸，檐口"升三"会使檐口水面形成稍平的感觉；"屋顶要梭瓦，檐口要跑马"是檐口和屋脊"升三"的形象描述。这一技术解决了屋脊因为水流量小使屋面水向屋内灌的现象，因为屋顶水相对较少，流速要加快只能靠屋面偏陡的造型来解决。檐口"升三"则因为水到檐口时流量大、流速快，因而水面较平，因为屋顶水面檐口弧线的改变，使水流落地的距离能够更远，这个物理学意义的技术，解决了水流的速度与流量、速度与距离、运动路线与距离等实际问题；但是升高的高度不能超过相邻柱骑高度差的平均值，即檐口相邻挑枋或者与檐柱不能一样高，更不能使檐口比内面还高，导致屋顶水流倒灌。与此同时，因为"升三"而使屋顶从侧面看起来成为弧线形比起直线来更为美观，也矫正了视觉错视现象。

当然，"升三"或"升山"，并非一定要升高3寸，在传统文化的意义里，三也是概数，因此，"升三"或"升山"也要视具体的建筑环境和建筑物的大小而定。传统意义上的"五柱四骑"或"五柱二骑"按照3寸来解决；房子更大或者更小，则需要根据房子的具体尺度关系来确立升高的具体尺寸，一般而言"升三""升山"均是对提升高度的形象描述。

三　四脚八扎

中国传统木构建筑蕴含着极为丰富的人工智慧和科学原理。鄂西南地区的木构民居建筑最为原始的扇架和屋架的整体形态是遵从"四角八扎"的原则进行设计和建造。"扎"在土家族习语中为张开之意，"四脚八扎"就是木构建筑扇架的落地柱脚是张开的，即房屋扇架立起来后整体形态略呈锥体状，以保障房屋的稳定性，因此，扇架画墨线和排列时所有的柱骑均向中柱略微倾斜，一般倾斜的尺寸要求上面比下面略向中柱收最小尺寸为0.8寸，扇架立起来后堂屋两列扇架的上部略微向中间靠，上面比下面略向内收至少0.8寸，最大可以到8寸。耳间的扇架一样遵照这个基本关系在排列时和立扇时保持整体的下脚张开之势。这个看似简单的收缩，却给建造排扇的画墨线和钻孔带来极大难度，因为排扇时所有川枋和柱骑之间，已经不是绝对的垂直关系，而是略微向中柱倾斜，画墨线要经过严格的计算才能准确解决好倾斜度的问题。鄂西南地区民居建筑的掌墨师们，在解决这个问题时不全是采用纯粹计算的方法，而是采用了"起高杆"和"画小样"的做法，即根据主人建造地基、材料、意愿相结合"起高杆"，依据高杆和"四角八扎"的张开尺度画出建筑扇架排列的"小样"，计算倾斜度和算出水面、川枋的位置和尺寸大小，最后在柱骑上画墨线时利用"扳尺"（一种可以调节倾斜角度的木工尺）来画出所有川枋的孔眼倾斜度以及位置和大小。

有的掌墨师在技术运用里，"四角八扎"也包含着屋檐的飞檐翘角的技术处理含义，即指屋顶的四个角要翘起来。

四　将军柱

鄂西南地区的民居建筑中，在正屋与厢房的交接处有一间房屋，多数称其为"抹角屋"，这个"抹角屋"在结构的转接形式上一般有两种。一种为"马屁股"，其屋顶水面呈现为自然转接方式，主要借助一根"龙骨"使水面平接；另一种为"钥匙头"，抹角屋即是一间正屋，屋顶水面在正屋后面是直接延伸的，前面则是厢房水面与正屋水面的直接对接，也称为"硬撞硬斗型"。在"抹角屋"的结构处理上，需要解决承接来自正屋和厢房两个方向的檩子和楼枕、地脚枋的连接关系。这里最具智慧和有效的转接方式，就是采用连在一起的一列半扇架来连接正屋和厢房，这一列半扇架共用一根中柱，这根柱子就是被掌墨师和民众称其为"将军柱"，这根柱子在"抹角屋"的中央，从下面往上看，这一列半扇架近似于伞把与伞骨的结构，因此也被本地人形象地称为"伞把柱"或"冲天炮"（见图2-3-1），龙骨、正屋的屋梁、檩子、楼枕、地

图2-3-1　将军柱（谢明贤家的吊脚楼）

脚枋以及厢房的屋梁、檩子、楼枕、地脚枋均是连接在这根柱子上的。

在鄂西南的民居建筑中，不管是吊脚楼，还是台基式木构建筑，只要正屋加厢房的转接结构，多利用抹角屋来处理。在屋顶房梁的处理上，厢房一般会比正屋矮一步水，造型上在将军柱处形成一个洞，俗称"猫眼"，即猫可以从该洞爬出来到屋顶的瓦片上晒太阳和游玩，猫眼还起到通风、采光的作用。"将军柱"由于较为灵活，对"抹角屋"的空间产生决定性影响，既可以使抹角屋成为一间屋，也可以将抹角屋分为两部分、三部分甚至是四部分。楼枕以下可以灵活安排其空间结构，因此"将军柱"既承担着来自各个不同方向的力量，又是连接正屋和厢房的关键结构，在空间处理上以最为简洁有效的方式使"抹角屋"的空间最大化。"抹角屋"一般用于做厨房、客房、烤火间或杂物间、加工食品的磨房等。

在我们走访调查的武陵山地区的民居建筑过程中，发现"将军柱"是鄂西南地区民居建筑最为明显的特征之一，而且在恩施州的咸丰、宣恩、来凤、利川南部和恩施市的盛家坝等地区使用频率最高，特别是围绕星斗山自然生态保护区的周边区域。

五 起高杆

在民居建筑中，极少采用现代建筑设计意义上的图纸，即便是现代建筑的样式，也多数是主家或者工匠"心图"的外化。而在鄂西南地区的传统民居建筑营造技艺中，一直使用着一种叫作"高杆"的建筑"图纸"，特别是木构建筑一般都有这样一根杆子。"高杆"是掌墨师修房子的基本依据，所有的柱骑比例与长短、榫孔墨线位置、榫孔大小均在此杆上；它是掌墨师根据主家意愿和房屋形制、结构，按照严格的比例尺寸，将一栋房屋的柱骑、川枋、楼枕的结构绘制到一根竹竿上或者木杆上，本地俗称"起高杆"。它需要对整栋房屋的形制与结构有完全的了解和记忆，也需要极强的空间想象力、周密的逻辑思维能力和精准的计算能力。"起高杆"是掌墨师必备的核心技能，起不了高杆也就造不出房子。

起高杆的核心是数据关系和川枋位置的准确度，除了材料大小和建筑技术的需要之外，鄂西南地区民居建筑的营造技艺，流传着许多掌墨师们口传心授的营造技术口诀和严格的数据尺寸规定。对于房屋的高度和宽度尺寸有"高不离八""宽不离八""门不离五"的说法。"高不离八"即是指中堂扇架的中柱高度尾数要带"8"，中柱高度一般采用 1.78 丈、1.88 丈、2.28 丈，楼枕安放高度一般为 0.98 尺、1.08 丈等；"宽不离八"是指房屋的开间大小的尺寸数据仍然保持尾数是 8，一般堂屋开间要比耳间开间大 1 尺，堂屋开间一般有 1.48 丈、1.38 丈，则对应的耳间开间为 1.38 丈、1.28 丈等；梁木在裁剪制作时，其长度和两端留出的部分一般也保持尾数为 8；大门的高度一般也会选择末尾数为"8"的数据，如 8.8 尺、7.8 尺等，大门枋应比神壁枋高 8 分。"门不离五"是指做门时，门的宽度尾数为 5，即 2.5 尺或者 2.45 尺等。这些相应的规定性尺寸关系，需要在"起高杆"时就予以设定和计算。

掌墨师"起高杆"以整栋房屋最高的那根柱子为高杆的高度，计算尺寸和位置是以堂屋扇架为基本参照。"起高杆"一般从楼枕位置开始计算，楼枕以下 3—5 寸为一川，柱头脚安装地脚枋；楼枕以上为二川，依次计算三川、灯笼枋、四川，一直到顶川和柱头骑筒顶端的碗口，碗口距顶川的距离一般为 5—8 寸，分别计算出相应的尺寸，并在竹竿上刻画出记号。在鄂西南地区的民居建筑中，楼枕的高低也是有讲究的，一般要求楼枕在中柱高度中点偏上的位置，即楼枕将房屋的垂直空间分为了楼下和楼上两个部分，也就是下部空间应该比上部空间要高一些；如果楼上空间高于楼下空间则被称为"楼欺主"，认为是不吉利的。"起高杆"务必将这些数据和因素考虑进去；"起高杆"还需要考虑"升三"和水面等一系列问题。

正式动工修造前，掌墨师会依据高杆和整栋房屋的结构关系绘制小样，主要是扇架、龛子、翘檐与挑枋等结构较为复杂的房屋建筑整体或者局部的小样，要考虑"四角八扎"等涉及房屋稳定性的结构关系。

六 板凳挑

"板凳挑"是鄂西南地区民居建筑中极具特色的结构，即是在前檐口下的一根骑筒用一块木方连接支撑在前檐柱上，骑筒搁置在木方上或者以榫卯方式与木方连接，在上部再向外接一块或者两块挑枋；连接檐柱的枋片即为板凳挑（见图 2-3-2a-b）。这一结构在技术上解决了檐口重量的分担，同时，使地面空间无阻挡而更实用。既可以作为晾晒粮食、存放农具使用，也可以保证下雨时，雨水不会轻易进入室内，且人员行走更为方便；还可以用作红白喜事时开席招待客人。"板凳挑"的结构变化，著名建筑学家张良皋先生有如是描述："在咸丰，板凳挑极为普遍，而且可以找到其来源的构造序列——它是从龛子外的挑瓜柱，到檐下的'燕子楼'挑瓜柱，演变成为板凳挑的。"[1]

---

① 《老房子——土家吊脚楼》，江苏美术出版社 1994 年版，第 12 页。

图 2 - 3 - 2a　板凳挑（来凤县
百福司镇兴安村田氏老宅）

图 2 - 3 - 2b　板凳挑（巴东县
金果坪乡下村湾村某民宅）

　　"板凳挑"安装的高度一般与一川平齐或者略高或者略低，它与骑筒的连接处理一般有两种主要方式。一种是将骑筒搁置在木枋上面，让木枋直接承接来自骑筒及其屋檐的重力。另一种是运用榫卯结构将骑筒下端与"板凳挑"的末端连接起来，连接的结构样式众多，与此同时，一般还会将板凳挑的挑头、骑筒的下端雕刻出各种造型和装饰纹样，以使其更加美观。

七　思檐

　　"思檐"也称"司檐"，是鄂西南地区吊脚楼的典型结构与样式，主要是指吊脚楼山头多种结构共同构成的整体样式，主要包括了柱骑、回廊与栏杆、屋顶檐口等主要部件构成的结构形态。它是该地区吊脚楼区别于其他地区吊脚楼的主要特点之一，特别是回廊、栏杆与骑筒构成的"走马转角楼"。所谓"走马转角"，是指吊脚楼吊出的外围部分在与地平面平齐的高度做出回廊，从房前到屋后贯通起来，可以牵马从回廊上走过，故为"走马转角楼"；如果是平地起吊的吊脚楼则与楼枕平齐的外围回廊是围绕房屋的正面、侧面形成整体的回廊结构，有的甚至连同房屋后面形成一整圈的回廊结构；当然，回廊也有一面的和两面的。

图2-3-3a　单檐（咸丰县小村乡小村村小腊壁）

图2-3-3b　重檐（宣恩县长潭河侗族乡
两溪河村卢家院子）

"司檐"在整体造型上，屋顶上部山头和檐口一般处理为简易的歇山顶结构，主要有两种基本形式：一是与山头屋顶檐口连接在一起，檐口保持水平关系或者随着檐口翘角飞升上去成为弧形，与厢房的屋顶形成"猫眼"结构；这种结构相对复杂，且稳定性较好，但是离回廊较高，遮挡雨水的作用相对较弱。二是将上面覆盖遮挡回廊的顶部独立连接于厢房的扇架上，其高低取决于对回廊的遮盖程度，在外观上不及第一种美观，但遮挡回廊雨水具有更好的作用。这一结构一般挑出两步水，多为单层檐口结构（见图2-3-3a），也有双层或者多层檐口的（见图2-3-3b）。

"思檐"的造型丰富多样，其主要功能是供人走动，也可休闲、晾晒衣物、放置物品，同时，丰富吊脚楼山头的造型，使其更加美观。"思檐"的回廊栏杆构造有多种形式，转角处一般会有骑筒连接，骑筒底端末梢会雕刻成各种形式的"金瓜"，栏杆的样式会以木条构造出各种造型的装饰纹样。如果是檐口转角为翘檐结构，转角处外围有三根骑筒来形成和构造顶端的造型，加装龙骨形成飞檐翘角。

八 飞檐翘角

在鄂西南地区的民居建筑中，房屋的檐口绝大多数是齐平的（见图 2 - 3 - 4a - b），不管是台基式建筑，还是吊脚楼结构样式，屋檐滴水在整体上是在一条水平线上；但在经济实力较强的人家，将吊脚楼吊出部分的檐口四角翘起，即"翘檐"，也叫"飞檐"，似鸟展翅飞翔之状（见图 2 - 3 - 5a - b）。对于鄂

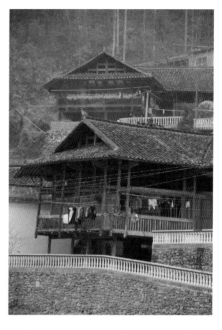

图 2 - 3 - 4a 齐平的檐口（宣恩县沙道沟镇两河口村）

西南地区传统民居来讲，"翘檐"在建造技术上是有明确规定的，即翘起的高度不得超过前檐柱顶端。因此，在掌墨师看来，建造民居和建造贵族吊脚楼的翘檐是不一样的，建造庙宇的翘檐也有严格的规定。

图 2 - 3 - 4b 齐平的檐口（建始县高坪镇岔子口村）

图2-3-5a 飞檐翘角（来凤县
百福司镇兴安村田氏老宅）

图2-3-5b 飞檐翘角（宣恩县
沙道沟镇两河口村彭家寨）

飞檐翘角也有许多形式，在结构上自然需要不同的处理方式，一般情况下，为了使顶端的翘檐结构牢固，思檐的转角处会安装三根骑筒与山头的扇架的柱头、回廊结构通过川枋将它们连接在一起，构成整体结构，来支撑顶端的飞檐翘角。三根骑筒与扇架的柱子一般是等距离排布，构成正方形结构，并在顶端正方形对角线上加装一块挑枋，形成屋檐的翘角，使其飞升起来。

"走马转角""思檐""翘檐"有着复杂的结构，需要高超的技术支持才能解决结构和承重难题，从技术层面来讲，这些都是土家族掌墨师必须掌握的核心技术之一，也是掌墨师能力的体现。

九 画墨线与号"鲁班符"

画墨线是在加工建筑部件过程中最为关键的技术之一，必须全部了解一栋房子的整体和细微结构以及榫卯的尺寸关系。画墨线的尺寸和结构的主要依据是"高杆"，细微尺寸和结构主要靠掌墨师的精心计算和头脑记忆。

在鄂西南地区的民居建筑行业里，画墨线的任务主要由掌墨师和有经验的二墨师来完成；掌墨师画墨线还有许多讲究，比如中柱画墨线必须由上到下且结束时在上面（顶端），画墨线需要翻滚柱子时只能向内翻，不可向外翻；堂屋两根中柱内侧与梁木的中线应该保持一条线，且不可以断开，因此，中柱上遇到楼枕开眼的位置，必须想办法避免开眼凿穿，楼枕枋做成叉头榫或者中柱楼枕眼子不凿穿，以保证墨线不断。

一栋房子所用的所有柱骑、楼枕、川枋、挑枋在画墨线时，必须明确其所在的位置，而且要在显要的位置用"鲁班符"标注出来（见图2-3-6）。"鲁班符"是掌墨师独有的记录所有材料位置的符号系统，其意义就是明确每根材料的具体位置和方向，如"东头前金柱""西头后檐柱""堂屋东头一川"，等等；同时，"鲁班符"也是掌墨师和木匠行业班里面独有的技术保密系统，只有掌墨师自己和该班子里的成员们知道符号所表示的意义，每位掌墨师所号"鲁班符"是有差异的。

十　讨退

"讨退"是鄂西南地区民居木构建造技艺中又一个关键性技术，在现代建筑中已经很少使用。"讨退"有两个方面的含义，一是扇架川枋和柱骑在画墨线时，要使所有的川枋和柱骑严格从中柱开始，川枋穿过柱骑时，在柱骑的内部减少川枋的宽度，形成肩膀榫结构，使川枋穿过柱骑时被锁住位置，这样依次递减至檐柱处川枋的宽度变得最小，即便穿两步水的川枋也要讨退。二是川枋穿过柱骑的所有出口处都比进口处要小3—8分，以便识别川枋与柱骑的位置和正反方向。

图2-3-6　鲁班符

民居木构建筑中的柱骑大小不一定都是一样的，因此，"讨退"还需要根据柱子和骑筒的大小，一个眼一个眼地讨，这是一个极其烦琐而细致的工作，绝不可马虎。讨退的关键是川枋的进口大，出口小，川枋进柱子榫口约 1 寸后缩小 3—8 分，依次每经过一根柱子或者骑筒均要缩减相同的尺寸。"讨退"还要计算和画出柱骑与川枋连接处的钉栅孔大小和位置。"讨退"完毕，还要"挖退"和"上退"，"挖退"是在枋片和柱骑之上根据画好的墨线做榫头，去掉多余的材料；"上退"是将做好的川枋与柱骑按照既定的关系连接起来，形成一排排的扇架，因此，"上退"也叫排扇。

在鄂西南地区的民居建筑中至今仍然保留着众多传统的建造技艺，主要集中在木构建筑的民居营造里，这些技艺大多掌握在年龄较大的工匠和掌墨师手中。在面对钢筋水泥等新材料和新技术以及城市化进程的当代生活节奏里，他们仍然以其执着的态度坚守着、默望着，希冀在社会变迁的脚步中，还能够留下他们"炫技"的时空。

第四节　技艺传承

鄂西南地区民居建筑营造技艺在其历史的长河里，传承发展至今，其经历的过程不易得见，但我们仍然能从留存的建筑实体和民间拥有该项技艺的工匠与掌墨师的口述民居建筑实践中，窥见技艺传承的基本方式。在传统的技艺传承中，一般有"传男不传女""传内不传外"的行业规矩。因此，技艺传承相对来讲，具有较为严格的程式和讲究。作为民居建筑的"民间技艺的传承方式一般有家族传承、师徒传承、参师、舀学、自学等基本形式"[①]。

民居建筑营造技艺主要包括三个方面的内容：一是民居建筑本体的建造技术，即房屋形制设计、材料加工、结构设计与施工、组合安装和建筑装饰等技术性内容，这一内容既包含民居建筑建造的技术性问题，也包含基于民间习俗和文化规定的空间尺度、材料运用等内容。二是对民居建筑施工过程中的安全管理，包括工人的安全、主家成员安全和主家家畜牲口的安全等内容，工艺的操作与材料的搬运、部件的安装组接、立扇上梁、

---

① 石庆秘：《民间技艺传承方式"参师"的艺术人类学价值阐释》，《艺术探索》2016 年第 6 期。

撩檐盖瓦等管理过程中的安全，还需要通过"安煞"等各类方法来辅助安全工作的落实。三是民居建筑建造过程中的仪式、说辞等内容，包括仪式的主持，都需要师父传授并面授机宜，方可独立主持民居建筑的修造。

在民居建筑行业里，鲁班被尊奉为祖师爷，不管是木匠、石匠还是瓦匠都是以鲁班在场为守护神。只是不同的匠人行业里，代表鲁班的符号标识不同，如木匠行业是以"五尺"或者"墨斗""木马""凿子"等为祭祀鲁班的象征物。不管是哪种传承方式，这些都成为技艺传承的核心内容之一。

一 家族传承

家族传承主要是在同宗同姓的族内，一代代将技艺传承下去的方式。家族传承因为在家族内部，一般没有严格的收徒和出师仪式，授艺的时间也没有严格的规定，很多时候是耳濡目染、潜移默化地影响，在达到可参与劳动的年龄时，接受正式的技术、仪式、说辞等内容的学习；家族传承不传给族亲以外的人，而且许多传男不传女。① 家族传承可以在曾祖父—祖父—父亲—"我"—儿子—孙子等直系血亲关系中传承技艺；也可以是在伯叔—侄等旁系血亲中传承。在鄂西南地区的家族式传承关系里，"五尺"和匠作"工具"是作为技艺传承的重要见证。

家族传承可以保持技术技艺的纯正性和一定意义的创新性，总体而言，还是以保留技术核心要素的纯正性为主。例如在恩施州咸丰县中堡乡的李海安、李坤安兄弟即继承了父亲的衣钵，是严格意义上的家族传承，其技艺保持了较为纯正的鄂西南地区民居木构建筑的将军柱、马屁股、走马转角楼、板凳挑以及"升三"、门窗制作、装饰图案等极具鄂西南吊脚楼营造技艺的核心要素。麻柳溪村的王青安继承了父亲王银山的技艺，而今仍然活跃在该地区的民居建造行业里。再如恩施市盛家坝乡旧铺康家大院的建造主要是康家自家的工匠建造起来的民居建筑群，其建造者主要是康纪中及其祖父、父亲和他的儿子四代人的家族工匠，历经两百余年建造而成，至今仍保存完好。

也因为如此，家族传承可能面临技艺无人继承的境地。因此，具有较高技艺的工匠则会选择在族亲以外招收徒弟，传授技艺，以使技艺不断地延续和传承下去。

___
① 石庆秘：《民间技艺传承方式"参师"的艺术人类学价值阐释》，《艺术探索》2016年第6期。

二 拜师学艺

在传统社会的民间，拥有建筑营造技艺者大多会被认为是本乡本村有文化的人，一般都具有较高的地位和权威性。因此，这些技艺一旦需要外人来继承时，师傅对学习者都需要经过严格的挑选和考验，也有严格的学习规矩。"师徒传承则有严格的收徒、授艺和出师的规定，特别是出师时的规定更为严格，学徒需要掌握全部的技艺、符号系统、仪式主持、说辞、设计管理等内容，得到师傅认可并举行过职仪式后，才成为独立的技艺拥有者。"[1]

拜师学艺在时间上一般需要2—3年，跟随师父随时随地参与工作，不计报酬，一般情况下，学艺者还需要每年给师父300—500斤粮食（稻谷、小麦、苞谷等主粮）、一套衣服（包括鞋帽袜子）以及腊猪蹄、糍粑、面条与糕点等物品，以期师父能对自己满意并愿意传授更多的技艺。学艺的过程要从初加工的砍、削、刨等基本工具的操作使用和材料初加工入手，慢慢进入材料方直定角、做榫打眼等细加工；能进入画墨线的层级，就是比较高阶段的学习了。在这些过程里，师父会逐步教授一些说辞口诀之类的仪式要素；最后要学的则是"招呼"，即法术。法术不是随便可以传授的，要在师父认可了徒弟的人品良好与技艺成熟的基础上才可以传授。

要成为民居建筑中的"掌墨师"，一般要经历学徒、匠人、二墨师，得到师父认可并举行过职仪式，拿到"五尺"才可以成为真正意义上的"掌墨师"，这才是正规师徒授艺的基本模式。

在鄂西南地区的民居建筑行业里，符合严格意义的师徒传承关系的掌墨师很多。如咸丰县丁寨乡湾田村的土家族吊脚楼国家级传承人万桃元，在其师承关系上，上承师祖为杨春、师父为屈胜，万桃元有着极为完善的吊脚楼营造技艺和修房造屋、堪舆、"看日子"的全部本领，且口才极好；手上仍然拥有全套的掌墨师工具，特别是具有象征意味的"五尺""门光尺""罗盘"和修造房屋用的各类工具。又如恩施市盛家坝乡的余世军及其师祖、师父，还有余世军的徒弟之间，均符合严格意义的师徒传承。余世军的师祖为焦华友，师父为黄余安，徒弟是李良静，余世军经过了严格的过职仪式传承，师傅传过来的"五尺"至今保存和使用，能主持修建房屋和各类仪式活动。余世军随师父黄余安学艺十年有余，在自家

---

[1] 石庆秘：《民间技艺传承方式"参师"的艺术人类学价值阐释》，《艺术探索》2016年第6期。

修房子时，才举行过职仪式，正式成为一名独立的掌墨师，至今仍然活跃在恩施及其周边，从事民居建造工作。再如咸丰县黄金洞乡麻柳溪村的掌墨师谢明贤，现为土家族吊脚楼营造技艺省级传承人，其师祖为李启怀、向祖林，师傅为王银山，徒弟有谢华成（谢明贤侄子）、李清明等。这样的民居建筑掌墨师还有很多，如夏国峰、姜胜健，等等。

三 参师学艺

在鄂西南地区民居建筑行业的匠人队伍里，有一个专有化的词语叫"参师"。"参师"的本义是指已拥有一定技艺的匠人，因需要提高自己的技术和本领而向更高水平的工匠或者掌墨师请教学习技艺，或者是自己不会的技术、招呼等需要向同行请教的，也指不同技艺拥有者之间相互交流学习的过程。

家族传承与师徒传承在技艺纯正性上具有很大的优势，但也会导致固化，经验性的东西很重。"家族和师徒传承保持着技艺的纯正性和文脉关系的维系，但因范围相对狭窄，从文化传播、演进、创新的层面看，局限性很大"[1]；因此，"参师"学艺成为民间技艺传承中极其重要的现象。在对鄂西南地区多种行业和数名工匠的调查访谈中，发现80%以上的工匠均有过"参师"学艺的经历。"参师既有技术的相对纯正性传承，也有技艺的个人创新，特别是不受时间、地点的限定，灵活、多变，从一定的意义上，其文化传承的人类学意义和价值更大。"[2]

参师学艺一般在匠人间进行，在鄂西南地区的民居建筑行业里，我们采访的万桃元、龚伦会、夏国峰、余世军等掌墨师，虽都已经历了家族传承或者师徒传承的严格训练，但是或多或少都有参师学艺的经历；特别是当一帮匠人在一起干活时，是他们相互学习的最好机会。

参师主要有三个方面的内容：一是学习匠人基于安全与习俗中的法术、说辞、仪式主持等非建筑技术的内容，以使自己能够得到更加有效的安全保障，并通过在实践中尽可能展示这些技艺获得在民众和行业中的身份认同感。二是拓展自己原有的大木匠业务范围，包括与建筑营造技艺相关的堪舆地形、择日期，或者是全新的铁匠、篾匠等技艺，或者是木工细活（打家具、做圆货等）的技艺；使自己拥有更多的技艺，更具有市场

① 石庆秘：《民间技艺传承方式"参师"的艺术人类学价值阐释》，《艺术探索》2016年第6期。
② 石庆秘：《民间技艺传承方式"参师"的艺术人类学价值阐释》，《艺术探索》2016年第6期。

竞争力和活路可干。三是提升和精进民居建筑营造技艺，主要是提升在起高杆、画墨线、钻孔打榫等精细化方面的技术。比如吊脚楼营造技艺国家级传承人万桃元，既掌握最为传统的修房屋、堪舆地形、主持仪式、招呼安全等与民居建筑相关的技术与文化，又具备打家具、做竹编、择日期等能力，还具有即兴赋词作诗，随时随地出口说辞的本领。再如掌墨师夏国峰既是大木匠行业里的能手，又是细木匠活路的高手，还会打铁、竹编等技艺，更有许多自己的小发明和创造性的生活用品。而大多数的掌墨师只能按照传承中既有的文本来主持或者开展相关的活动。

"参师"学艺是民间技艺与文化传承、发展和创新的主要方式，为技艺传播、教育方式、技术创新、人才培养模式等提供了通道，并使得技艺和文化有了鲜活的力量。

四　舀学

在民间技艺传承与发展的过程中，有一种学习方法是通过细致观察别人的做法，或者实地丈量建筑实体后，回家自己琢磨、操练技术，从而具备了某种技艺的能力。这种学习技艺的方法，在民间被称为"舀学"。"舀学"在一定意义上就是自学的结果，实际上是在没有获得对方同意，而"偷偷"学来的手艺。通过"舀学"获得技艺的匠人，主要是为了自己生活方便或者兴趣使然，在经济条件不允许拜师学艺，或者家里不同意学习的条件下，迫于无奈而采取的办法。

这些工匠在民间的身份是有些尴尬的，一方面，他们学艺没有经过正式的学习和传授，民众不怎么认可他们的技艺能力，而很难在外面接活和获得经济收入，同时"舀学"也不能解决仪式主持和法术等方面的必要需求，因此他们的生存境遇不是很好。另一方面，民众又会认为这些工匠极具聪明才智，心灵手巧，因此又很佩服他们。基于这两个方面的原因，如果他们需要通过手艺获得生存本领的，在技术达到一定水平时，也会"参师"学艺，或者拜师学艺，继续提升自己的技艺与文化，从而获得身份的认可。一旦他们的技艺在民众中获得身份认可，则会成为该行业里的能手，且具有丰富的创造力和精良的技术水平。

有学者认为，"'舀学'：一种不应忽视的民间手工技艺文化遗产传承方式"[①]，在鄂西南民间建筑行业里，也有部分技艺拥有者最初是通过

---

① 吴昶：《舀学：一种不应忽视的民间手工技艺文化遗产传承方式》，《内蒙古大学艺术学院学报》2012年第2期。

"舀学"而掌握基本的大木工技艺的。"舀学"在根本上只能学到粗略的技术能力，想要掌握精良的技术能力是很难的。如果仅仅只有"舀学"得来的技艺，在行业里即便被认可了，一般也只能做做粗活、打打下手。当然，他们也能够通过参与到专业的行业队伍里施工而不断提高自己的技艺。

　　总之，在鄂西南地区的民居建筑营造技艺包含木工、石工、铁艺、土艺等多种技艺，这些技艺的传承与发展，既是工匠们守护、传承与创新发展技艺的结果，也是工匠们智慧、心灵、手巧的体现，还是他们相互协作、共同劳动的见证（见图 2 - 4 - 1）。流传至今的民居建筑营造技艺和文化，以及现存的民居建筑实体，应该作为鄂西南地区一种文化存在的样式和符号来看待，其传承发展的状态应该引起社会的关注。同时，对于这些技艺的关注，更为重要的是，让它们回归生活，回归社会，回归手艺存在的环境空间生态，让匠人们及其拥有的技艺与文化在良性互动中得以生存和发展；让他们生产的作品能够成为时代的印记和历史的记忆。

图 2 - 4 - 1　咸丰县忠堡乡李坤安兄弟以家族传承
纯正的技艺复原的吊脚楼模型

第三章　空间形式

> 在中国，窗子是一幅画。一个窗子是一个景，景随人而异。窗的外形就是画框，有各种形式来框定画面——扇形的，梅花形的，圆形的，三角形的，包括经常使用的瓶形的，应有尽有。中国人对窗有与人不同的感受能力，对花园也有不同寻常的理解。……这是他们的生活方式，是他们的教养和涵养。在这样的房间中，他们绘画，烹饪，吃喝，写诗。而且，他们不想改变。[①]
>
> ——贝聿铭

建筑在本质上是通过对空间的占有与划分，来满足人的物质生活需要和精神心理需要。民居建筑作为实体，既是一种物理存在，也是精神和文化存在。鄂西南地区的民居建筑在对空间的占有和划分上，有自己相对独特的方式，我们从物质物理空间、精神心理空间和复合文化空间三个层面来看看它们的具体情况。

第一节　物质物理空间

鄂西南地区的民居建筑对空间的处理，首先体现在对自然空间的利用上注重人和自然的和谐构成关系。鄂西南地区因地处山区，虽然各民族因习俗与文化的差异，在对自然空间的利用上也存在差异，但在总体上呈现出较为一致的布局方式。

一　自然环境空间

民居建筑的空间形式，总体上表现为平面布局与立体剖切形态的物理二维空间的分布。

---

① 贝聿铭：《论建筑的过去与未来》，《世界建筑》1985 年第 10 期。

鄂西南山区山势在总体上呈北高南低、东西高而中间低的整体趋势，"境内除东北部有海拔 3000 米以上小面积山地外，普遍分布着海拔 2000—1700 米、1500—1300 米、1200—1000 米、900—800 米、700—500 米五级面积不等的夷平面，并存在一至二级河谷阶地，呈现明显层状地貌"①。清江、酉水、贡水河、马鹿河等水系贯穿其中，由此可见，适宜人类居住的海拔高度多在五级夷平面位置和山间河谷地带。

鄂西南 10 个县市现有乡镇共计 94 个，街道办事处 5 个，行政村 2465 个，175 个社区居委会。根据心同行·海拔大数据统计结果来看，鄂西南地区村镇乡分布绝大多数在海拔 400—2000 米的各级等高线内（见图 3 - 1 - 1a - b）②，总体而言，巴东、五峰、鹤峰、建始、恩施等县市的村镇海拔高度相差很大，海拔最低为巴东官渡口镇和长阳的龙舟坪镇，分别为 73 米和 78 米，均未超过海拔高度 100 米；海拔超过 1800 米的乡镇村主要有五峰的凌云村（1943 米）、沙河村（1938 米）、牛庄乡（1829 米），长阳的火烧坪乡（1833 米），恩施市大山顶村（1878 米）、石灰窑村（1832 米）、二台坪（1861），鹤峰高峰村（1806 米）。根据不完全统计，鄂西南地区行政村海拔在 1600 米以上的有 100 个左右。主要集中在三处，一是恩施、建始、巴东、长阳、五峰、鹤峰和宣恩交界的武陵山余脉，该区域内高峰耸立，清江经此流过，海拔高度相差很大；特别是清江南岸，最低处清江海拔约 60 米，南岸高峰林立；如五峰境内海拔高度在 2000 米以上的山峰有 30 余座，百益寨主峰黑锋尖高 2320.3 米。二是利川、恩施、建始北部与巴东交界的齐岳山、大山顶和绿丛坡，与重庆相接的区域，主要为长江南岸山脉隆起，高峰多在 1800—2000 米。三是巴东境内长江南北两岸，这一区域内是鄂西南地区海拔相差最大的地区，最高峰海拔 3005 米，最大相对高差超过 2900 米，海拔 1200 米以上的高山约占总面积的 37%。400 米以下低海拔的村镇，主要集中在长阳、巴东境内的清江、长江以及神龙溪沿岸，长阳境内低海拔村镇最多；另外五峰的城区边沿、鹤峰的东南边沿有少数村落海拔在 400 米以下。南部的来凤地势最为平缓，海拔大多在 400—900 米，咸丰相对较为平缓，平均海拔比来凤要高约 200 米，利川市是村镇海拔整体偏高的地区，大多村镇在 1000—1600 米，南边少数村镇在 600—1000 米（见图 3 - 1 - 2）。

① 恩施州情概况：地理，http://www.enshi.gov.cn/2019/0315/680944_9.shtml。
② 示意图数据来自心同行·海拔，http://www.ugoto.cn/asllist—k-e681a9e696bd；后文中该类示意图数据均出自该网站。

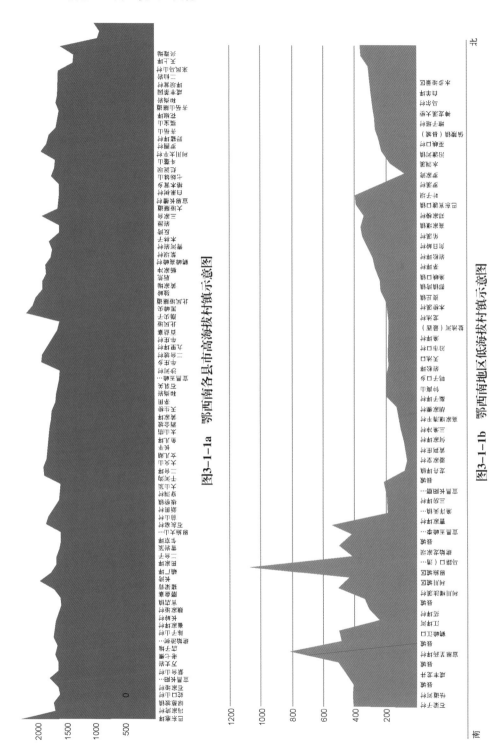

图3-1-1a 鄂西南各县市高海拔村镇示意图

图3-1-1b 鄂西南地区低海拔村镇示意图

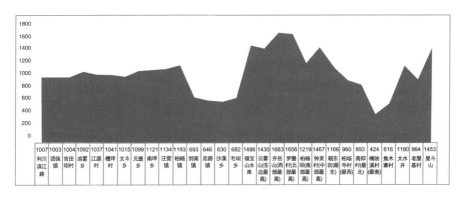

图 3 - 1 - 2　利川市村镇等高线示意图

　　鄂西南地区因早期交通不发达，在抗日战争以前，主要以川盐古道、茶马古道的商业线路，以及长江流域、清江流域和西水流域为主的水道作为对外沟通的渠道。抗日战争以后，湖北省政府西迁至恩施，打通了江汉平原—鄂西南地区—重庆、巴东—恩施—湘西的交通要道（现今的318、209国道）。直至 2009 年 10 月沪蓉西高速公路宜（昌）恩（施）段开通，2010 年年底火车开通，以及近年来国家"村村通公路"计划的实施，恩施的交通大为改观，这也促成了鄂西南地区民居在自然空间分布类型的变化。

　　1. 鄂西南民居自然空间类型

　　根据对鄂西南地区的民居考察来看，按所居山体位置来划分，民居主要包含四大类：一类为居于山顶的民居类型，多为高寒地区，如恩施大山顶村、板桥镇、石灰窑村、前山村、新田村等（见图 3 - 1 - 3），宣恩椿木营镇、晓关镇，利川谋道镇、罗全村、太平村、福宝山、野猪坪村，长阳火烧坪乡、五峰沙河村、牛庄乡，建始县花坪镇、长岭村、魏家垭村、崔家坪村、陈子山村、楂树坪村、官店镇等高海拔或山顶村镇。二类为居于山腰地带的民居类型，如恩施沐抚镇、红土镇、新塘双河，鹤峰中营镇、燕子镇、青岩河村，来凤舍米湖，巴东野三关等。三类为居于山间小盆地的民居类型，如建始县红岩寺，恩施崔坝，利川汪营镇，宣恩水田坝、庆阳坝，咸丰县丁寨村、甲马池镇等。四类为居于山间河道边的民居类型，如恩施市盛家坝小溪，宣恩彭家寨、长潭河乡镇，来凤县三胡、百福司，咸丰县尖山镇唐崖土司、利川忠路镇、老屋基，长阳资丘镇、渔峡口镇、高家堰镇，巴东的官渡河镇、沿渡河镇、信陵镇等；大多处于低海拔，靠近小溪、河流等区域。

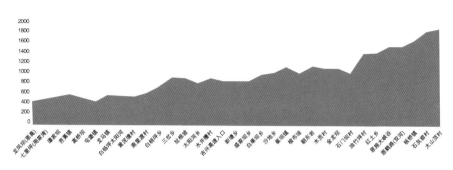

图 3 - 1 - 3　恩施市村镇海拔高度线分布示意图

从民居所处的山体空间位置呈现的聚居分散整合关系来看，民居在自然空间的占有上，亦可以看出聚散的类型关系，主要可以分为四大类。一类是散点分布民居，大多为居于山川河流的独家独户（见图 3 - 1 - 4a），这一类型在鄂西南地区应该占有相当大的比重，成为该地区民居分布的主要特点之一。这与鄂西南地区的地形状态有着极为重要的关系，特别是居于山腰的居民，因其地形少有大面积平地，建房只能选择小面积平地位置，因此很难形成大的院落景观，且多为吊脚楼形制。二类是院落式村寨类型，大多以某姓氏为主的寨子类型，有主体的民居聚落关系，兼以散点的同姓或者异性的民居构成；这一类型的民居多在山顶和山脚；因为地势相对平坦，可以连栋修建构成院落结构，且富有错落的层次感。如咸丰县的蒋家花园、严家祠堂、刘家大院，宣恩县长潭河乡的卢家院子（见图 3 - 1 - 4b），沙道沟的彭家寨，恩施市盛家坝小溪的胡家大院，利川白杨大水井的李氏宗祠等。三类为历史上商业要道所建立的集镇，在鄂西南地区主要以川盐古道、茶马古道和清江流域、酉水流域的水道为线索建立的商业性民居集镇。如宣恩的庆阳坝，恩施的桅杆堡、两河口、新塘、沙地、屯堡，利川的老屋基（见图 3 - 1 - 4c）、谋道、剑南、南坪、鱼木寨等。四类为历来为最基层的地方行政管理中心，以此建立起来的居民集镇，如恩施的崔坝、大集、白杨坪、芭蕉，咸丰的尖山（唐崖土司），宣恩的沙道沟，来凤的百福司（见图 3 - 1 - 4d）等。

图 3 - 1 - 4a　散居型民居（利川市谋道镇水井村）

图 3 - 1 - 4b　聚居型院落（宣恩县长潭河侗族乡两溪河村卢家院子）

图 3 - 1 - 4c　商道集镇型（利川市忠路镇老屋基村老街）

图 3 - 1 - 4d　乡镇行政中心民居集镇（来凤县百福司镇）

2. 鄂西南民居自然空间分布的整体状态及其变化

鄂西南地区的民居建筑分布与特殊的气候有着直接的关系，"由于地形复杂，高差悬殊，决定了光、热、水等气候要素的重新分配，使全州的气候呈现出明显的温暖湿润的平谷气候、温暖湿润的低山气候、温和湿润的中山气候、温凉潮湿的高山气候、高寒过湿的高山脊岭气候五类特征"①。一般而言，高山寒冷地区，民居建筑呈现出低矮、水面平缓、柱骑粗壮、步水较小、大多有地楼等特征，如恩施石灰窑、红土、大山顶，利川谋道镇、福宝山，建始县官店、花坪，巴东野三关、绿葱坡，长阳火烧坪、五峰牛栏乡等。中低山区域，因雨水较多，民居建筑多呈现出房屋高大、水面偏陡、步水相对较宽，少有地楼枕，挑枋挑两步水较多。

鄂西南地区的民居从位于山体等高线的角度来看，传统的民居大多在某一等高线上下 100 米左右区域，呈水平等高型分布，如利川市和来凤县的地形极具这样的特征，利川盆地的海拔高度在 1100 米上下大量村镇聚集，自利川城区周边村镇，包括了团堡镇、汪营镇、凉雾乡、文斗乡，南坪乡、柏杨镇、元堡乡的海拔高度均在 1000—1200 米；而剑南、忠路镇、沙溪乡、毛坝乡海拔均在 600—700 米，而高海拔居住区的福宝山、齐岳山、星斗山、云雾山等在 1400—1600 米（见图 3 - 1 - 2）。来凤县则大多以海拔 400—600 米的村镇为第一阶梯，海拔 700—900 米为第二阶梯村镇集聚地（见图 3 - 1 - 5）。从山体剖切线的角度来看，呈现出平（山顶）—陡（高山腰）—平（山间盆地）—陡（低山腰）—平（山间盆地、河道边）的梯级分布状态，如巴东县自南向北由高山到河谷再到山腰，由山腰至山顶再降至山间谷底，再升至山顶，以此经过长江到北岸山顶（见图 3 - 1 - 6）。从房屋的朝向来看，大多坐北朝南或坐西向东，也有部分坐东向西的，也有部分坐西北向东南或者坐西南向东北等朝向，被当地人称为"四余地"，但极少有坐正南朝正北分布的民居。

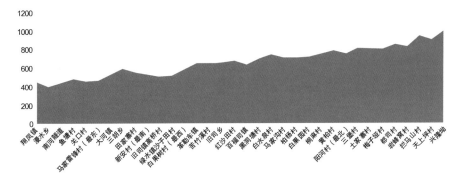

图 3 - 1 - 5　来凤县村镇民居等高线分布示意图

---

①　恩施州情概况：气候，http：//www.enshi.gov.cn/2019/0315/680944_9.shtml。

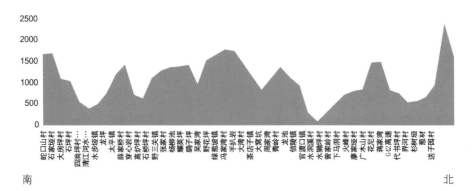

图 3-1-6　巴东南北海拔高差剖切线示意图

图 3-1-7a　白溢寨（五峰土家族自治县
采花乡白溢寨村）

与此同时，鄂西南地区的传统民居建筑极少出现大面积的群居现象，即便有大量的少数民族特色村寨存在，也多是以家族式的聚居而闻名，或者是以行政乡村为聚集点，或者以商业贸易汇集的集镇为聚居形式。在农村的民居建筑，多呈现散点式的分布状态。且北部、西部地区居住于山顶（见图3-1-7a-b）和山腰居多（见图3-1-7c），而南部、东部地区多以居住在山腰和山间河谷底或河道水边（见图3-1-8a-b）为主。这与鄂西南地区的整体山河分布有关，北边长江与清江多为峡谷地带，江边河边无沉积地带，水流量较大，不适宜人居住，因此多居于山顶和山腰。南边因山势较低矮，多为土山，

图 3-1-7b　云中凉都（长阳土家族自治县火烧坪乡）

水流较为平缓，森林茂密，河谷有沉积平地，便于劳作和耕种，因此，民居多居于山腰或者河谷河道平地上。

图 3-1-7c 恩施市红土乡集镇老街

自 20 世纪 80 年代以来，随着我国改革开放政策的实施，特别是当代城市化进程与旅游开发的加快，也随着新农村建设、精准扶贫政策的实施，以及鄂西南地区交通条件的改善，该地区的民居建筑在自然空间的分布上，发生了较大的变化，大多呈现出向集镇转移和向交通更为便利的公路两侧迁移的特征；包括精准扶贫易地搬迁的民居建筑，也朝向这两个方向转化。因此，鄂西南民居在当今社会状态下，自然空间占有整体呈现出团块状的村庄集镇模式和公路沿线带状模式分布。

3. 鄂西南民居对自然空间的人文关怀

在鄂西南地区的民居建筑中，至今仍然流行着择地基的习俗。它不仅仅是对自然环境的考察与分析，还是对人与自然和谐关系以及人本身诸多问题的深度思考，其主要表现在以下几个方面。

图 3-1-8a 宣恩县晓关侗族乡将科村

图3-1-8b　咸丰县清坪镇龙潭司村

图3-1-9a　择地（来凤县三胡乡石桥村杨梅古寨）

图3-1-9b　择地（五峰土家族自治县采花乡大村村）

第一，对自然地理形态、资源环境的考察。

鄂西南地区修房子需要请专门的地理先生或者阴阳先生来"看地"，即是勘察地形地貌。因山区的地理特征，建造房屋特别强调地形地貌的整体构成与屋基的位置关系（见图3-1-9a）。勘察有"地有十三怕、二十四好"的说法，"地有十三怕是指对山见景、孤峰独岭、直水相射、左右窝穴、两煞相碰、鸡鸭鹅颈、白虎抬头"的禁忌，选择"左青龙、右白虎、前朱雀、后玄武"的吉祥富贵之地，强调"只许青龙高万丈，不准白虎抬头望"的地形特征。青龙山是屋基左侧山体，如果山形高低起伏连绵似青龙飞舞腾挪之势，则为活龙；右侧白虎山一般是以硬质的石山为最佳，或者较为敦实的山体，白虎山要呈匍匐卧蹲之势，蓄势而待发状态，不可抬头回望（见图 3 - 1 - 9b）。正对屋基的前山则要开阔，山峦起伏有致，层峦叠嶂，有水环绕视为吉祥之地，即为朱雀，后山则要敦厚绵延、高大挺拔，称为玄武；大路在屋前而不宜在屋后，屋基周围宜植被茂盛，土壤肥沃。

　　对于山形的考察还包括风向问题，不宜选择风口面对大门的朝向，也不宜选择山脊山梁招风的位置。

　　第二，对山水形态与人的相互关系的考察。

　　鄂西南地区对屋基的选择不仅仅要看地基所处位置的山形地貌，还需要动用罗盘选择屋基的朝向，并将房屋主人（夫妻双方）的生辰八字结合起来加以分析。在命理所喻八卦方位上不能"犯冲"，需要考虑属相与地形，比如属鸡、属兔的人，不可以坐虎形地，修的房屋形状也不宜修成虎座形；因为鸡、兔均为老虎的食物。还需要考察命理与山体朝向的方位，运用中国传统的五行八卦相生相克理论，来论证生辰八字与房屋朝向的关系。如命理属火的人，不能选朝向属水的正北方向的屋基，因为水克火。传统风水理论中，按照金木水火土五行八卦来界定方位朝向，东方属木、西方属金、南方属火、北方属水、中间属土，同时，八卦理论认为木生火、火生土、土生金、金生水、水生木的相生关系，同时，承认水克火、火克金、金克木、木克土、土克水的相克链；以此建立生命理论与物质世界的内在联系，而命理也采取五行关系，生辰八字是指人的出生年、月、日、时四个时间，均以天干地支相配，构成四个甲子八个字，八字仍然与五行对应，因此，八字对应五行，会形成缺少某种物质属性的现象，即八字中对应五行中的四个，则是很好的属相命理属性，命理缺失的需要通过取名或者屋基择地来补充。所以，人名中很多与五行相关的字，在本体意义上是与命理缺少五行中的某种属性相关，如此等等。这应该是一种生态学的基本理论。

　　水的流向在屋基选择中具有重要的地位，水除了在房屋安全、生活方便方面的考虑之外，其位置、流向均有考究。素有"山管人来水管财"的山水观念，更有"直水相射不宜"等禁忌，认为"玉带水"（向外弯曲）、"弯弓水"（向内弯曲）均为吉水。屋前有相对静止且成一定弧形状的水塘为好；流动的水宜蜿蜒曲折、若隐若现而去；忌讳水流直接向远方流去（见图 3 - 1 - 9c）。

图3-1-9c　择地（宣恩县沙道沟镇两河口村彭家寨）

第三，对人与建筑空间尺度距离的考察。

鄂西南地区民居建筑在选择屋基时，对于建筑与建筑之间的空间尺度有着较为特殊的要求。一般情况下，不会选择在别人家的屋后近距离地修造新房屋，特别是同一水平面关系的地基平面上。除非是自家兄弟姊妹分家立户，需要在原有屋场基础上接着修房。这是该地区民居建筑散点式布局的重要因素，也是民居建筑与建筑之间在人的需求中呈现的空间尺度惯性。

同时，对于地基空间尺度的考察，除了能建造现在需要的房屋空间之外，还需要考虑房屋今后发展的空间拓展，一是可能因为资金不够而一下不能全部修造完成，需要分阶段完成房屋的建造；二是考虑家庭的未来发展而需要接续房屋的空间延展，比如儿女分家独立门户，则需要在原有房屋基础上继续接着修造。

对于人与建筑空间尺度的考察，还需要考虑房屋建造的空间形制、开间大小和进深尺度。

二　建筑本体空间

民居建筑作为一种物质物理空间存在的形式，有着很强的地域性和民族性特征。在鄂西南地区的民居建筑中，主要以台基式建筑和吊脚楼建筑为主，这两种建筑形式是人们应对不同的自然地形空间关系，结合生活需要而构建出来的不同的建筑空间形式。

（一）建筑水平平面空间布局

建筑实体总是安置在一定的平面地基之上，因此，对于地基平面的分割，成为建筑地空间划分的首要问题；同时，建筑内部高度所构成的空间也需要进行平面分割，一般以楼枕来划分；当然还包括屋顶的平面处理。

1. 地平面

台基式和吊脚楼民居对于地面空间的要求不同，因此地平面空间的格局存在较大的差异。这个差异主要体现在吊脚部分的空间位置、形状和大小上。但是，在总体上基于正屋地平面等高线的空间布局呈现出来的特征是基本一致的。按照大多数学者的看法，鄂西南民居建筑的地平面空间布局主要包括"一字型"、"L"型、"撮箕口"、"四合院"、"复合型"五大类型。房屋布局与山体的走向形成的关系主要有三种：一是与后山保持平行的关系；二是与后山成垂直关系；三是与后山成一定角度的倾斜关系（见图3-1-10）。鄂西南地区民居的地面空间形式主要有四种类型：一是居于同一水平面上的地面空间关系（见图3-1-11a）；二是堂屋与耳间以及厢房形成错层结构，大多采用加装地楼枕，也有降低耳间、厢房地面高度的方式（见图3-1-11b）；三是下吊式，即吊脚楼结构；四是平地起吊式（见图3-1-11c之一、二）。

"一字型"即是指房屋开间呈一字形排列，开间数量一般有两间、三间、四间、五间、六间或七间；大多数是以堂屋为中心左右对称式的单数间排列，

图3-1-10 房屋与后山山体的关系
（宣恩县长潭河侗族乡东乡村）

图3-1-11a 地面在同一水平面上
（来凤县三胡乡石桥村杨梅古寨）

图3-1-11b   地面错层（来凤县百福司镇舍米湖村）

图3-1-11c   平地起吊之一（恩施市盛家坝乡
二官寨村旧铺康家寨子）

即或三间或五间或七间等。吊脚楼的"一字型"的类型多样，在我们的调研中，主要有下吊和平地起吊两种类型，在下吊类型中又包括"一头吊"（左边或者右边下吊）、"两头吊""后吊"（房屋的后半部分下吊）、"一角吊"（房屋的某一个角下吊）（见图3-1-12a-b）。平地起吊类型中又包括平地架空底层的起吊方式和在台基式房屋楼枕高度位置加装外围走廊和栏杆，形成楼上回廊结构类型的向上吊模式。

"L"型，也称"7字拐"，该类型主要是基于地形或者周边环境的限制，

图3-1-11c   平地起吊之二（咸丰县黄金洞乡麻柳溪村）

图3－1－12a　吊一角（恩施市盛家坝乡
二官寨村旧铺康家寨子）　　　**图3－1－12b　吊后半边**（恩施市盛家坝乡
二官寨村旧铺康家寨子）

需要在房屋的某一头转弯修造，即在正屋的某一头连接修建厢房，整体上
形成了"L"型。正房与厢房连接的拐角处会形成一个新的地面空间，俗
称"抹角屋"或者"磨角屋"。厢房地平面的空间一般会比正屋的进深步
水前后各少一步，开间至少小一尺。"L"型的吊脚楼会将厢房的地平面
整体往下吊，如果厢房有堂屋的话，会将堂屋外侧的耳间往下吊，在山头
形成"走马转角楼"式的回廊结构和"思檐"形态。这种结构形态的房
子，厢房一般会做1—3间。

　　"撮箕口"是鄂西南地区的本地人对房屋建筑地平面样式的最形象称
呼，其实这个样式更接近汉字的"凹"字字形；实际上为正房三间或者
五间的两端山头分别垂直接出厢房的房屋基本结构；转接处的结构和厢房
的山头走廊、思檐等形式基本上与"L"型没有什么两样。

　　在"L"型和"撮箕口"形式的基础上，鄂西南地区的民居建筑，还
会因为地形或者同室族亲分家后建房的需要，接着老屋连续修造建筑实体，
延展空间形式，在平面形式上会构成诸如"F"型、"Z"型、"E"型、
"H"型、"T"型等多种形式的民居建筑样式，甚至更为复杂的样式结构。
比如咸丰的刘家大院整体呈"F"型布局，利川张高寨有一民居呈更为复杂
的"F"型的尾端再反方向修建的异形样式（见图3－1－12c－d）。

　　"四合院"型，在鄂西南地区，四合院相对于前几种形制而言要少很
多，主要是因为四合院的建造对地形的要求比较高，同时，鄂西南地区的
民居建筑更希望大门的朝向是开放的，因此，四合院建筑大多出现在较为
平阔的地势之上。鄂西南地区的四合院建筑主要是吸纳了汉族地区建筑的
样式，且大多为经商或者官宦人家的居住空间。如利川白杨的大水井李氏
庄园、咸丰新场的蒋家屋场、王母洞的彭氏老宅、恩施小溪的胡家大院
等，在过去都曾是该地区具有较强经济实力或者有地位身份的人家。"四

图 3 - 1 - 12c - d　更为复杂的形制
（利川市沙溪乡张高寨呈 F 型）

合院"建筑有一进式的单天井样式，也有两天井和多天井样式；四合院式的民居建筑大多带朝门。四合院建筑既有台基式结构的，也有吊脚楼样式的（见图 3 - 1 - 13a - d）。

总而言之，在鄂西南地区的民居建筑平面布局中，主要是因地势而设置的基本布局方式，既体现了因地制宜的建筑策略，也反映了该地区人们的生存智慧和与自然相处的态度。

2. 屋顶平面

民居建筑的屋顶平面造型相对较为简洁，没有太多的造型，主要是为了遮盖地面以上的空间供人使用，并保护建筑实体中的材料不被雨淋而损毁。屋顶平面的外围形状与地面屋檐滴水构成的形状一致，在内部结构上呈现出来的差异主要体现在三个方面：一是山头思檐的造型；二是"L"型"撮箕口"及其复合形制在转角处采用的转接方式不同，其顶端造型呈现出差异，主要有马屁股和钥匙头两种形式；三是因屋后拖檐而产生的屋顶形状变化（见图 3 - 1 - 14）。

图 3 - 1 - 13a　台基式四合院民居（建始县高坪镇岔子口村石门河百年老屋）

图 3 - 1 - 13b　吊脚楼式四合院民居（咸丰县平坝营镇
马家沟村王母洞两百余年彭氏老宅）

图 3 - 1 - 13c　带朝门吊脚楼式四合院民居（恩施市盛家坝乡
二官寨村小溪两百余年的胡家大院）

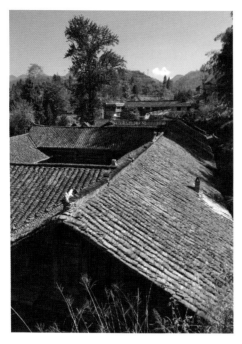

图3-1-13d　吊脚楼四合院组合式民居
（宣恩县晓关侗族乡高桥村野椒园
两百余年的张氏老宅）

3. 天楼平面

鄂西南地区民居建筑的平面层级，是以堂屋所在的地平面为基准来计算的；大多为两层结构，地面为第一层，楼枕层为第二层，如果有吊脚楼，则吊脚楼下为地下层。楼枕层在平面布局上呈现出来的差异比地面要大，一般情况下，堂屋的楼枕不布满，主要安装靠堂屋前半部分的楼枕。楼层平面主要有三种类型：一是平层结构，即楼枕的高度是一样的。二是错层结构，即堂屋的楼枕高于耳间的楼枕，耳间的楼层一样高，厢房楼层高度一致。三是内屋的楼层一样高，燕子楼的高度与堂屋的楼枕一样。

（二）建筑外立面

在鄂西南地区，民居建筑的正立面在空间分割与占有上，呈现出比较大的差异性。其主要表现在，一是台基式和吊脚楼形式在立面造型的最大差异化；二是因为山头"思檐"的造型形态与回廊结构的差异，从而使立面空间形式出现差别；三是侧立

图3-1-14　屋后带拖檐的民居（建始县官店镇陈子山村）

面因转角处的马屁股和钥匙头，导致侧立面形态与空间的差异化；四是因为对屋檐下阶沿的宽度处理的不同而呈现出结构的差异化，同时门窗的布置和造型也呈现出很大差异。

1. 外正立面

外侧立面会因平面布局的不同而变化，一般情况下主要有以下形式。

一字型布局外侧立面主要是由墙体或者板壁、门、窗构成，加上因为亮柱或者板凳挑结构的不同，使阶沿的宽度呈现出差异；或者因为吊脚而出现不同的立面。

"L"形与撮箕口布局的民居多为吊脚楼形制，正立面的形态会因为厢房的山头的造型差异而不同。这种差异主要体现在屋檐的造型和栏杆处的立柱上。歇山顶屋檐主要有两大种类型，一是檐口与前后檐口连接一体为平檐结构或者翘檐结构；二是思檐上的歇山顶檐口与前后檐分离。

四合院式的正立面与一字型的正立面基本一致，一般情况下，会有朝门作为入户立面。

在鄂西南地区民居正屋的正立面处理，变化最大的是堂屋与耳间的封闭墙体或者板壁在前后位置上存在差异，主要分为两种类型：第一种是堂屋与耳间前立面均为封闭状态，这种封闭形式可以是在一条直线上，也可以是堂屋的封板壁退后一步水或者两步水；第二种是堂屋的前立面为开敞型，耳间为封闭型（见图3－1－15）。

图 3 – 1 – 15　堂屋为开敞式的吊脚楼（咸丰县黄金洞乡麻柳溪村谢氏民居）

2. 外侧立面

外侧立面造型主要表现在一字型和转角屋的造型差异上。一字型的外侧立面由山头的歇山顶和前檐下的阶沿组成，其处理结构不同而形态有差异。转角屋的侧立面主要因为屋顶转角处马屁股和钥匙头结构不同，在侧立面的外形上具有很大的差异；同时也因为吊脚与非吊脚而出现差异（见图3－1－16）。

图3－1－16 山头差异造型（咸丰县小村乡小村村小腊壁）

(三) 特殊结构空间

鄂西南地区的民居建筑中，有着一些重要的特殊结构，这些特殊的结构空间主要是指在民居建筑中，作为物理空间存在时，它不只是建筑材料和技术的叠加，而是有着较为特殊的结构关系和数据尺寸的规定，这使得鄂西南地区的民居建筑在文化的传承上具有特殊性。

1. 神壁

神壁是鄂西南地区民居建筑中需要重点思考的立面空间，至今仍然是人们修造房屋时要纳入布局思考范围的重要结构。在建筑空间的分布上，神壁是指堂屋正对大门的墙壁或者板壁，一般来说，神壁上不会开门，即便要开也会开在靠近扇架的一侧。较为古老的神壁空间安排，一般是在该墙面或者板壁前安装或者摆放神柜、烛台、家神牌位和对联。有的还在家神牌位的后面安装神龛，里面安放送子观音菩萨或者其他神仙、菩萨。现如今，传统的民居建筑里，大多仅安放家神牌位，或者悬挂中堂画，其他内容均已取消。新民居也有部分家庭安装了家神牌位，使神壁成为显示家族和家风传承的象征性空间。

神壁在建造中有严格的尺寸规定和用材讲究（见专述）。

2. 大门

在鄂西南地区，堂屋正面与外界分隔处有两种处理方式，一是做一堵墙体或者板壁，中间安装大门。门两边开窗子。另一种则是开敞式的，不加任何的物体遮挡。

安装大门的堂屋，这面墙壁或者板壁是鄂西南地区民居建筑非常重视的空间。大门的门扇数量也会对外形产生影响，一般有双开门和六合门，有的还会加装腰门。大门在本质意义上代表了房屋的朝向，在某些民居中，则会用大门与堂屋轴向的不一致来调整房屋的风水朝向，以此避开前方不合理的地形和景观；利川谋道鱼木寨的谭家祠堂便是典型的案例（见图 3 - 1 - 17）。

图 3 - 1 - 17　大门的朝向与房屋轴线不在一条线上（利川市谋道镇鱼木寨村谭家祠堂）

3. 思檐

思檐是山头多种结构组合的整体称呼，当地人通常称之为"走马转角楼"或者"扦子楼"。主要包含三个部分：一是歇山顶的屋檐结构，二是回廊柱骑与栏杆构成的通道，三是吊脚楼下的空间形态。张良皋先生对思檐的造型有深入的研究，并以建筑图样的形式将其绘制出来（见图 3 - 1 - 18a）。

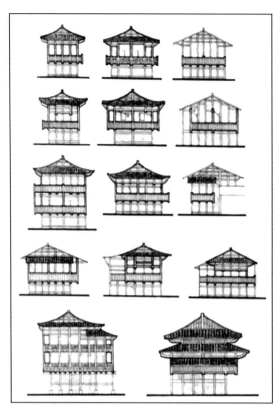

图3 – 1 – 18a　造型各异的思檐
（来自李玉祥、张良皋编著《老房子》）

沙溪、文斗等南部区域。

4. 将军柱

将军柱主要用于"L"型和"撮箕口"型的转角屋民居建筑中。在地平面空间里处于抹角屋的中心位置，在立面空间里是一列扇架和半列扇架的组合，即将军柱是一列半扇架共用的中柱，起到对横向和直向的平面空间链接作用。在三维空间里，则是抹角屋正中间的一根柱子，也是整栋楼在正屋地基上最高的柱子，支撑和连接来自多个方向的川枋和檩子（见图3 – 1 – 18b）。

将军柱的使用，在鄂西南地区主要见于南部咸丰、来凤、宣恩、鹤峰4个县市以及恩施市的芭蕉和盛家坝、利川市的忠路、

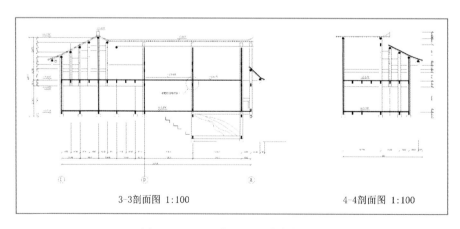

3-3剖面图 1:100　　　　　　4-4剖面图 1:100

图3 – 1 – 18b　将军柱（黄莉制图）

5. 板凳挑

板凳挑是鄂西南地区民居建筑的典型代表部件。它是指房屋前檐下的檐柱缩短至一川的位置，并立于一川之上，用榫卯与一川连接起来的结构关系，主要支持和分解来自檐口的重量，并扩大地面使用空间的建筑处理方法。这一结构在来凤县、咸丰县、宣恩县等地使用较为普遍。

板凳挑连同檐口下的挑枋结构，可以调出 2—3 步水，7.5—9 尺的地面阶沿宽度，可以用来摆放农具、磨子等家什，也可以在红白喜事中用来坐席，招待客人；也可以作为休闲之地；还可以晾晒五谷，临时堆放红薯、洋芋等。

板凳挑在平面关系上即是扇架在前檐口下结构的特殊处理方式，实际上就是一列扇架的一部分结构。

6. "升三"剖切图

前文已述"升三"的基本原理和具体样式。从扇架的平面关系来看，檐口和屋脊均采用了"升三"，因此扇架顶端呈现为"人"字形（见图 3 - 1 - 19）。而从正面来看，屋脊因为堂屋以外的扇架要"升三"，且连续升高，则会在视觉上形成屋顶呈两头微微上翘的趋势。

图 3 - 1 - 19 扇架屋顶"人"字水面 蒋家花园南北剖立图
（图片来自《恩施民居》）

三 立体空间

鄂西南地区民居建筑立体空间的建构，主要取决于两个方面的因素，一是取决于地势环境；二是取决于主人家对建筑空间的需要。一般而言，地势与环境决定了建筑空间与整体环境的依存关系，并呈现出建筑的样式与结构差异，表现为传统的台基式、吊脚楼式、洞穴式和现代的"洋房"式。就居家空间的需求而言，从鄂西南地区的民居独家独户来看，主要包括堂屋、火塘、灶屋、房屋（卧室）等生活用房（见图 3 - 1 - 20），以及猪圈、牛圈、鸡窝、土地屋等附属设施建筑。这些房间以堂屋为中轴，对称分布，即堂屋居中，左右有耳间，耳间后半部分为卧房、前半部分为火塘和灶屋，或者在耳间侧面独立建一间房屋做灶屋。大多挨着灶屋会建猪圈，厕所一般会与猪圈合为一体。如果是修造吊脚楼，则一般会将吊脚楼下的空间作为猪圈、牛圈等喂养牲畜的地方，楼上则作为卧房。

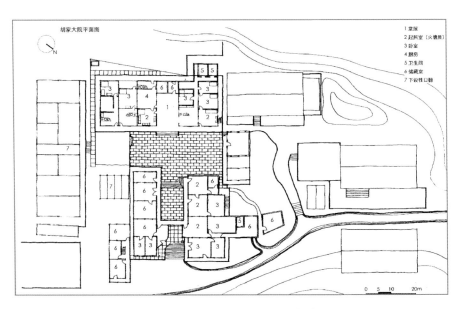

图3-1-20　民居室内空间主要功能分布　胡家大院地平面图
（图片来自北京大学聚落研究小组等编著《恩施民居》，
中国建筑工业出版社2011年版，第27页）

在鄂西南地区的民居中，楼上一般不会住人，除非是房屋特别紧张时用来住人外，多用来存储粮食、种子，堆放物品，主要是楼上可以防潮。

如果是富裕人家，则会建造更多的房子来满足多样的生活需求，一般会造出堂屋、火塘屋、灶屋、多间卧室、客房、书房、柴房、杂物间等。

在许多民居建筑里，也会在耳间或者堂屋后面接上一间房屋，俗称"倒倒屋"，主要用来做灶屋或者火塘屋，有的也用作客房或者杂物间。

鄂西南地区的民居建筑中，木构建筑的空间是以柱骑步水和开间大小来计算的，从进深来看，最小空间构成为三柱二骑，大的有七柱六骑，一般为五柱四骑、五柱二骑、六柱五骑等。从房屋横向开间关系来看有两开间、三开间、五开间、七开间等。开间大小通常为：堂屋有1丈48、1丈38等，耳间相对应为1丈38、1丈28等。房屋的高度主要有1丈58、1丈68，最高可达2丈18；内部高度空间一般以楼枕分为上下两层。当然，L型、撮箕口、四合院及其复合的组合形式，在空间的排布上就更为复杂多变。

第二节　精神心理空间

　　民居建筑作为一种实用性的空间存在，不仅仅是一种物质物理空间的存在，在某种意义上，建筑文化是人类适应自然环境的结果，也是人类自身演化发展过程中的文化选择。在空间布局和使用上，形成了约定俗成的使用功能，以满足人们的精神需要和心理诉求。在鄂西南地区的民居建筑里，这些约定俗成的空间功能正是生活于此的土家族、苗族、侗族等各少数民族文化约定的见证，也是他们精神生活和心理诉求的表征，还是汉族文化在该地区传播与交融结果的面貌呈现，这是中华民族建筑文化的优秀代表之一。

一　火塘

　　火塘屋在鄂西南地区的民居建筑中有着特殊的地位，俗有"搬家先搬火"的说法。火塘在民居建筑的物理空间位置，一般位于堂屋的右侧（面向神壁右手所在一边）耳间的前半间；磨角屋、倒倒屋有时也被用来做火塘屋之用；富裕的家庭也独立修造火塘屋；当然，如果一栋楼内住上独立的几户人家，则火塘会因家庭的房间具体情况予以排布，但是一般都会有火塘屋。该屋在空间的安排上，一般在屋中间偏右的位置建火坑，火坑大小约1平方米见方，具体大小要看房间的大小而定；许多火塘屋内也会放置桌子、碗柜之类的家具陈设，以备做饭、吃饭方便。在正面墙体上会开窗户，左右两边和另一面板壁上会开耳门，以供人进出堂屋、耳间和到房屋（卧室）。楼枕上多用竹条、木条封装，一般不会用楼板封死，以利于燃烧柴火的烟雾散去；且可以放置生柴、生苞谷、红薯之类的粮食物品，加以烘干。

　　火坑里一般有一个铁三脚，一把火钳，主要用来放置铁锅、鼎罐烹煮食物（见图3-2-1）；火塘上方有的会安装一个"梭筒钩"用来悬挂鼎罐，靠近楼枕的位置加装木栅栏，可以熏制物品，如腊豆腐、红薯等。火塘里的铁三脚是不允许用脚踩踏的，也忌讳向火塘内撒尿。

　　在鄂西南地区，火塘是最聚人气的地方，特别是冬天，火塘是全家人烤火取暖、做菜吃饭、论事聊天的好地方。在恩施盛家坝、利川毛坝、咸丰的黄金洞等地，火塘还有设置香案用于祭祀的功能。鄂西南地区流行着

图3-2-1 火塘里的铁三脚与鼎罐（恩施市盛家坝乡二官寨村旧铺康家寨子的火塘）

腊月三十晚上，在火塘里烧大火庆贺新年到来的习俗，并要在平时从山上挖一个很大的"树疙兜"，准备在大年三十晚上烧，一直烧到正月十五的晚上；最后需要留下树疙兜的尾部，将其悬挂在猪圈之上，以示来年可以养猪顺利，年底可以再杀一头似"大树疙兜"的年猪。"每当春节来临，家家户户都要准备两个晒干的大柴兜子，在大年三十放在火塘里烧，烧得越旺越好，俗称烧旺火。这火一直要保留到正月十五（元宵）。俗信火烧得越旺，来年猪喂养得越大，家运越红火。"火塘的上面在入冬以后，还是熏炕腊肉的地方。鄂西南地区有将生猪肉经过腌制，再将其挂在火塘的炕头上熏制成腊肉的习俗。熏制的最初几天里会选择一些带香味的燃料，比如柏树枝、柑橘树枝、地瓜红薯藤、橘皮等，使其燃烧产生的香味沁入猪肉内，以增加肉的味道，熏制需要30—40天；熏制好的腊肉需要保存下来，以备来年继续食用。

随着时代的变迁，到了20世纪90年代后，火塘里的火坑逐渐被"地窟窿"所代替（见图3-2-2a—b）。一是木柴越来越少，或者被禁伐。二是"地窟窿"加装了烟道，更加利于排烟，更加卫生、安全和便捷。"地窟窿"既可以用来烤火取暖，也可以用来烧饭做菜。三是"地窟窿"有一个铁质的罩子和地下的烟道，可以储蓄热能，使屋内更加暖和。进入21世纪后，随着洋房的不断普及，火塘也被"客厅"取代；火坑也演变为带罩子的电炉、天然气炉等取暖设备。腊肉也大多通过专门的设施或者在厨房的灶头上熏制。

图 3 - 2 - 2a　"地窟窿"（宣恩县椒园镇黄坪村）

图 3 - 2 - 2b　"地窟窿"（宣恩县万寨乡板场村伍家台）

二　堂屋

鄂西南地区的民居建筑中，堂屋具有重要的作用，在使用功能上呈现出多重性。其一，体现在其是进入一户家庭门户的关键入口，不管是有大门还是没有大门的堂屋，都是一个家庭里能够连通室内与室外的核心空间存在；堂屋的中轴线和大门的方向是这栋房屋定向的最关键所在。其二，堂屋是一个家庭最主要的室内公共空间，是一个家庭成员公共活动和接待客人、举办各类仪式活动的场所。其三，堂屋的神壁为祖宗神位，具有极强的神圣性和神秘性；它代表着一个家族与一个家庭的来龙去脉和精神信仰。其四，堂屋也可以作为家庭临时堆放粮食、农具的主要地方，又是家庭聚会、大屋小事宴请嘉宾、招待客人开席的场所。其五，堂屋是一个家庭可用于织造各类生活用品、匠人到家打制家具等的活动场地。其六，可以作为家庭成员休息、聊天与吃饭的地方。传统的堂屋在空间构造上有几个极为重要的物质存在，包括神龛与家门（见图3-2-3a）、中柱与梁木、神壁枋与大门枋、大门、耳门等几个部分。

神壁的传统做法极为讲究。第一是选材，"一般可以作为梁木的树木第一节料用来装神壁，第二节料才拿来做梁木，第三节料用来做站枋（左右边框），第四节料拿来做密枋（上下边框）"（余世军）。第二是做法与用料顺序，"神壁要比大门略宽一点，做神壁的木板块数为奇数块，即一般为5块、7块或者9块。一节木料的中心那块在最中间，即神壁的中轴线上，且务必做成公榫，对称排列两边的木板，需对称对应排列的板材做

图3-2-3a　神龛与家门（五峰县采花乡栗子坪村某宅）

成一样的宽度，且按照这节树的顺序依次来接料，接上的木板榫口一边为母榫、另一边为公榫，这样依次对称接满；两边的木料在做榫和安放时务必要让树心面朝向神壁的前方，要让树梢那头朝上"（余世军）。第三是要合数合字，"板材高度与宽度尺寸要合10，即数字的整数和小数点后面的数相加要等于10，如2.8尺、8.2尺、6.4尺等，同时，还要暗合'天、地、相、达、敬、远、何、日'，一字管一寸，要合在'相'字上"（谢明贤）。"虽然土家族在生活观念上较为朴素，但在对待神灵方面却异常讲究和精细，特别是在制作神龛方面更加讲究，首先在取材上，制作神龛的木材在分割时只能分为单数块而不能分为双数块，其次在神龛制作过程中其正中间的一块木料必须要是树木的中心部位，此外，神龛的榫卯结构部分在摆放上必须顺头而不能错乱。"①

中柱与梁木讲求中墨线不断，指中柱和梁木的中墨线是一根连接起来的整体，不可因为打榫钻孔将墨线凿穿断开；遇到这样的情况务必要采取巧妙的办法，保障墨线的完整性。比如"中柱上需要安装耳间的楼枕枋和地楼枕枋，要么将榫口做成岔口榫，要么不能将榫口打穿，以保持墨线的完整"（谢明贤）。

大门枋与神壁枋：大门枋和神壁枋，也包括地脚枋，都是比较神圣的建筑部件，一般在选材上都有特殊的要求，"一般为一节木料分为两半，一半在前、一半在后，且树心相对安放，称为'合心'，大门枋要高于神壁枋；大门地脚枋要宽于神壁地脚枋"（余世军）。在房屋定向割斗时，需要最先定位的就是堂屋的神壁和大门地脚枋，以房屋朝向的轴线对准两片地脚枋的垂直平分线。

大门在制作时也有很多讲究，首先是在大门的尺寸、形状关系上，高度、宽度和形状要做成"6.4尺为高大，上大下小，与'升子'（量米的量具）关联，关乎'财'"（谢明贤）。"做大门要合门规尺，要合'财'，聚财，上宽下窄，上开33重天，下开18层地狱。"（万桃元）"大门要合'财'：按财、病、逆、利、官、劫、害、本，每字管1寸推算，在鲁班尺（门光尺）上分"（余世军），大门堂屋的空间处理有多种形式，最为常见的为做门和不做门两种。做门包括大门的板壁或者墙壁，它们可以与耳间的板壁或者墙体在一条线上，也有将大门退后一步水做板壁安装大门的。传统的大门多为木门，一般有门槛、门墩和门扇、门闩、门锁，开扇一般有平开门和六合门，平开门多为两扇门（见图3-2-3b），有板门与

---

① 陈和虎：《土家族吊脚楼设计艺术的文化阐释》，《贵州民族研究》2017年第7期。

印门之别；六合门有真六合与假六合之分，真六合为六扇门均可以打开
（见图 3 - 2 - 3d），假六合为只有中间两扇可以打开，其他四扇为固定的，
不能打开。有的民居还在大门外侧加装腰门，以防止牲畜家禽随便进入室
内。现代洋房民居建筑的大门仍多采用木质门，也有安装防盗门的；且多
为印门，加装现代铰链与门枋链接；有的在门上方会开玻璃窗，以使光线
更好。

在传统的民居建造中，堂屋里的耳门不是随便开的。首先在尺寸上
"要和'5'或者尾数为5：（财、病、淋、利），如2.21、2.3、2.5，一
般要关'财'"（谢明贤）。"要合门规尺，合'富贵''进步'等"（万
桃元），且"耳门不宜正对着开，需要错开一点点距离，以避免家庭成员
之间拌嘴和口舌之争"（康纪中）。耳门多为单开板门或者印门。堂屋耳
门多在扇架靠大门的位置开门。有的堂屋后面会建"拖屋"，也称"倒倒
屋"，一般在神壁的左侧下方或者右侧下方开门进入该空间里。

总之，堂屋在鄂西南的民居建筑中，既是作为建筑实体的物质空间存
在，同时，也是一家人的生活空间和开放空间，更是一家人精神寄托的象
征性空间（见图 3 - 2 - 3c）。

图 3 - 2 - 3b　平开门（建始县高坪镇　　　图 3 - 2 - 3c　供奉送子观音神壁（摄于
　　岔子口村石门河百年老屋）　　　　　恩施市芭蕉侗族乡朱砂溪村李家坝组
　　　　　　　　　　　　　　　　　　　　锁王城石氏老宅，2022 年）

图 3 - 2 - 3d　真六合门（咸丰县平坝营镇新场村蒋家花园）

三　房屋（卧室）

在鄂西南地区，房屋指代现在意义的卧室，即安放床铺，供人睡觉和休息的位置，传统里房屋的分配极为讲究，一般是右大左小（面向神壁），即正屋右边的耳间房屋多住父母、兄长，左边住孩子、弟妹，"房屋与兄弟长幼的坐法：长者坐东头"（康纪中）。传统里的房屋空间布局讲求门与窗子不能对开，即门一般开在耳间隔断的靠近扇架的位置，窗子开在后沿板壁或墙体的中间，且窗户不宜开得过大，因为房屋属于私密空间，不需要光线特别强。同时，房屋里的床一般会紧靠正对窗子的板壁或者墙体安放，床的摆放不宜与整栋房子的屋梁相垂直，认为这样放置是"抬梁床"，不吉利。窗下一般会放置带抽屉的柜子（有贵子之意），靠近扇架摆放大衣柜、化妆柜等。

房屋的门在制作时大多也是很讲究的。首先是门的形状，要做成"上小下大，和女人生产有关，合'生'"（万桃元）。"房门不宜大于耳门，上小下大"（余世军）；其次在尺寸上也有严格的规定，"要和'6'，上小下大（大 1 厘米），按照生、老、病、死、苦推算，合'生'"。"2尺18，上面小4分；便于媳妇生产"（康纪中）。"吊脚楼卧室在房门设计上往往设计成上窄下宽的样式，房门的底端在尺寸上一般比顶端要宽出 1

厘米，这种房门设计在尺规以及形状上体现了'生'的含义，象征着生育之门。"①

房屋里夫妻睡觉的床或者新婚夫妇用的床，在用材上特别讲究，"要顺头、合心（即树板树心相合）"（余世军、万桃元、康纪中）。

四　灶屋

在鄂西南地区的民居空间里，灶屋所占据的空间虽然没有堂屋、火塘那么重要，但是，灶屋是一个家庭日常生活必备的空间和设施。

灶屋在民居的空间位置，一般会置于耳间的前半间，或者是在山头另建一"偏偏房"作为灶屋，或者是"磨角屋""倒倒屋"用来做灶屋。

灶屋在民间也具有神圣性，主要体现在灶神的安放和敬奉上。民间有腊月二十三或二十四过小年的习俗，过小年的当天晚上要送灶神，到大年三十或者二十九（腊月小）的晚上，要接灶神回来。因此，在灶屋里，做饭用的灶除了是生活必需的设施之外，还是灶神神位的象征。所以，打灶也是很讲究的；灶的排布方向要和正屋的屋梁方向一致；做饭或者在灶间工作时，不可以随便用刷把头敲打灶头、灶门，或者随便用脚踢灶。

灶屋在空间的占有上，一般不会太小，特别是在民间，灶屋还必须具备"大屋小事"整酒置办酒席下厨的功能。

五　土地庙

在鄂西南地区的民居建筑空间的附属设施里，很多都有一个可以安放土地神的位置。这个位置一般选择在房子的左边或者右边，或者在左前方或者右前方，距离房子几十米的地方；有的是用木头或者石头或者泥土建造一座小屋，简陋的只用三两块石头搭建而成，供奉土地神；有的就是选择一个小洞穴或者树兜下的孔洞等来供奉土地神。在民间敬奉土地神主要是希望老天爷保佑，希冀年年风调雨顺、平安吉祥、丰收富裕。"按照中国的习俗，每个人出生都有'庙王土地'——所属的土地庙，类似于每个人的籍贯；人去世之后行超度仪式即做道场时都会获取其所属土地庙。"

土地庙、土地神作为鄂西南地区的民间信仰，应该是改土归流以后，受到汉文化或者是佛教文化影响的结果。土地庙也是一种民间文化现象，曾十分盛行。土地庙还有许多书写对联，如湖北利川谋道磁洞沟土地庙

---

① 陈和虎：《土家族吊脚楼设计艺术的文化阐释》，《贵州民族研究》2017 年第 7 期。

联，"南海紫竹千秋在，莲台花开九品香"（见图3-2-4）。湖北恩施来凤县土地庙联，"土生一金五行泉珍贵；地长万物四季歌繁荣"。湖北长阳太竹园土地庙联，"噫，天下事，天下事；咳，世间人，世间人"，等等；这些对联极具生活寄予期盼之情，有的还诙谐幽默。

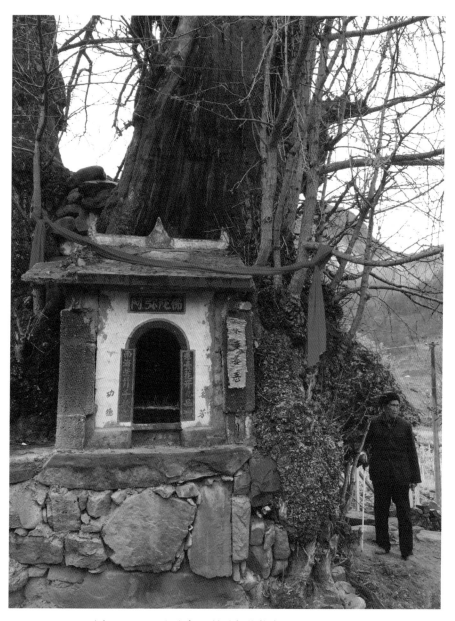

图3-2-4 土地庙（利川市谋道镇上沟村磁洞沟）

六　楼枕分割上下空间

室内的楼枕除了分割房子的垂直空间之外，在空间大小的分配上，仍然与习俗和文化有着直接的关联。在鄂西南地区的民居建筑里，楼枕的安装位置要求下部空间应该比上部空间略微高一点，否则，认为是"楼欺主"，认为是不吉利的象征。所以，起高杆首先从楼枕开始，中柱中点向上开口即可为楼枕的榫口。

七　用材讲求顺头、合心

鄂西南地区的民居建筑用材，除了从技术和空间建构与承受力等方面的考虑之外，对于材料使用时的顺序有许多讲究，讲求"顺头""合心"。"顺头"主要体现在：一是立起来的木料，要求与树的生长方向是一致的，即树蔸向下，树梢向上，特别是大料，如柱子、骑筒、枋片、木板等。二是水平放置且与屋梁方向相同的木料，遵从朝东、朝向中堂的原则，即这类型的木料放置时，堂屋内的按照树蔸朝东安装，所有耳间木料的树蔸都要朝向中堂排列；这一排列方式也直接构成了"升三""升山"的技术要领。三是水平放置且与屋梁垂直安装的木料，需要将树蔸朝向房子的神壁。

"合心"是指同一节木料分解为两半，使用在一些结构对应或对称的关键位置时，还要做到"合心"，即树心相对安装放置。如大门门楣枋与神壁枋、床枋等。

在木料使用时，一些位置会有避讳的材料，如"椿不顶天、脚不踏榉"（余世军、康纪中）的口传语，即是说椿树不宜作为屋梁放到屋顶上，当然，也包含檩子、椽皮的屋顶材料；脚不踏榉，是指榉木材料不宜用来做楼板，更不适合用来做地楼板或者地楼枕。

八　画墨线

在鄂西南地区修建民居的技艺中，木构建筑在加工木材时，画墨线也有许多讲究。比如"中柱画墨线必须首先由上到下，一面一面地画，一个面画完到柱头底端；再将中柱翻面，翻面时只能向内翻，这个面从底端往上画，画到顶端，再翻面，依次向下画，四个面画完，结束时在柱头顶端。这叫'从上启下事后发'"（余世军）。如前所述，"两根中柱与梁木的中墨线应该保持一条线，且不可以断开，因此，中柱上遇到楼枕开眼的位置，必须想办法——楼枕枋做叉头榫或者中柱的楼枕眼子不凿穿，以保证墨线不断"（谢明贤）。

一栋木建筑房子需要众多的柱头、骑筒、楼枕、川枋、挑枋，在画墨线的过程中，掌墨师不仅胸中要有整栋房子结构和建筑局部的结构，而且要在画墨线时必须明确该部件所在建筑的具体位置；木匠行业里普遍采用"鲁班符"来表示，即必须在建筑部件显要的位置用"鲁班符"（见图 2-3-6）标识其具体位置；"鲁班符"其实是掌墨师独有的记录所有材料位置的符号系统，其意义就是明确每根材料和部件的具体位置和方向，如"东头前大骑""西头后金柱"等；同时，"鲁班符"也是掌墨师独有的技术保密系统，只有掌墨师及其所在班子成员们知道符号所表示的意义，每位掌墨师所"号墨"符号虽然接近，但还是有细微的差异。

画墨线是木构建筑作为建筑空间实现的最为关键的步骤和技术，需要工匠熟悉和计算建筑部件的大小、位置、方向，特别是数据的精准计算和位置、方向的明确性。墨线画准确了，才能钻孔打眼做榫，之后排扇、立扇、穿楼枕等工序才能实现，最终才能构造出实实在在、结构稳定、使用安全的建筑空间。

第三节　复合文化空间

建筑从本质意义上讲，它就是一个文化建构体和文化空间存在。无论是从择地选址到上梁盖瓦，还是从伐木砍树到做榫打孔，都是人对环境的选择、材料的加工、空间的建构；更为重要的是，在民居建筑中，特殊的空间、尺度和数据被赋予了象征性的意义和精神，寄托着人们对美好生活的期盼，也折射出人们的内心诉求。

一　数理逻辑建立的空间形态

鄂西南地区的民居建筑，对于空间的思考除了包括人们基于实用功能和人体工程学的考量外，在空间的建构上还以特殊的数理和尺度来寄予对未来、对家族的期盼。这一数理空间的数字象征性，主要体现在以 8、5、3 为最基本最频繁使用的数字上。

"8"在鄂西南地区民居建筑空间的使用上，主要是指房屋的高度和开间宽度的尾数要不离 8，如高度为 1 丈 88、1 丈 68 等；房子的开间宽度尾数不离 8，如 1 丈 48、1 丈 38 等。还包括梁木长度、大门的高度、神壁高度、楼枕高度等，都与 8 发生着关系。"在吊脚楼高度、火坑四周、栏杆等尺寸设计上也大都选择数字'八'作为尾数。"①

　　在民居建筑中普遍使用8,主要有三个层面的意义:一是基于它的读音与"发"相近,显然主要表述发财、发家之意。二是基于"8"在单数中除了"9"之外,它已经是最大的单数数字,因为在传统里,"'9'只能是皇帝所用的数字,固有'九五之尊'的说法,百姓不可用'9',因此,只能用'8'"(余世军、康纪中、谢明贤)。三是基于"8"与"3"在中国传统的河图、洛书中,有表示东方的意思,在《洪范·尚书》里有这样一段话:"天一生水,地六成之,地二生火,天七成之;天三生木,地八成之;地四生金,天九成之;天五生土,地十成之。"东方为木,这与民居建筑多用木材和需要木匠有关,道出了木匠行业的源头本义。因此,这里使用"8"来限制空间的尺度,不是从根本上考虑建筑空间的使用功能,而是考虑人的精神和心理诉求。"掌墨师认为这是师傅传下来的规矩,不容更改,而几乎所有的土家族人对这一数字有着客观的认同感,这种习俗使八这个数字与吊脚楼的尺寸有着千丝万缕的联系;同时,'八'与'发'谐音,暗喻发家——人丁兴旺、发财——金银满堂。"②"在土家族木匠行业中有着'尾不离八'的观念,所以在很多吊脚楼构件的尺寸设计上大多选择'八'作为尺寸的尾数。"③

　　"3"的使用:首先是"升三"作为建造的技术指标和参数,表述着堂屋两列扇架以外的耳间扇架需要依次升高3寸或者一定的高度。"升三"解决了因材料两头大小不一而形成的数据差,也矫正了因视觉观看距离形成的视觉误差,还解决了作为空间造型的形式美感。"3"在鄂西南民居建造中还有作为技术存在的客观性,如吊脚楼正屋一般为三间、排扇的川枋至少要穿三根柱骑(即两步水)才能保障扇架的稳定性和牢固性。"3"也是一个概数,表示多、不确定的意思,因此"升三"也有"升山"的意思,"升三"并非一定要升高3寸,而是要升高,其中也暗含步步高升的美好愿景表达;"升山"也体现了土家族人对于山这一自然环境的敬畏之心和崇敬之情。在许多掌墨师的口述中还有"上开33天"(万桃元)的说法。在(传统)习俗中"3"也有着特别的意义,上梁"整酒"需要三天,红白喜事"整酒"需要三天;直系亲属需在确定的日

---

　　① 陈和虎:《土家族吊脚楼设计艺术的文化阐释》,《贵州民族研究》2017年第7期。
　　② 石庆秘等:《土家族吊脚楼营造核心技术及空间文化解读》,《前沿》2015年第6期。
　　③ 陈和虎:《土家族吊脚楼设计艺术的文化阐释》,《贵州民族研究》2017年第7期。

期前一天到，叫"谈客"，开四盘八碗正席一餐，正酒日一天，三餐正席，仪式完成后一天再吃一餐正席才可以离开，直系亲属也会遵从这个规矩做好安排，安心待上三天，三天里亲属之间拉拉家常、谈天说地、打牌喝酒，以释放内心的情感，彼此之间以获得更多的交流。

"5"的使用：在鄂西南木构民居建造技艺中，"5"是做门的数据尺寸，即门的尺寸数据要么是尾数为"5"，或者是尺寸数据的寸相加的和为"5"，如2.5尺或者2.32尺。"5"还暗含五方五味的关系，体现了鄂西南地区各族人民在门这个重要的进出口上寄托的对自然和生命的期望。五方指东西南北中的地理方位，民居的修造选址很强调东西南北的"向之"（堂屋的中轴线所对应的前后山体轴线方向性），中即代表房屋所在的位置；五在河图洛书里居中，也代表人的位置；五味则与酸甜苦辣咸的自然物对应，代表饮食，既是民居建筑功能之一，也是生活基本需求之一的食物及其加工技术有关，还与"生、老、病、死、苦"的生命轮回五种关系有关，从根本上讲它是一种文化，正所谓"一方水土养育一方人"。[①]

在鄂西南地区的民居建筑中，不管是木构建筑还是土墙或者石墙建筑，数字"8""5""3"均被作为建筑常数运用，且已然成为一种从匠人到民众均普遍认同的文化习俗，延续至今。数理在建筑乃至日常生活中的运用，或许是受到汉文化的影响；而在汉族建筑中，皇家建筑对一些特殊数理的强化，使得民居建筑在数理关系的使用上与皇家建筑相区别，而更多带有吉祥寓意、期盼未来美好和家族兴旺、财运亨通的诸多心理诉求和精神表征。

二　非技术次序的空间意识

在鄂西南地区的民居建造中，除了技术层面（如备料、初加工成型、画墨线、讨退、上退、割斗、排扇、立扇、上梁、上檩子、钉椽皮、摺檐口、盖瓦、装板壁等）上的大工序必须有先后的严格顺序之外，在许多细小的工序和仪式中，仍然有严格的讲究，尤其是修造吊脚楼的各类仪式文化事象，如上梁仪式必须按照祭鲁班、吃鲁班席、祭山神、砍梁树、开梁口、拜梁、上梁、踩梁、下梁等一系列流程依次开展，顺序不可颠倒错乱。这些次序在技术意义上讲，是完全可以有所改变的，然而鄂西南地区民居建造中的这些非技术性的次序意识，正是作为文化而存在的核心，它映射出鄂西南地区人民对于这些次序的认同，对仪式的在意，反映了该地

---

① 参见石庆秘等《土家族吊脚楼营造核技术及空间文化解读》，《前沿》2015年第6期。

区人们在文化变迁中仍然坚守的文化特性，也折射出人们的情感价值和心理诉求。①

1. 立扇

立扇是鄂西南地区民居木构建筑建造中最为主要的程序之一，它既包含技术层面的意义，也包含仪式的意义，更有与空间和技术无关的次序讲究。在掌墨师和木匠行业里，普遍认为立扇必须先立堂屋的东头扇架，立垂直后，再立西头扇架；接着再立东头耳间外侧扇架，再立西头耳间外侧扇架；依次立完所有扇架，并安装好楼枕，拴好钉栓。

2. 做梁、开梁口、上梁、上云梯、踩梁

在鄂西南地区的民居建造中，做梁、开梁口、上梁、上云梯、踩梁、下梁等工作，均遵从东头为大、为先，先大后小的次序，不得错乱。东头为大主要体现在掌墨师必须居东头，二墨师居西头，即掌墨师比二墨师大、地位高，更具权威性。不论是技术上还是仪式说辞上，都是掌墨师必先动手、动口，二墨师才能接着动手和动口。在掌墨师没有发出号令的前提下，任何人不得随便行动。

3. 神壁及公母榫使用

装神壁必须先从正中间一块板子开始装，且该板必须做成公榫，接着再装东头那一块，再接西头那一块，依此顺序装完接满。

非技术要求的空间次序意识在鄂西南地区民居建筑中作为一种建筑文化流传至今，足见其在行业里和民众中的根深蒂固，也显示出鄂西南地区民居建筑文化的强大生命力和文化传承的向心力、凝聚力。

三　对称与不对称的空间建构

鄂西南地区的传统民居建筑，在空间排列上一般是以堂屋的中轴线来安排座子屋，依据中轴线而形成的对称与不对称的空间布局样式。而延展的厢房以及附属设施，可以对称布置，但是更多的是遵从地形和需要来巧妙安排，形成不对称的空间形式。

1. 数字 3、5、7 与空间对称性

鄂西南地区民居在座子屋的开间布局上，以开间数量和开间大小的对称排列，构成座子屋的基本空间样貌。座子屋开间多以奇数间排列，即以3、5、7 等奇数间构成座子屋的开间排列方式，堂屋居中，这也是"一字吊"的基本形制；依据这样的座子屋排列在两头添加厢房，可形成撮箕

① 参见石庆秘等《土家族吊脚楼营造核心技术及空间文化解读》，《前沿》2015 年第 6 期。

口形状的对称排列样式。四间屋的布局，在鄂西南民间民居中极为少见，因为四间屋为五列扇架，有"四分五裂"的忌讳。

1、3、5、7的数据在神壁木板的对称性排列上仍然是有讲究的。以木料正中心一块居于神壁中轴线上，依次往两边接木板，且是按照木料生长分解的顺序关系来接的；依次装满神壁，在数量上自然构成了1、3、5、7的木板块数的对称排列形式和平面空间布局。

在空间对称性的排列上，还表现在耳间的空间分割和耳门、房门的位置上。耳间一般会将其分割为前后两个部分，且开出门洞、窗户，这些空间分割在一般情况下都遵循对称的布局方法。即堂屋两侧的耳间前后空间的分割在位置上是一致的，形状和门窗的位置均是以堂屋中线为轴线来展开的。

大门以堂屋中轴线形成左右对称排列和开关的形式，因此，大门一般为两扇、六扇的对称分布；即对开门和六合门。

用材也讲究对称性，特别是屋顶梁木和檩子、楼枕枋片的放置，也是以堂屋为参照，所有耳间的檩子、楼枕枋均需要将树蔸朝向中堂，依次往外接开，形成对称排列的格局。而堂屋的梁木和檩子遵从东头为大的原则来安放。

由此可见，在鄂西南地区的民居建筑空间里，对称布局是一种十分常见的空间安排方式，也成为一种约定俗成的建筑空间习俗。

2. 不对称性空间布局

不对称格局在鄂西南民居建筑空间里，表现最为明显的是堂屋两侧耳门的位置和房子向其他方向延展的空间安排。耳门强调不做绝对的对称安排，有"耳门对开，会导致家庭成员间容易拌嘴"的忌讳，需要将耳门的位置适度错开排布，即便是错开1厘米，也是一种规定性的非绝对对称的空间安排。

在鄂西南地区的民居建筑里，也有因为地形、空间限制，或者经济和材料条件限制，建造房屋并不能构成对称式的空间格局。因此，也有少数的民居会有两间、六间的直线型布局样式，即堂屋不在正中间。也有在对称布局以外加上山头偏房的格局，偏房主要用来做灶屋或者猪栏牛圈之类。

不对称空间还体现在座子屋两边的厢房安排上，"L"型的吊脚楼布局就是严格意义的不对称样式。更多的不对称布局，还体现在房屋向周边延展的空间安排上，可以完全根据地形构造出如"F"型等非对称布局形式。

随着时代的发展，鄂西南地区的民居建筑在空间布局上也发生了变化，特别是在20世纪80年代以后，受钢筋水泥建筑材料和"洋房"建筑样式的影响，以对称性布局为主的传统房屋空间格局演化出更为多变的空间布局形式。这既是民居建筑形式本身发展的结果，也是人们追求美好生活方式的体现，更是一种文化包容性的表征。

<h2 style="text-align:center">四 约定俗成的空间格局</h2>

建筑空间在本质上是基于人需要使用的功能和对于材料的加工技术而建构起来的空间形式。民居建筑首先以满足人最基本的生活需要为前提，诸如遮风、避雨、睡觉、做饭、取暖、储存食物等最基本需求的空间形式；这样的空间形式是以人的身体尺度和活动范围，来界定空间的形状、大小、高度和围合状态的，是依据能够满足人的舒适性而建构空间关系的。

鄂西南地区的民居建筑，正是基于鄂西南地区特殊的地理环境和山区生活需要而建构起来的空间形式，因此，木构建筑、土木与土石结合的建筑，成为这一区域建筑的典型代表，而洞穴居住也成为该地区特有的民居样式。基于这样的材料和人的空间尺度，以及建筑空间在高度和宽度上与树木的高度及其加工技术、承受力等因素的多重考虑，民居建筑的高度一般在 2 丈以内，开间大小一般在 1 丈 5 尺以内；这既满足了人的活动尺度，也适合了建筑材料及其技术要求。

鄂西南地区森林茂密，土石资源丰富，森林覆盖率普遍在 60% 以上。木材不仅仅作为建筑材料，也是人们生活中做饭取暖的基本生活资源，因此，火塘和灶屋是以烧柴火为主，在空间的需要上要对柴火的尺度以及燃烧产生的烟雾排放等一系列问题加以思考，火塘也需要考虑柴火的堆放。火坑一般会以一个大树疙瘩的尺寸来衡量其大小和深度，楼枕上的楼板则以不封死的隔栅式为主。灶屋及灶的建造都是以足够堆放柴火和水缸、厨具等用具为基本的空间尺度，灶孔及其灶门大小高度都是依据木柴的长短及能否燃烧充分等条件来思考。

当空间形式受到地域性建筑材料和技术以及人们的生活习俗的限制时，长期的惯性就形成了民居建筑文化对于空间形式的某种规定性，这种规定性在相当长的时期里，是不会轻易改变的，它构成了该地域民居建筑空间文化的内核。当然，随着新材料和新技术的出现，诸如钢筋水泥的出现，就为鄂西南地区的民居建筑的空间格局带来了变化，这种变化在很大程度上，也只能对空间的大小、位置和形状产生一定的影响，但对于相对稳固的空间布局样式并没有产生实质性的改变。比如在新民居建筑中，堂屋、火塘屋和灶屋的设计与建造，仍然是鄂西南地区民众必须考虑的空间存在，且与原有的样式保持着某种恒定性。虽然这种恒定性与空间本身的物理功能有关，但是，更为重要的还是人们习以为常的对该类型空间的文化记忆和文化认同，因此，我们可以将此类型的空间认定为约定俗成的民居建筑空间。

　　由此可见，鄂西南地区传统民居建筑在空间形式的建构上，其一，受制于鄂西南地区的山地自然地形和物质材料限制，在整体上呈现散居式状态，且多是以木构建筑和土石木结合的建筑材料建造的空间样式。其二，在单体民居建筑的平面空间构成上，以"一字型"、"L"型、"凹字型"为最主要的建筑空间布局样式，在立体空间的建构上，则以台基式和吊脚式两种建筑立体空间呈现为主，特别是木构民居的吊脚楼形式，成为这一区域最具代表性和最具特色的民居建筑样式，逐步演化为一种地域性的建筑文化符号，延续流传至今。而四合院及其混合式的民居建筑布局，在鄂西南地区有一定数量的存在，但并不具备普遍性。其三，在单体民居建筑的空间尺度上，3、5、6、8等尺寸数据的普遍使用，以及空间建构的非技术次序规定性，构成了该地域民居建筑特有的文化内涵和意义象征。其四，外来文化、建筑材料和技术的变化，对鄂西南地区当代民居建筑空间的影响是显而易见的（见图3-3-1），但这种影响也只是体现在空间的尺度、形状和位置的变化上，而在空间功能和文化属性的规定性上，其影响并没有表现得很明显。因此，鄂西南地区民居建筑的空间构成从传统到当代的发展，勾勒出民居建筑空间的相对稳定性和文化规定性。

图3-3-1　利川市柏杨镇水井村大水井李氏祠堂

第四章　民居中的仪式

仪式的模式并不是现成的，只有在完成的过程中才能被找到。[①]

——阿莱达·阿斯曼

也许很多人都会认为，建筑是在地上用材料、技术经人为加工，建造的满足人遮风避雨和饮食起居的物质空间形式。然而，修房造屋是人们生活的重要组成部分，在基本的空间构造上，除了基于材料和技术需要之外，建造房屋本身也是一种人们生活追求的体现，是对一个家庭经济实力、家族状况、人缘结构、文化底蕴和审美追求的多重表达。在鄂西南地区的民居建造中，它不仅仅体现在建筑材料和技术的运用上，更在于工匠对建筑文化本身的尊重，和民众对民居文化的高度认同。这种文化认同既表现在对民居建筑本体的认可，也表现在对技艺拥有者的尊重，更体现在对民居建筑文化中所包含的仪式、说辞、朴素信仰的认同。而且在鄂西南地区的民居营造中，仪式文化有着举足轻重的价值和意义，是鄂西南地区建筑文化或者是民间文化的核心之一。

在鄂西南地区，建造一栋房屋，从选址、挖地基、伐青山、砍梁树到做梁、开梁口、系金带、上梁、装神壁、踩财门再到茅山传法、吃鲁班席、祭鲁班等一系列过程，都贯穿着各类仪式文化。这些仪式在总体上包括两大类，第一类是祭祀性仪式，主要是祭祀土地、山神、鲁班祖师和列祖列宗等神仙祖先；第二类是祝福娱乐性仪式，主要是就修房造屋、主家愿景、财富人缘以及亲朋好友的祝福。

[①] ［德］阿莱达·阿斯曼：《回忆空间：文化记忆的形式和变迁》，潘璐译，北京大学出版社 2016 年版，第 338 页。

第一节　建造中的仪式

鄂西南地区因地处山区，海拔相差较大和气候变化很大，素有"天无三日晴，地无三尺平""一山有四季，十里不同天"的说法。在21世纪以前，修建一栋房屋的过程是极为艰难而烦琐的，特别是在交通、技术不发达的时代，几乎完全靠人工开挖和平整，肩扛背驮一栋房屋出来。但不管有多艰难，这一过程中始终贯穿着一些重要的仪式文化，使得建造房屋成为一个文化展示、交流和互动、传承的过程。

一　安煞起煞

在鄂西南地区民居建筑行业和民间习俗里，在动土、搬运东西时，掌墨师或者工匠、阴阳先生正式开工前和施工结束后，一般都有安煞起煞的仪式。安煞是掌墨师或者工匠进屋施工前的仪式，进屋安煞主要是架木马和安放马板、钉马口等占地下钉事件，以保障施工期间的安全，特别是家有妇人以及六畜怀胎的，该项仪式就更为重要了。起煞是掌墨师或者工匠整个工程完工后，将安煞所置放的码子或者架设的木马、马板、马口等之类的工具拆除，解除安煞的限制，恢复常态的一种仪式。安煞起煞中掌墨师或者工匠一般都会一边念咒语，一边画字讳和咒符（见图4－1－1a至图4－1－1b），字讳和咒符有的画在地上，有的画在工具上，有的画在建筑部件上。安煞和起煞需要在手掌上区分，如安煞、起煞在掌

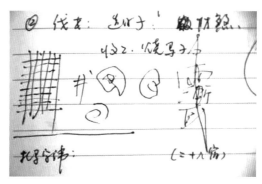

图4－1－1a　安煞与扎马咒符（谢明贤绘
来自实地采访）

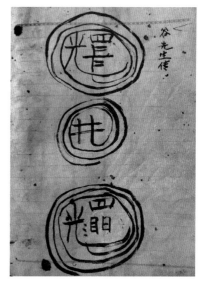

图4－1－1b　安煞咒符
（来自石定武手抄本）

上区分为"乾坎巽离艮兑起",念咒语:

> 天煞,地煞,月煞,日煞,时煞,拖三扎木马煞,一百二十星宿煞,邪魔妖星,弟子赐你长凳正坐,不惊不动,吾奉太上老君,急急如律令。①

> 普安祖师大神功,蒙师门中,家旺兴许,老鹰望空。猪栏土地,牛栏土地,猫儿鸡犬鹅鸭;怀胎土地,亲近库房之类。南五里,北五里,五五二十五里;弟子功夫圆满,请诸神各归原位。②

画咒符时需要念咒语:

> 一点乾坤大,横当日月长,周有八百里,诸煞远不防。③

正式安煞前,需要先请师父,还会有一段专门纪念师父的心里默念口诀,一般需要回忆当时师傅传授时的情景,包括当时师父的仪容、坐姿等,口诀为:

> 启眼观青天,师父在身边,身左身右,身前身后,千叫千应,万叫万灵,隔山启来隔山应,隔山启来隔山灵。④

或者是:

> 起眼观青天,师父在身边,师父在我身前,在我身后,隔山喊隔山应,隔河叫隔河灵,不叩自准,不叩自灵。⑤

在调查中发现进屋安煞起煞的形式有多种多样,不同的师傅因为受教不同,其处理的方式有所不同。大致归纳起来有以下三种。

----

① 来自咸丰县黄金洞乡麻柳溪村王青安师傅口述,采访于2015年1月28日麻柳溪村。
② 来自国家级非物质文化遗产土家族吊脚楼营造技艺传承人咸丰县丁寨乡湾田村七组万桃元口述,采访于2013年8月22日万桃元家中。
③ 来自国家级非物质文化遗产土家族吊脚楼营造技艺传承人咸丰县丁寨乡湾田村七组万桃元口述,采访于2013年8月22日万桃元家中。
④ 来自民间文化传承者恩施市芭蕉侗族乡高拱桥村浪坝李文寿口述。李文寿师承其岳父石定武,祖师爷为岳父之父石胜友。2020年1月14日微信访谈。
⑤ 来自咸丰县黄金洞乡麻柳溪村王青安师傅口述,采访于2015年1月28日麻柳溪村。

祭祀性仪式起安：即掌墨师或者工匠进屋正式施工前，需要主家提供香蜡纸烛、刀头、酒等祭祀品，在架木马的场所进行祭祀活动，以相应的工具予以辅助，如凿子、斧子或者木马、马口等。同时，祭祀仪式中需要扎"马子"，扎马子时要用手画字讳，口念咒语，念毕用脚蹬地三下，然后将"马子"置于隐蔽处，用东西压住；安煞完毕，就可以正式施工了。工程完毕，仍然以相同的仪式性活动将"马子"起起来烧掉，解除安煞，恢复常态。祭祀性安煞起煞用时比较长，较为复杂，对师傅的记忆力和口才等要求比较高，同时也比较正式，有仪式感；安放的马子一般不允许外人挪动。仪式性起安，可以分为大起安和小起安；大起安即用于大型的施工活动，如修房造屋、架马施工等，小起安则用于局部的小型的施工活动，如挖沟取土、大物件移位等。

安扎工具类仪式：有的掌墨师或者工匠进屋，仅需要使用香纸作为祭祀用品，在安放木马、马板时，口念咒语，在马口、马板等工具上画字讳，并将其安放好即可，然后将香纸烧掉；起安煞在马口和木马上。有的师傅进屋是将凿子钉在柱头上，挂上工具包，默念师傅形象或口诀，即表示安煞完成；完工后念咒语，取下凿子和工具包即解除安煞。

行为口语类：有更为简洁的起安煞方式，即是掌墨师或者工匠进屋时，在踏上阶沿或者跨过门槛时，用脚在阶沿或者门槛上踏三下，默念师傅形象和咒语即可；起煞是用同样的方式解除。

不管是哪种形式，在鄂西南民间建筑习俗中，这类文化现象还是普遍存在的，既表现在匠人的行业里，也表现在民众生活里，双边的认同使得这一文化习俗得以流传至今。这种看似具有"迷信"色彩的仪式活动，实则是民间朴素信仰的具体表现，同时也印证了民间文化所具有的原生性和本真性，反映出民众在他们所面对的自然威胁不能被科学完全解释、生命安全不能完全得到保障的情景下，其心理和精神层面最为朴实的诉求。

二　挖地基

开挖地基是修房造屋最初的工作，需要对选择好的地形加以整修，以适应建筑物的安装和人们的生活。在鄂西南地区，挖地基前首先要请阴阳先生或者掌墨师为其选择适合建房的地形，并确立房屋的基本朝向，之后再请人员帮助开挖地基。开挖地基的仪式主要是祭祀土地山神，感谢自然馈赠，并保障施工过程的安全。

在鄂西南地区的民居建造中，开挖地基也有多种仪式，从仪式的繁简程度来看，流传最为广泛的有两种，一是烦琐的祭祀山神仪式后，先用牛耕，再用人工开挖地基；二是简洁的祭祀山神土地的仪式后，直接用人工开挖地基。现如今大多用挖掘机开挖地基。

　　祭祀山神土地的仪式，需要用到的物品一般有刀头、碗、筷子、酒杯五个、白酒约二两、香纸、五炷香、锄头、镰刀等。祭祀仪式一般由掌墨师或者阴阳先生主持，面朝房屋要建造的方向或者是直接对着山体的方向（一般与房屋建造的朝向相反的方向）。先将碗平放在地上，再将刀头置于碗中，架上筷子；刀头前面再放上五个酒杯，在酒杯里斟上白酒约小半杯，旁边摆上钢钎、锤子、锄头等开挖工具；然后烧纸焚香，将点燃的香分别插于刀头所在位置和屋基东西南北方向各一炷。香位摆好，掌墨师或者阴阳先生蹲于香位前，手拿锄头或者镰刀之类的工具，在地上画字讳，口中念安煞词，邀请山神土地到位，敬奉贡品于山神土地诸神仙，然后将五杯白酒分别倒于五方五位，回到香位前，叩谢。礼毕，算是祭祀山神土地仪式完成。祭祀仪式完成后，需要主人家拿着锄头首先在地基开挖处的山体上挖三锄，接着其他帮忙人等就可以开始挖地基了，一直到整个地基平整完成。中间不管天晴下雨，还是中断继续，均可以不用再做类似仪式。

　　在鄂西南南部的来凤、咸丰、鹤峰、宣恩等地，还流传着开挖地基用牛耕地的仪式。即在祭祀山神土地的仪式完成后，由主人家将一头牛架上铧口来犁地，牛头上悬挂五尺红布，来回犁三下即可，之后由人工来开挖平整地基。用牛犁地象征牛里牛气、牛气冲天的吉祥寓意和表达美好愿景。

三　伐青山

　　伐青山是土家族民居建造中使用的专有名词，就是对上山砍树或者采石前的祭祀性仪式和采集行为的表述。在鄂西南地区的民间，仍然流传着进山采集需要"招呼"的习俗，"招呼"就是一种仪式活动。

伐青山主要指两大类，一是上山砍树，二是进山采石挖泥。上山砍树用到的工具有五尺、斧子、锯子、镰刀、绳子等砍伐和裁切工具。进山采石挖泥用到的工具有钢钎、大锤、小锤、钻子、挖锄、镰刀、

图4-1-2a　伐青山祭祀山神（图片来自央视九套拍摄丁寨万桃元吊脚楼技艺纪录片）

墨斗等。进山"招呼"需要用到刀头、酒、杯子、香蜡纸烛,简便的只需要香蜡纸烛即可。

　　"招呼"一般选择在砍树或者采石挖泥的进山口（见图4-1-2a至图4-1-2b）,面对山林山地,设立香案,将刀头、酒杯放置好,白酒倒入杯内,将香蜡纸烛点燃,插上香,掌墨师或者阴阳先生用斧子在地上画字讳,口念咒语,

图4-1-2b　伐青山（图片来自央视九套拍摄丁寨万桃元吊脚楼技艺纪录片）

画完念毕,将酒杯内的白酒倒向四方和案前,表示五方五位都祭祀到了。有的伐青山也采用"扎马子"的方式,即在进山的路口先将香蜡纸烛包裹起来,在上面画字讳念咒,将其藏在淋不到雨的树洞或者石头缝下面,等砍完树了,出山时再将其焚烧。"招呼"完成,进山砍树或者采石挖泥,由掌墨师或者主人家开头,即砍伐第一棵树或者开挖第一块石头时,首先由掌墨师或者主人家先砍三下或者先凿三下后,再由其他帮忙人等继续将树砍倒、裁切到位。

　　伐青山的仪式也是比较重要的,它预示着建造房屋进入实质性的材料准备阶段,对于材料的选用需要大自然的馈赠。同时,进山砍伐、采集木料或石头泥土,具有较大的危险性,除了砍伐木料本身的工具、砍伐行为、树木倒下、周边环境的物理伤害等安全因素之外,还要预防毒蛇猛兽、蚊虫叮咬等生物伤害。所以,确保安全、砍伐顺利是人们的心理期许的诉求,是祭祀仪式的最重要目的,也是感谢大自然馈赠建筑材料的行为表述。

四　立扇落磉

　　立扇是鄂西南地区木构建筑空间正式围合空间的开始,立扇既是一种技术程序的过程,也是民居建筑中仪式感较强的文化事象之一。立扇也称立屋,即是将排列好的木构扇架按照所在位置放置好以后,将其立垂直并安装好楼枕的过程。立扇同样要举行相关的祭祀性仪式。

　　立扇仪式相对来讲比较重要,是仅次于上梁活动的建造仪式环节。主要用到的祭祀物品有雄鸡、香蜡纸烛、刀头（有的会用猪头、猪尾）、白酒、酒杯、红布以及副食品,还要将立扇所要用到的工具一一请到现场,如五尺、法锤、金带、斧子、箭杆等,并用雄鸡鸡冠的血画字讳,在工具

和建筑部件上贴鸡毛（见图4－1－3a至图4－1－3d），用以辟邪。

图4－1－3a　发扇（余世军现场
施工法锤敲击发令起扇）

图4－1－3b　发扇前的祭祀
（余世军现场施工点法锤）

图4－1－3c　发扇前的祭祀
（余世军现场施工点锯子）

图4－1－3d　发扇前的祭祀
（余世军现场施工点五尺）

图4－1－4　祭祀鲁班（余世军现场
施工鸡血滴入酒杯中）

祭祀仪式进行时将香案设于堂屋中间，朝向中堂神壁方向，香案一般以方桌做支撑，桌后面安放五尺，五尺上悬挂一块红布，代表鲁班师傅和列祖列宗牌位，桌上用升子盛稻谷作为香案基座，用于插香，升子前摆放祭祀贡品和酒杯，杯内倒入白酒，还可将斧子、墨斗等工具摆放到桌子上，桌下可摆放金带、法锤。仪式开始，由掌墨师或者阴阳先生倒酒燃香点烛，跪拜祖师，起身将香插入升子内，之后拿起斧子在地上画字讳，口念咒语以请动诸神仙和列祖列宗到

位；然后掌墨师拿起雄鸡，用手
在鸡冠上画字讳，口念咒语，之
后把鸡冠掐出血，将鸡冠血挤入
每个酒杯中（见图4－1－4）；再
用鸡血在五尺上画字讳，念咒语，
画完，扯下一片鸡毛贴于五尺上；
依次用此法在斧子、墨斗、金带、
法锤、箭杆、扇架上画字讳，贴
鸡毛（见图4－1－5a－c）；之后烧
香纸于案前和五方五位，将鸡血酒
分别倒在案前和五方五位。这一过
程主要是祭祀鲁班祖师爷，所以，
也称为"祭鲁班"（见图4－1－6）。
祭鲁班完成，各位帮忙人等将金
带、箭杆分别绑于扇架相应的位
置，准备立扇。捆绑完成，则帮
忙人等分别立于扇架底部的磉墩
边、扇架顶部和中部等不同位置，
等待掌墨师下令立扇。

　　各项准备工作就绪，掌墨师
手拿雄鸡念咒语（见图4－1－7）：

**图4－1－5a－c　祭祀鲁班（余世军
现场施工五尺点鸡血贴鸡毛）**

　　　　非也，时吉日良，是天
地开场，鲁班到此，是大吉
大昌。从前世上无鸡叫，如
今世上把鸡提。此鸡此鸡，
头也生得高，尾也生得低；身穿五色花毛衣。唐三藏过西天取经，带
回三双零六个蛋，抱出三双零六只鸡；须弥山上抱鸡子，凤凰窝内出
鸡娃儿。一只鸡飞在天空，好似凤凰，二只鸡飞到海中，就好似龙
王；三只鸡飞到弟子手中做掩煞鸡。一掩天煞归天，二掩地煞归地；
我雄鸡落地，是百无禁忌！①

---

① 　来自国家级非物质文化遗产土家族吊脚楼营造技艺传承人咸丰县丁寨乡湾田村七组万桃
　　元口述，于2013年8月22日万桃元家中。

图4-1-6　祭祀鲁班（余世军现场施工）

此鸡不是非凡鸡，生得头高尾又低，王母娘娘赐予我，弟子拿来做煞鸡，天煞、地煞、年煞、月煞、日煞、时煞，诸煞无忌，起！①

或者念：

天上金鸡叫，地下子鸡啼，早不早，迟不迟，正是弟子发扇时。说此鸡讲此鸡，说起此鸡有根基，昆仑山上生的蛋，凤凰窝里鸡长成。一只鸡飞上天，取名叫凤凰；二只鸡飞到山上去，取名叫金鸡；三只鸡飞到竹林里，取名叫竹鸡；只有四只鸡飞得好，飞到弟子手中，凡人拿来无用处，弟子拿来做掩煞鸡，掩天煞归天堂，掩地煞土内藏，掩女煞归绣堂，拖山榨，木马煞，一百二十凶星恶煞，弟子用雄鸡来挡煞。此鸡此鸡不是非凡鸡，生得头高尾又低，要红的带红气，要血的带血气，弟子红花落地，百无禁忌。②

掌墨师手持法锤（见图4-1-8），念咒语：

嘿！弟子手拿一把锤，此锤不是非凡锤，青天降下一把锤，上不打天，下不打地，又不打人和六畜，专打五方五类邪师，光头和尚，怀胎妇人。③

此锤此锤，不是非凡锤，鲁班赐我金银锤，我上不打天，下不打地，又不打人和六畜；专打五方五地邪魔妖气，我金锤响是惊动天，银锤

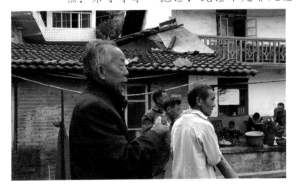

图4-1-7　发扇说福事（余世军团队现场施工）

---

① 来自恩施市盛家坝乡掌墨师余世军口述，采访于2013年10月10日余世军家中。
② 来自咸丰县黄金洞乡麻柳溪村王青安师傅口述，采访于2015年1月28日麻柳溪村。
③ 来自咸丰县黄金洞乡麻柳溪村王青安师傅口述，采访于2015年1月28日麻柳溪村。

响是惊动地，是光头和尚，怀胎妇人，永不进入马场之内；若入马场之内，我一锤打你在背阴山前，背阴山后；一锤打你到万丈深渊，永不让你超生。法锤一响，黄金万两！①

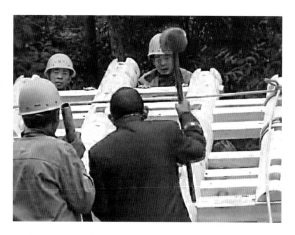

图 4 - 1 - 8 掌墨师用法锤发令起扇（图片来自央视九套拍摄丁寨万桃元吊脚楼技艺纪录片）

用法锤敲打扇架三下：

> 法锤一响天门开，鲁班先师下凡来，鲁班赐我一只鸡，王母娘娘带来的，从前世上无鸡叫，如今世上无鸡啼。那年唐僧去取经，带的鸡蛋转回程，带回三双六个蛋，抱出三双六只鸡。昆仑山上放鸡蛋，凤凰山里出雄鸡。一只鸡飞在天上，好比凤凰；二只鸡飞在海里，好比龙王；只有三只鸡飞得好，飞在弟子手中藏，别人拿去无用处，弟子做只掩煞鸡。掩天煞，掩地煞，掩年煞，掩月煞，掩日煞，掩时煞，掩三十六天罡，掩七十二地煞，男掩掩归学堂，女掩掩归绣房。一掩光头和尚，二掩淫心妇人，三掩红衣老师，四掩黑衣道士，五掩五官不正的邪士，六掩赤脚蛮士。弟子法锤一不打天，天是吾父，二不打地，地是吾母，三不打百姓，四不打六畜，五不打本身，弟子化为白鹤仙人。弟子请起，八大金刚齐用力，万丈高楼平地起，起！又起……②

众帮忙人等掌墨师一声"起"则齐心用力，慢慢将扇架从地上立起，掌墨师与二墨师则在旁边指挥立扇进程，确保立扇顺利进行。福事也有说得更为详细的：

> 东边一朵祥云起，西边一朵紫云开。祥云起紫云开，鲁班仙人下

① 来自《恩施土家族建房上梁仪式，这样的木房越来越少了！》，搜狐网，http://www.sohu.com/a/226478142_808625，2018 年 3 月 27 日。
② 来自国家级非物质文化遗产土家族吊脚楼营造技艺传承人咸丰县丁寨乡湾田村七组万桃元口述，于 2013 年 8 月 22 日万桃元家中。

凡来，鲁班仙人赐我一只鸡，是王母娘娘带来的。王母娘娘带来三双六个蛋，抱来此鸡，昆仑山上放鸡蛋，凤凰窝里出鸡儿，寅年抱得银鸡蛋；卯年出得毛鸡儿；申年出得子午鸡。此鸡不是非凡鸡，生得头高尾又低；第一只飞到天门去，天门土地不准归，家鸡变成雉鸡飞。第二只飞到山东去，山东土地不准归，家鸡变成雉鸡飞。三只飞到竹林去，祝氏夫人不准归，家鸡变成雉鸡飞。四只飞到茅山去，茅山夫人不准归，须弥山上找食吃，娑毛山上梳毛衣。只有头高尾低的五只鸡，不等天亮就叫起，叫得东方日头出，叫得太阳偏了西；别人拿去无用处，弟子拿去掩煞气！天煞归天，地煞归地，年煞月煞日煞时煞，一百二十个凶神恶煞，煞煞有止，见血回头；良工在此，鲁班在位；年无忌月无忌；紫微高照，百无禁忌，主东造房有神机，金字匾额心中喜。起扇立屋众人帮，同心协力泰山移；前后左右人排起，听弟子一声把扇起。

还有说法：

天地黄道，紫微高照。手拿一只鸡，身穿五色衣，张郎鲁班得知道，王母娘娘抱小鸡。此鸡此鸡，不是非凡鸡，黄音得到一只东来一只西，别人拿去无用处，弟子拿来做一个起扇掩煞鸡。掩天煞、掩地煞、掩年煞、掩月煞、掩日煞、掩时煞，弟子用雄鸡挡煞。法锤一响天门开，鲁班仙师下凡来，鲁班到此，大吉大昌，黄道吉日，正式起扇大吉，起，又起！①

扇架是一列一列地立起来的，一般从堂屋的东头开始（见图4-1-9a至图4-1-9b）。东头扇架立垂直，再立西头，待西头扇架立至约85°时，则要将楼枕枋片穿上；再将西头扇架立垂直。依次立完耳间及其他所有扇架，穿好楼枕枋片。

扇架立起来是将其置于磉墩的矮人子上的，因此，整栋房屋的扇架立好以后，还要去掉矮人子，使扇架落到磉墩上，这一过程俗称"落磉"。取矮人子时，需要帮忙人等用箭杆或者檩子将扇架的柱头翘起来，取下矮人子，再将扇架落下来。

---

① 来自石定武口述与说福事手抄本，采访于2010年2月2日芭蕉乡朱砂溪村锁王城石定武家中。

图4-1-9a 从右边立扇开始（图片来自央视九套拍摄丁寨万桃元吊脚楼技艺纪录片）

图4-1-9b 从右边立扇开始（余世军施工现场）

图 4 - 1 - 10 上梁时披红挂彩（宣恩东门关村 宋文摄 来源于新华社《深山造"华堂"——土家吊脚楼"立屋"仪式》）

扇架立起来后，整栋房屋的空间形式基本可见了，接下来需要准备上梁仪式活动。一般需要置办酒席，请客整酒，准备上梁的对联、鞭炮等，对联贴在中柱、檐柱、大门枋、神壁枋等位置，灯笼枋、梁木之上要披红挂彩，张贴悬挂"紫微高照""吉星高照"等吉祥语（见图 4 - 1 - 10）。

五 吃鲁班席

吃鲁班席是鄂西南地区民居建筑修建期间常见的仪式活动，时间在房屋正式上梁当天天没有亮之前。这个仪式活动主要是聚集性的，首先是祭祀鲁班先师和列祖列宗的祭祀性活动（有的也没有祭祀性活动），然后就是吃一餐饭，所以叫吃鲁班席。一般在上梁当日头一天晚上的子夜（23：00—1：00）举行仪式，也有在上梁当天天没亮之前举行的。这个聚餐主要是召集修房造屋的所有匠人、帮忙人等和主人家的直系亲属参加，特别是直系的亲戚，比如姑爷姐丈、舅父舅母、外公外婆，还可以邀请家族里有威望的人，或者是上梁被邀请来管理上梁庆祝活动的主事者、帮忙人等，包括总管、厨师、会计、出纳以及帮忙走杂等人员。

吃鲁班席是有讲究的，首先要用酒席招待与祭祀鲁班祖师和列祖列宗：将置办好的饭菜酒肉摆上桌子，放上碗筷酒杯，酒杯里倒上酒，筷子放到酒杯上，普请鲁班祖师和祖辈仙逝之人，稍后再添置米饭，筷子移到盛饭的碗上，同时，在桌子的四方烧香纸；最后要将酒杯里的白酒倒在地上，以敬奉先师祖辈。然后，掌墨师和众帮忙人及族亲坐席吃酒：一般分主次席位，主席位为掌墨师和长辈亲戚或者家族德高望重之人，分列上席和下席，上席坐掌墨师，下席为外公爷爷等人作陪，左右席位则一般为长辈的姑爷、舅舅、总管等人，或者是同辈的姐夫、舅子；陪掌墨师的主席一般都是男性。主席位一般位于堂屋靠近神壁的位置，如果人员太多，则安排两张主席位，平行排列于神壁前；靠向大门边则安排次席位。即便是次席位，座次仍然是有讲究的，族亲里有长辈坐在上席位时，晚辈在所有的席位中均不得坐上、下席位，只能坐左右席位；更不得坐主席位。

吃鲁班席的菜品与上梁日的正酒菜品是一致的，甚至更好一点。在鄂西南地区的传统里，吃酒席最常见的是四盘八碗，传统的菜品主要是四蒸四熬四炒。主要有蹄髈、坨坨肉、扣肉、酥肉、假鸡子、肉丸子、海带炖猪蹄、炖鸡肉、爆炒猪肝猪肚、煎豆腐、魔芋丝、酸辣土豆丝等。富裕人家也会有鱼、虾、牛肉等。现如今吃鲁班席依然流行。

六　"偷梁树"

在鄂西南地区民居中，梁树是神圣的。不管是选材还是砍树，或是做梁木、开梁口、系金带、祭梁、上梁、踩梁、抛梁粑、下梁等一系列活动，都是围绕梁木展开的，在整栋房屋的建造中，梁木都被视为神圣而重要的建筑部件，它既是一个建筑部件加工和安装的技术性、程序性过程，更是基于人们对梁木的精神寄托和情感映射的仪式庆典活动。"偷梁树"的仪式活动是在吃鲁班席后进行的。

"偷梁树"是民间的一种暗喻式说法，是加强其神秘性和故事性的描述，也是一种梁木加工初期的仪式化表征，实际上就是砍伐梁树并运回家的过程，砍梁树在鄂西南地区有特定的仪式和风俗。首先，要选择良辰吉日，也就是上梁整酒的当天，一帮人将梁树"偷偷"砍倒并运回来，故称"偷梁树"；实则是主人家自家的树木，即便是别人家的树木，也是主人家提前与树木的主人商量说好的。一般情况下，由掌墨师、主人家带领一班工匠和帮忙人员，带上香蜡纸烛和祭祀供品、五尺、斧子、锯子、镰刀等工具，天刚蒙蒙亮就来到山上，祭拜山神、鲁班祖师，掌墨师说福事：

> 东边一朵祥云起，西边二朵紫云开；祥云起，紫云开，老板差我砍树来。一砍天长地久，二砍地久天长，三砍荣华富贵，四砍金银满堂。砍梁木大吉大祥。①

---

① 来自宣恩县长潭河乡杨柳池村三组掌墨师夏国锋口述；采访于2013年12月5日夏国锋家中。

或者说：

> 太阳出来喜洋洋，照起主动砍栋梁。一砍天长地久，二砍地久天长，三砍荣华富贵，四砍金银满堂。千根树子你为主，万根树子你为梁。受天地之灵气，受日月之光华，修到一根栋梁，今日黄道吉日，拿与主东去做栋梁。①

然后，先由掌墨师或者主人家持斧子砍树开口，再交由其他工匠将树砍倒，砍树要上下两边砍，且树需向山上倒，不可向山下倒；因此，为了保证树倒下的方向，会将山上部分影响树倒的周边环境加以清理，并将绳子拴在梁树身上，在树的上方靠人用力将梁树拉倒。砍倒树后由掌墨师用五尺丈量梁树的长度并裁下，然后由帮忙人员抬回家，抬梁树时树蔸在前，路上不得放下歇气（停留），需一口气抬回家，放于堂上摆放好的木马之上，由掌墨师和二墨师加工成型。②"去砍的时候，还要拿香啊、纸啊，拿起去敬了过后再砍。砍的过程中不能歇气，倒也要往上方。……在做梁的过程中，一般不允许从梁木上跨（qia）过去跨过来的。"③

砍梁树和抬梁树的帮忙人员一般也会选择有家室、儿女，且身体健硕和富有精气神的男性，多为主人家的族亲和本队、组熟悉的人，主要是互相有过帮忙的人家，以此建立起互帮互助的人际关系；"帮到去抬梁木的人，一般选择要是在附近家庭没出过么子事、比较兴旺的家庭，没得么子疼痛的；夫妻不全的一般不选择，要儿女双全，周围比较旺的家庭壮年男子去抬嘛"④。帮忙人员一般不开工资，大多情况下，主人家会给帮忙人员每人准备一份小礼物，包括一包香烟、一条毛巾、一块香皂和一个红包；红包大小视主人家的经济状况和大方程度来定，也与时代有关，一般会以 1.2 元、12 元等表示"月月红"，或者以 6 元、8 元等表示"六六顺""发财发家"等寓意。

---

① 来自石定武口述与说福事手抄本，采访于 2010 年 2 月 2 日芭蕉乡朱砂溪村锁王城石定武家中。
② 石庆秘等：《仪式场域与惯习：土家族吊脚楼营造技艺传承的生态空间》，《民族论坛》2015 年第 1 期。
③ 金晖编著：《木工技艺传承人口述史研究》，人民出版社 2019 年版，第 28 页。
④ 金晖编著：《木工技艺传承人口述史研究》，人民出版社 2019 年版，第 29 页。

七　开梁口①

在鄂西南地区民居建筑中，开梁口是一个必备的仪式程序；从技术和结构的层面来看，开梁口没有实际的建筑结构和技术美学价值。在技术环节上，就是梁木加工成型且做好了中柱与梁木衔接的榫口以及其他的装饰性工作完成后，在梁木与中柱连接的下榫口内，用锯子和凿子开出深约2厘米、宽约5厘米的槽口。在上梁安装时，梁口向下对准中柱的榫口中心。

开梁口很有讲究，须由掌墨师、二墨师和主人家同时进行，掌墨师站东头（树蔸那头），二墨师站西头（树梢那头），且主人家要先蹲在掌墨师开口的梁口前，反身将衣服卷起来，用以接住掌墨师凿下的木屑（见图4-1-11）。掌墨师首先开东头，边开梁口边说福事：

> 手拿金凿忙忙走，主家请我开梁口。开金口，开银口，开个金银满百斗。②

也可说：

> 走忙忙，走忙忙，主家请我来做梁，凿子斧头拿在手，主家请我开梁口，开口开起三分三，代代儿孙做高官，梁口开起三分八，开得家发人也发。③
>
> 走忙忙，忙忙

图4-1-11　开梁口（来自来凤百姓网：来凤土家族传统修造上梁仪式实录）（图文）

走，主人请我开梁口。一开天长地久，二开地久天长，三开荣华富

---

① 石庆秘等：《仪式场域与惯习：土家族吊脚楼营造技艺传承的生态空间》，《民族论坛》2015年第1期。

② 来自国家级非物质文化遗产土家族吊脚楼营造技艺传承人咸丰县丁寨乡湾田村五组万桃元口述，采访于2013年8月22日万桃元家中。

③ 来自宣恩县长潭河乡杨柳池村三组掌墨师夏国锋口述；采访于2013年12月5日夏国锋家中。

贵，四开金银满堂。①

　　手拿凿子笑满怀，主东请我开梁来；东头开的是金口，西头来把银口开，开金口，露银牙，富贵双全享荣华。②

　　然后，主人家移步到西头梁口跟前，以相同的姿态接住二墨师开梁口凿下的木屑，二墨师边开梁口边接掌墨师的说辞：

　　师傅开东我开西，开个文武都到齐；开个富贵永吉利，开个桃园三结义。③

　　主人家需要将两头接住的木屑分别放置，待梁木升至屋顶安装时，木屑由掌墨师和二墨师放置到中柱顶端，或者是在包梁时包裹在梁木正中间。"开梁口的时候要说福事，要把开梁口脱下来的木屑放到包梁的那个里头。主人家用衣服背靠着开梁口的方向，用衣服把那个接起，接起过后，把梁口开哒，然后把木渣捡起来，捡起来过后和笔墨纸砚，这些东西都要包在梁木的正中间，搞红布包起。"④

　　开梁口时，主人家一般也会准备两个红包，分别给掌墨师和二墨师，一是酬谢师傅，二是讨个"好口风"。

八　包梁

　　开完梁口，还需要包梁，包梁前需要主人家准备一块四方的大红布、毛笔两支、块状墨两锭、老黄历一本、铜钱四枚，老黄历越老越好，还可以准备五谷杂粮少许。

　　包梁时掌墨师与二墨师共同开展工作，首先需要用墨线找准梁木的正中心，然后由掌墨师将毛笔、墨块、老黄历以及五谷杂粮等物品均匀放置在梁木的中心位置上，再用大红布包裹梁木或者画梁木（见图4-1-12），包裹时掌墨师一边说福事一边包裹红布：

　　不提红绫犹自可，说起红绫有根生。昔日董永行大孝，天上仙女

①　金晖编著：《木工技艺传承人口述史研究》，人民出版社2019年版，第294页。
②　金晖编著：《木工技艺传承人口述史研究》，人民出版社2019年版，第72页。
③　来自国家级非物质文化遗产土家族吊脚楼营造技艺传承人咸丰县丁寨乡湾田村五组万桃元口述，采访于2013年8月22日万桃元家中。
④　金晖编著：《木工技艺传承人口述史研究》，人民出版社2019年版，第28页。

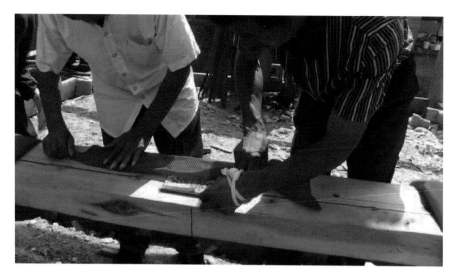

图 4 - 1 - 12 包梁（余世军施工现场）

下凡间。大姐织来二姐板，三姐四姐丢梭板。五姐六姐登程坐，七姐八姐牵梳织。织起红绫三丈三，拿到长街去换钱。主家见他红绫好，买回家中包栋梁。前头大包诸侯府，后来又包宰相堂。左边又包金银库，右边又包玉米仓。①

我手拿红布四角方，来个镶边包栋梁，包个文官通朝廷，包个武官镇边疆。②

包裹时红布的两个对角分别对准梁木的中心墨线，整理平整红布，用铜钱固定梁木顺向轴线位置，再固定垂直方向的两个布角。固定好后还需要掌墨师用墨斗在红布上将两个方向的墨线补弹齐整（见图 4 - 1 - 13），一边弹墨线一边说福事：

一根墨线弹中央，主家人财大发堂。弹得家发人也发，弹得财满人丁旺。③

① 来自《我的土家族：多年未见的上大梁情景！手拿粑粑把梁抛》，搜狐网，http://www.sohu.com/a/196709887_165372，2017 年 10 月 7 日。
② 来自恩施市盛家坝乡掌墨师余世军施工现场口述，采访地点为恩施市白果乡文化站建造工地上梁仪式现场，时间为 2010 年 9 月 17 日。
③ 来自恩施市盛家坝乡掌墨师余世军施工现场口述，采访地点为恩施市白果乡文化站建造工地上梁仪式现场，时间为 2010 年 9 月 17 日。

图 4 - 1 - 13　包梁后弹墨线（余世军现场施工）

　　墨线弹完，包梁工作算是完成。

　　包梁中的毛笔和墨块表示文化、文官等具有人文色彩的寓意，老黄历表示历史、太岁、年月日时等星辰运动，五谷杂粮表达丰收、财宝和风调雨顺的期望。

九　系金带

　　金带是对立扇起架、上梁升梁所用绳子的美称。系金带是上梁前，帮忙人员上到柱头顶端后，将绳子从扇架顶端放下来，下面人员将绳子拴在梁木梁口所在位置，并系牢，便于上梁时将梁木拉升至扇架中柱顶端。系金带也要说福事，东头一端说：

　　　　手拿金带软绵绵，黄龙背上缠三缠，左缠三转生贵子，右缠三转状元郎。

西头一端说：

　　　　天地初分有二仪，师傅缠东我缠西，缠个发家永兴旺，缠个富贵上云梯。

也可说：

> 两根中柱左右立，青年才俊上屋脊。天上掉下玉带来，掉下玉带软绵绵。拿到黄龙背上缠，左缠三转生贵子，右缠三转中状元。①

另一头说：

> 一对文笔挂青天，一对书生排两边。两边齐把金带现，放下好把栋梁缠，自从今日上梁后，富贵荣华万万年。②

系金带时还会在梁口位置系上彩色布条，美化梁木。

系金带有很多种说法，如：

> 手拿金带是一双，拿与主东上栋梁；左缠三转生贵子，右缠三转状元郎。
>
> 手拿金带软如绵，拿于主东身上缠。左一缠来右一缠，儿子儿孙福如绵。
>
> 手拿金带软如纱，拿与主东身上挎，左一挎来右一挎，主东儿孙坐天下。③

十 赞梁点梁

梁木制作完成，经过包梁、系金带、扎彩带等程序，还要经过掌墨师来赞梁点梁，其根本是要说出梁木的根源，为主家说"奉赠话"，热闹上梁活动氛围。掌墨师站在梁木前说：

> 一条黄龙困中堂，不是黄龙是栋梁。栋梁栋梁，生在何处？长在何方？

二墨师答：

---

① 来自宣恩县长潭河乡杨柳池村三组掌墨师夏国锋口述；采访于2013年12月5日夏国锋家中。
② 来自《恩施土家族建房上梁仪式，这样的木房越来越少了!》，搜狐网，http://www.sohu.com/a/226478142_808625，2018年3月27日。
③ 来自石定武口述与说福事手抄本，采访于2010年2月2日芭蕉乡朱砂溪村锁王城石定武家中。

生在青岩（ái）上，长在九龙头上，头头拿来修金銮宝殿，二头修来做帅府衙门，三头不长不短，老板正好拿来做栋梁。①

也有掌墨师独立如此说：

此梁此梁，生在何处？长在何方？何人看见你生？何人看见你长？露水渺渺看见你生，你生在须弥山上，得足日月之光，长在八宝山前，生得细叶条长，上有千枝万叶，下有福禄安康。荒结五百阿罗汉，下盘八大金刚。子时交半夜，寅时放毫光。何人得知？何人得见？张郎得知，李郎得见；张郎过路不敢砍，李郎过路不敢量，只有鲁班打马云中过，一见此树生得正正方方，排排场场，把马停住，左思右想，别人拿去无用处，只有主东拿去做栋梁，吩咐弟子来砍倒，切头切尾用尺量，大尺量来三尺三，小尺量来丈八长，头筒拿来做中柱，二筒拿来做栋梁，还有三筒更有用，主东拿去做神堂，主东请起四十八个好儿郎，轻吹细打迎进木场，木马一对，好比鸳鸯，曲尺一把，横量直量，斧头一把，铲得四四方方，刨子一去，刨得坦坦平阳，墨线一根，弹在中央，两边安起夜明珠，中间安起明月照华堂。②

赞梁点梁因师傅们的受教不同，在说法上存在有较大的差异。有的说得极为翔实而丰富。如：

三十三天天外天，南天门外观八仙，二十八宿星斗现，一步来到华堂前。来到华堂举目望，主东一根好栋梁；不见栋梁犹自可，一见栋梁说端详。此梁此梁，长在何处？生在何方？长在昆仑山上，生在黄龙背上。何人赐你生？何人赐你长？地脉龙神赐我生，露水娘娘赐我长，长得头齐尾又大，青枝绿叶在山岗。何人路过不敢砍？何人路过不敢量？张郎过路不敢砍，李郎过路不敢量，只有鲁班神通大，一刀两断到平阳。不要莌不要颠，两头裁哒要中间；莌莌拿去修了銮宝殿，颠颠拿起修了宰相府；剩下一节不长不短，将将一丈八尺长，别人拿去无用处，主东拿来做栋梁。三十六人抬不起，七十二人抬不

---

① 来自宣恩县长潭河乡杨柳池村三组掌墨师夏国锋口述；采访于2013年12月5日夏国锋家中。

② 来自《恩施土家族建房上梁仪式，这样的木房越来越少了！》，搜狐网，http://www.sohu.com/a/226478142_808625，2018年3月27日。

动，主东请了一班官家儿郎，轻吹细打，迎进华堂。木马一只，好似凤凰，木马一对，好似鸳鸯。斧头一去，路路成行，推刨一去，一路豪光。手拉龙头墨线，逢中一打，与主东做个栋梁。自从今日开梁口，子子孙孙长发其祥。点梁点梁再点梁，赵钱孙李，从头说起，周吴郑王，走进华堂；冯陈褚卫，蒋沈韩杨，诸亲六眷，站在两旁；朱秦尤许，何吕施张，听我弟子；孔曹严华，金魏陶姜，我与主东，来点栋梁。弟子手拿一只鸡，此鸡此鸡，不是非凡鸡，是王母娘娘带来的；带来三双六个蛋，抱出三双六只鸡，头顶大红冠，身穿五色衣。一只鸡，不算鸡，一翅飞到天空去，王母娘娘撒把米，天空吃，天空长，脱了毛，换了衣，玉皇大帝取名字，取名叫作是神鸡。二只鸡，不算鸡，头顶大红冠，身穿五色衣；一翅飞到地府去，地府土地撒把米，地府吃，地府长，脱了毛，换了衣，幽冥教主取名字，取名叫作是狱鸡。三只鸡，不算鸡，头顶大红冠，身穿五色衣；一翅飞到山中去，山神土地撒把米，山中吃，山中长，脱了毛，换了衣，太上老君取名字，取名叫作是山鸡。四只鸡，不算鸡，头顶大红冠，身穿五色衣，一翅飞到田间去，王母娘娘撒把米，田间吃，田间长，脱了毛，换了衣；神农黄帝取名字，取名叫作是田鸡。五只鸡不算鸡，头顶大红冠，身穿五色衣；一翅飞在堂前去，瑞庆夫人撒把米，堂前吃，堂前长，脱了毛，换了衣，长生土地取名字，取名叫作抱小鸡。六只鸡，不算鸡，头顶大红冠，身穿五色衣，一翅飞到木场去，仙师娘娘撒把米；木场吃，木场长，鲁班先生取名字，取名叫作点梁鸡；别人拿去无用处，主东拿来与弟子点梁第。一点栋梁头，代代儿孙做诸侯；二点栋梁尾，代代儿孙做阁老；三点栋梁腰，文到尚司武到侯；点了一笔，百事大吉！①

点梁赞梁主要是说梁木的来源和祝福主家财旺人兴。如：

> 天开黄道，紫微高照；手拿一只鸡，身穿五色衣，张郎鲁班得知道，王母娘娘抱小鸡。此鸡此鸡，不是非凡鸡，黄音得到一只东来一只西，别人拿来无用处，弟子拿来做个点梁鸡。一点栋梁头，子孙做王侯；二点栋梁中，子孙坐朝中；三点栋梁尾，子孙永远富贵；四点

---

① 金晖编著：《木工技艺传承人口述史研究》，人民出版社 2019 年版，第 75 页。采访自恩施市芭蕉侗族乡高拱桥村掌墨师刘昌厚，采访时间为 2013 年 11 月 29 日。

点上天，天上乌云排两边；五点点在地，点在地下接脉气；六点点亲朋，诸亲族戚人人个个都是万事顺利，大吉大利！①

十一　上云梯

赞梁点梁完成，掌墨师和二墨师还要登上扇架顶端安装梁木，通过梯子上到屋顶，俗称"上云梯"（见图4-1-14），上云梯也要说福事：

三十三天天外天，南天门外现八仙，二十八宿星斗现，一步来到华堂前。来到华堂举目望，只见云梯摆两旁；不见云梯犹则可，一见云梯说端详。张郎出得云牙榫，李郎做得云牙枋；别人拿去无用处，主东拿来升栋梁。脚踏云梯一步，天长地久；脚踏云梯两步，地久天长；脚踏云梯三步，荣华富贵；脚踏云梯四步，金玉满堂；脚踏云梯五步，五子登科；脚踏云梯六步，六子状元郎；脚踏云梯七步，七子团圆；脚踏云梯八步，八仙寿长；脚踏云梯九步，久久情长；脚踏云

图4-1-14　上云梯（来自来凤百姓网：来凤土家族传统修造上梁仪式实录）

---

① 来自石定武口述与说福事手抄本，采访于2010年2月2日于芭蕉乡朱砂溪村锁王城石定武家中。

梯十步，长发其祥。手扳一穿一丈八，代代儿孙享荣华；手扳二穿二丈三，代代儿孙做高官；手扳三穿一丈五，代代儿孙做知府。鹞子翻身到梁头，文到尚司武到侯。[1]

上一步天长地久，上二步地久天长，上三步三元接地，上四步四季发财，上五步五子登科，上六步六六大顺，上七步七星高照，上八步八洞神仙，上九步九九归位，上十步十全十美，十一二步上山川，儿子儿孙做高官！

另一边说：

客来与主道恭喜，请安道喜请敬一。这座华居来立起，择选吉日与好期。应发主家堆金玉，早生贵子步云梯。手把云梯摇两摇，众亲听我说根苗。云梯原是鲁班造，今日搭起把梁抛。手把云梯，上一步步步登高，上二步宰相出朝，上三步三元结义，上四步四季发财，上五部五子登科，上六步六合同春，上七步七星高照，上八步八大金刚，上九步久长久远，上十步十全大美啊！

十二　上梁[2]

上梁仪式活动，从广义上讲，是自立扇架开始到整个屋顶工程完成的一系列活动，主要包括立扇、坐鲁班席、祭鲁班、砍梁树、做梁、开梁口、包梁、系金带、赞梁点梁、升梁、安梁、踩梁、抛粑粑、下梁等。狭义的上梁就是指赞梁之后，将梁木升到屋顶到下梁的一些活动。祭鲁班是掌墨师傅必须要做的事，需要雄鸡一只、刀头、白酒、香蜡纸烛等祭祀物品，掌墨师上香跪拜祖师，请祖师护佑弟子完成上梁事宜，将鸡冠掐破流血，鸡血滴入酒中，然后左手握住鸡脚、鸡翅或鸡身，右手握鸡头，鸡冠向外，口念咒语，在梁木中间和两端、中堂列扇中柱上画符，将鸡血酒倒向五方（东西南北中），祭祀鲁班和安五方结束，燃放鞭炮，掌墨师立于梁木前，口念祝福词。

盘古三星，尧舜商汤，前朝后汉，一切不讲，我与主东，去上栋

---

① 金晖编著：《木工技艺传承人口述史研究》，人民出版社 2019 年版，第 74—75 页。采访自恩施市芭蕉侗族乡高拱桥村掌墨师刘昌厚，采访时间为 2013 年 11 月 29 日。
② 石庆秘等：《仪式场域与惯习：土家族吊脚楼营造技艺传承的生态空间》，《民族论坛》2015 年第 1 期。

梁。脚踏金街地，三步进华堂。孟子见到梁惠王，夫子温良恭俭让。诸亲六戚站在两旁。金梯金梯，是谁人所造？鲁班先师造起金梯银梯，端端正正，摆在两旁，有请高师，请师赞梁。此木有根生，什么人叫它生？什么人叫它长？地脉龙神叫它生，露水茫茫叫它长。生在何处？长在何方？生在昆仑山前，长在黄金山上。千根树子你为主，万根树子你为梁；受天地之灵气，吸日月之光华，修到一根栋梁。张郎过路不敢捞，李郎过路不敢砍；鲁班先师神通广大，他才吩咐把木伐，张郎持斧来砍，李郎拿尺来量；大尺量来一丈八，小尺量来丈把长。成双成对，童男童女，迎风遇浪，迎进木场，木马一对，好似鸳鸯；神柜墨线，印在中央。开扁（shang）儿一路遂成行，解（gai）锯一路，坦坦平洋；推刨儿一路，起了豪光。西头画的银牙榫，中间画的双凤朝阳。鳌头象籍，选择日期，选天选地，选年选月，选日选时，选在今日。栋梁登位，永远的发达，万代的富贵！①

哎，此梁此梁，生在何处？长在何方？哎，此梁此梁，它生在昆仑山上，长在渭水河旁，张郎打马云中过，瞧见此木是栋梁；张三郎，杨七郎，主家今日立华堂。我手拿工具敲一翻，先请主家众祖先，再请师祖是鲁班。请了鲁班请神仙，祝愿主家从此人丁兴旺，祝愿主家从此事业畅；再祝主家一切都安康！有请鲁班仙师立华堂。起啊……起啊……嘿侬唑来……嘿侬唑来……嘿侬唑嗬……嘿侬唑来……

还可以如此说福事：

太阳出来喜阳阳，照在主家立华堂，前有来龙三滴水，后在金鸡配凤凰，三滴水配凤凰，儿子儿孙万年长啊！起啊……起啊……嘿侬唑来……嘿侬唑来……嘿侬唑嗬……嘿侬唑来……

请所有帮忙人员就位，开始升梁，中堂两列扇架上各站帮忙人员，将绑好的梁木在掌墨师的说福事与指挥下徐徐升起：先升东头，后起西头，边说边升，至梁木升至顶端（见图4-1-15），由掌墨师傅和二墨师各居一头来安梁，在说词中将梁木安放至中柱上做好的榫头里，梁木安放到

①　来自石定武口述与说福事手抄本，采访于2010年2月2日芭蕉乡朱砂溪村锁王城石定武家中。

图 4 - 1 - 15　上梁（来自来凤百姓网：来凤土家族传统修造上梁仪式实录）

位，则要踩梁。

梁木安装时，有的要将开梁口时凿下的木屑用红纸包好，放置在中柱顶端的榫口内。

十三　踩梁①

踩梁是一种纯粹的仪式性活动，也是展示掌墨师与二墨师胆识和技巧的环节，具有很强的观赏性。踩梁是将梁木安装到位后，掌墨师与二墨师分别从梁木的两端向中间走，并在中间错身走过。掌墨师手持五尺，与二墨师边说边走，错身时掌墨师将五尺插于梁木上，以使两人错身，然后到达对方的位置。

> 双脚踏金地，两手掌云梯，福寿吉利到，云梯步步高。良辰吉时到，蓝衫换紫袍；恭贺主人家，华堂落成好。②

梁木安好后，抛梁粑、踩梁也可同时进行，说福事既可以是掌墨师或者二墨师说，还可以是帮忙的爱好者参与，主要是活跃气氛。因此，抛梁

---

① 石庆秘等：《仪式场域与惯习：土家族吊脚楼营造技艺传承的生态空间》，《民族论坛》2015 年第 1 期。

② 来自国家级非物质文化遗产土家族吊脚楼营造技艺传承人咸丰县丁寨乡湾田村五组万桃元口述，采访于 2013 年 8 月 22 日万桃元家中。

粑和踩梁的"奉赠话"就可以一起展示：

> 天上喜鹊闹喳喳，主家上梁抛梁粑；万丈高楼平地起，踩梁师傅显身法。我今说个四言八，众亲恭贺主人家；自今华堂落成起，富贵双全人财发。①

十四 抛梁粑

踩完梁木后就是最为热闹的抛梁粑，主人家会准备各类粑粑、副食品、水果等物品，交给掌墨师和二墨师，也有帮忙人等在屋顶之上参与活动。首先在梁上还要点酒，掌墨师说酒（见图4－1－16）：

> 讲此酒，此酒讲，说起此酒真悠长，自从盘古把世降，才有天地人三皇；天皇新生十二子，地皇一十一令郎；人皇弟兄共九个，一个更比一个强。神农出世尝百草，轩辕出世鲁班起屋造华堂。药王仙人九秋郎，制造美酒是杜康。美酒甜，美酒香，杜康造酒千家醉，一开坛就十里香，平日拿酒待客人，今日拿酒点栋梁。一杯酒点上天，造屋不忘鲁班仙，鲁班下凡把屋造，天下人民把身安。二杯酒，点下地，地脉龙神接脉气，自从今日坐屋起，子孙万代都顺遂。三杯酒，点梁头，代代儿孙同诸侯，甘罗十二把官做，他在朝中为大局，年纪小，保住江山万万秋。四杯酒，点梁腰，代代儿孙穿紫袍，今日点了杜康酒，华堂落成万年牢。五杯酒，点梁尾，代代儿孙在朝内，今日点羊羔美，主东坐起地美人美万事美。六杯七杯我不点，弟子拿来众人舔；八杯九杯贺主东，最后一杯我当先。手拿金杯亮晶晶，杯中美酒表愿情，今日喝了上梁酒，主东家和百事

图4－1－16 赞梁粑与说酒（余世军施工现场）

---

① 来自石定武口述与说福事手抄本，采访于2010年2月2日芭蕉乡朱砂溪村锁王城石定武家中。

兴。手拿金杯圆又圆，杯中美酒香又甜，上梁起了下梁卷，荣华富贵万万年。①

图4-1-17a　赞梁粑（万桃元施工现场）

说完酒，掌墨师接着要赞粑粑，也可以是二墨师或者其他人员，只要能说会道，就可以参与进来，将仪式活动推到最高潮（见图4-1-17a-图4-1-17b）。

讲此粑，说此粑，说糍粑，有根源。正月就把田来整，二月就把田来粑，三月就把谷子撒，四月农夫把秧插，五月六月薅秧草，七月八月把谷打，黏米拿来煮饭吃，糯米拿去打粑

图4-1-17b　抛抢梁粑（余世军施工现场）

粑。此粑本是艺人造，此粑本是用米打。谷米何日在世上，开天辟地是洪荒，神龙之谷撒凡中，水淹九州人遭殃，才叫百姓忠无良；从此朝中众人想，一朝人比一朝强，朝中人们见识广。谷米香，多发样，又煮酒来又熬糖，又接粉来又晒酱。主东迁来出华堂，把米打得白亮亮，南京城里请人匠，白帝城里请匠人；两个匠人一起到，这次粑粑打得成；两个青年力气大，你一下来我一下，打的打，揉的揉，捏的捏，掐的掐，小的小，大的大，圆的圆，扁的扁，光的光，麻的麻。做粑郎，打粑匠；做的粑粑不先尝，千秋落成造大厦，手拿粑粑抛栋梁。②

赞粑粑有很多种：

---

① 来自宣恩县长潭河乡掌墨师龚伦会口述，采访于2013年12月14日龚伦会家中。
② 来自宣恩县长潭河乡掌墨师龚伦会口述，采访于2013年12月14日龚伦会家中。

说讲粑就讲粑，讲起此粑有根芽，正月犁田二月耙，三月四月把秧插，五月六月一薅哒，七月八月把谷打，几个太阳晒干哒，仓里装得紧紧扎，整米舂碓把磨拉，昨天晚上做粑粑，今天高师拿去撒，凑合那些崽崽娃。①

坐在梁上举目望，主东修座好华堂，前有青龙来戏水，后有双凤来朝阳。自从华堂修起后，一生平安乐无疆！

或者：

说糍粑，讲糍粑，讲到糍粑一趴啦。正月立春雨水，二月惊蛰春分；三月清明谷雨才下秧，四月田中长，五月六月薅秧，七月八月打谷上仓。黏谷打了十几石，糯谷打了好几仓。东村请个张大姐，西村请个巧二娘，请来二位无别事，二位请来进磨坊；磨出粉子白又白，做的糍粑甜似糖。别人拿去无用处，主东拿来抛栋梁。一抛东，代代儿孙坐朝中；二抛南，代代儿孙点状元；三抛西，代代儿孙穿朝衣；四抛北，代代儿孙做侯爷；五抛中央戊己土，代代儿孙做知府。②

十五　下梁

踩梁完毕，掌墨师与二墨师则需要从各自的梁柱顶端下到地面上来，这一行为，也通过说奉赠话来行动。掌墨师说：

鹞子翻身下屋梁，主东稳如泰山梁；人生宝地千年有，荣华富贵万年长。

二墨师呼应：

鹞子翻身跃下地，主东万事顺如意；勤劳致富发财路，给你搭的冲天梯。③

---

① 来自《恩施土家族建房上梁仪式，这样的木房越来越少了！》，搜狐网，http://www.sohu.com/a/226478142_808625，2018 年 3 月 27 日。

② 金晖编著：《木工技艺传承人口述史研究》，人民出版社 2019 年版，第 72—74 页。采访自恩施市芭蕉侗族乡高拱桥村掌墨师刘昌厚，采访时间为 2013 年 11 月 29 日。

③ 来自国家级非物质文化遗产土家族吊脚楼营造技艺传承人咸丰县丁寨乡湾田村五组万桃元口述，于 2013 年 8 月 22 日万桃元家中。

十六　安家神

安家神是指房屋主体建筑和装饰工作结束，且神壁或神柜制作完成后（有的家庭会在神壁板前再加装神柜、神桌等专供家神的装置；有的还会在神壁板和神柜之间安放神像雕刻等），将列祖列宗和主管家庭安全的各神仙请到神位安放，以庇护家庭未来的安康而专门举行的仪式活动。

安家神首先还要请专人来书写家神牌位和对联等，主人家需要准备大红纸、毛笔、墨汁以及红包和招待客人的酒席。对书写家神牌位的人也是有很高的要求，一是要懂得书写家神牌位的规矩；二是书法要写得好，有文化的人，要么是家族亲戚中有文化和威望的人，或者是周边附近村组有后人的老先生，或者是专门从事民间文化仪式活动的道场主持法师，即坛主。家神牌位的写法也有很多形式，家神用一块大红纸，正中竖着写榜书正楷字"天地君亲师位"或者"天地国亲师位"，也有写"天地族亲师位"的；右边楷书或者行楷竖写"九天司命太乙府君"，左边竖写"某某堂上历代祖先"。"某某堂"是指家族祖籍，如彭姓人家为陇西堂（见图4-1-18a），李姓人家一般为清水堂，石姓人家为武威堂等。左右再书写对联，上面加横批；对联多为吉祥寓意或象征性很强的诗性语言，如"祭祖先必定荣华，敬天地自然富贵""神圣一堂常赐福，祖宗百代永流芳"，横批"延陵世第""祖德流芳"等。有的还会将各路菩萨神仙、祖先亡灵的具体称呼或者吉祥寓意的文字也写在家神牌位上。有的还会请人专门绘制或者雕刻菩萨、神仙像或者祖宗像，在家神上供奉（见图4-1-18b），有的还专门供奉"送子观音菩萨"。

安家神要专门择选吉日，仪式有多种形式，主要有两大类型。一是请专门做道场的班子进屋举行较为隆重的仪式，来请祖先和神灵到家神归位，还需要家族成员到场，将直系亲戚请来热闹氛围，主人家要热情招待。二是请会起安的阴阳先生或者掌墨师主持仪式，并将祖先和神灵请到位安放。

家神在鄂西南民间是被十分重视的文化事象，绝大多数家庭均会以不同的方式，对堂屋神壁即正对大门的那面板壁或者墙壁用来安装家神。这一文化现象应该是汉文化宗族观念引入后，除了修建宗族祠堂以外的又一物质化的具体呈现，并流传至今；即便是现代洋房，很多家庭仍然以这样的方式来铭记祖先，育化后人。

图 4-1-18a　神龛（宣恩县沙道沟镇　　图 4-1-18b　神龛（恩施市白果乡
　　两河口村彭家寨）　　　　　　　　　乌池坝村某民居）

十七　踩财门

　　踩财门是鄂西南民间修造房屋的最后一道工序和仪式，就是房屋主体和装饰工程结束，最后做完大门，在安装完大门后，举行的一次开门仪式，带有很强的仪式感和愿景表达。踩财门一般是由两人完成，一个是掌墨师，另一个是专门请来的说福事的人，多为家族或者亲戚中的有名望且能说会道的贤者，二人在门内门外采用对问对答的方式进行。仪式开始，掌墨师站在屋内大门后，将大门关上，另外一人站在大门外；门外的人首先燃放鞭炮，接着口念：

　　　　鞭炮一响，黄金万两，恭喜！开门！开门！

掌墨师则问：

　　　　您是哪一位？

外答：

我是天上财百星。

内问：

你是天上财百星，有何宝贝带随身？好多脚步下天门？好多脚步踩财门？或走旱路好多弯？或走水路好多滩？路上景致怎么样？前面来的哪一位？后面来的某郎君？头上戴的什么帽？身上穿的什么袍？腰中捆的什么带？脚上穿的什么鞋？肩上挑的什么宝？怀中抱的是什么财？三星家住何州县？请您明说根源来：是何年何月何日何时天降生？财百星君么子年？文曲星君么子年？紫微星君么子年？何州何县得的道？如何又是天上星？迎接三星进门来，说出实言把门开。

外答：

我是天上文曲紫薇财百星，特来主东踩财门，三十六步下天门，七十二步踩财门；旱路来有三十六个弯，水路而来七十二道滩。路上景致没有看，两岸雾罩不见天，头上戴的珍珠帽，身上穿的紫龙袍，腰中捆的黄玉带，脚上穿的翰林鞋，身上带起天盖宝，南斗金银无秤称，南斗金银堆北斗；招财童子走前面，后有进宝小郎君，特来主动踩财门。鲁班师傅不非亲，今日要我说根生；有名有姓神仙府，居住江州市乡村，名叫陈正并陈虎，幺名陈兴三兄弟。财百星君己巳年，四月十八巳时生；文曲星君甲子年，五月十八子时生；紫薇星君丁卯年，三月十八卯时生。杭州享县发星帝，时为上界天喜星。三星更生说得真，鲁班出生问师人，他是哪国哪乡村？他是哪府哪县人？生于某年并某月？又是某日某时生？父亲叫的什么姓？母亲又叫什么人？鲁姓配氏记大名，每年春秋受几回祭？要问讳名哪个姓，望其师傅永传名。

掌墨师说：

鲁班师傅有根生，听我与你说源根，家住鲁国南京地，司州城内东平村；定公三年是甲戌，五月初七午时生，师傅姓鲁身名班；父亲名字叫鲁贤，吴氏夫人是母亲。白鹤寻机果是真，三十岁前遇鲍老，授业奇门异术精；五十岁从端木游，游说列国隐无声。又佩云氏夫人巧，内外神功名年尊，辅国太师侯天虎，加封又在名朝军。每年春秋受三祭，又是太宰来过姓，鲁班根生说得真，主东钉门万代兴。主东今日钉财门，一扇金来一扇银，左门钉个鹦哥叫，右门钉个凤凰声，一门三进四举子，诸侯宰相坐朝门；就从今日钉门后，富贵荣华万万春。

掌墨师拿锤子、钉子钉门，同时说福事：

手拿斧头白如银，我与主东踩财门。手拿银钉十二颗，今日钉起状元门。左钉门来鹦哥叫，右钉门来凤凰声，鹦哥叫来凤凰声，富贵荣华万代兴。

天高地厚逢良辰，手拿斧头钉财门。主家财源又茂盛，斗大黄金滚进门。吉日来把财门钉，百事顺心又太平。开门不让邪魔进，晚上关门无坏人。

门外接着说：

匠师说得好，门上雕花草，日进千里财，夜进万里宝；三星同拱照，时时进财宝，白玉黄金到，珍珠和玛瑙。牛马六畜旺，五谷丰登好，箱子装绫罗，柜子装元宝；家有读书郎，公输子之巧。十子九登科，状元如凤绕，就从钉门起，天子重英豪。春踩财门春季旺，夏踩财门夏季兴，秋踩财门秋季满，冬踩财门满仓银。讲道德来说仁义，金银财宝尽归你。左脚踩金，右脚踩银，金银满仓用不尽。此门不是非凡门，乃是娑罗树一根，寅卯年来砍的树，寅卯第二年造成门。左手开门鹦哥叫，右手开门凤凰声。鹦哥叫来凤凰声，外里来了财百星，招财童子走前面，后有进宝小郎君，三星入户平安福，富贵荣华主一生。

这时候掌墨师就会将门打开，外面说福事之人迈步准备踏进门内，此时，仍然要在进门之时说奉赠话：

左脚踏门生贵子，右脚踏门状元郎。一进门来喜洋洋，二进门来绕华堂，华堂之上多美样，富贵荣华多吉祥，恭贺主东多兴旺，财也发来人又强。①

说完进门。

进门后主人家会请掌墨师、踩财门贵宾入座，沏茶奉烟，置办酒席招待客人，以示庆贺。踩财门时主东会给掌墨师和踩财门贵宾封红包。

踩财门也有比较简单的，如：

> 黄道吉日喜洋洋，我与主东造华堂，我今到此无别事，只为主人开财门。上开财门三尺九，荣华富贵代代有；中开财门三尺八，主东家发人也发；下开财门三尺六，代代儿孙中诸侯；四是财门大大开，四方八方都来财，自从今日开过后，主东坐起发财！发财！永发财！②

> 伏也，天上落雨地上炒（pa），十人过屋九人夸，上修下盖琉璃瓦，白粉墙上画指甲；内外修达七千子，天下财主第一家。"

在鄂西南地区，踩财门的日子，一般也是新房修起后搬家的日子，搬家先搬火是这个地区的习俗，天刚蒙蒙亮，就由族亲内戚、亲朋好友帮忙将火种、铁三角等火塘日常用品和厨房用具全部搬到新房内。这也是一种仪式性的活动，形成了一种约定俗成的惯性行为模式，一直流传至今。

在鄂西南地区的许多家族里，上梁、踩财门、搬家、安家神等活动都会选择日期，宴请族亲好友，被视为极为重要的事情。搬新家，意味着这个独立的家庭在经济实力、个人能力、家庭事务等多个方面的独立行为，彰显出新的家庭单元社会行为的独立性，因此，即便在城市化和新农村建设发展如此快的今天，当人们有了一栋或者一套属于自己的新房子时，仍然会择日宴请族亲朋友来庆贺。这种民居建筑文化中的仪式感对于家庭的稳定和社会基层组织的和谐共处，增强内聚力方面有着不可忽视的积极作用；也是文化传承和发展生态空间发生效用的表征。

① 来自石定武口述与说福事手抄本，采访于2010年2月2日芭蕉乡朱砂溪村锁王城石定武家中。
② 来自宣恩县长潭河乡掌墨师龚伦会口述，采访于2013年12月14日龚伦会家中。

第二节　传承仪式

在鄂西南地区的传统民居建筑技艺中，传承有着不可忽视的地位和作用。在我们的调研中，民间建筑技艺的传承主要是通过口传身授的方式，在一代代技艺拥有者中不断地延续和发展，一直到今天。

从传承人的亲疏关系来看，其传承的方式主要有家族传承（见图 4－2－1a－图4－2－1d）、师徒传承（见图 4－2－1e－图 4－2－1g）、参师、窃学等四种方式。在家族传承和师徒传承中，对技术和文化持有的状态和程度有着较为严格的要求和标准，特别是严格意义上的师徒传承，极为看重技术标准和文化持有程度，能否出师不仅仅取决于建筑技术和程序的掌握程度，还要看是否把握了一套完整的招呼、说

图 4－2－1a　万桃元 家族传承

图 4－2－1b　王青安　　图 4－2－1c　康纪中
　　　　　家族传承　　　　　　家族传承

辞、仪式主持等配套文化体系。因此，在鄂西南地区的民居建造技艺传承中，技艺传承也有着重要的仪式活动，以保障技艺的标准和纯正。

一　入门拜师①

拜师学艺是传统民间艺人学习技艺的最主要方式。拜师学艺主要是指

① 石庆秘等：《仪式场域与惯习：土家族吊脚楼营造技艺传承的生态空间》，《民族论坛》2015 年第 1 期。

图 4 - 2 - 1d　龚伦会　　图 4 - 2 - 1e　谢　　图 4 - 2 - 1f　余世军　　图 4 - 2 - 1g　夏
　　家族传承　　　　明贤　师徒传承　　　师徒传承　　　　国锋　师徒传承

直系族亲关系以外的技艺传承方式，在旁系族亲关系的传承中，大多保持着通过极为严格的拜师学艺仪式确立关系。

　　传统的拜师学艺，师傅对学徒的考察是极为严格的。首先是人品，需要学艺者心地善良、诚实可靠、稳重孝悌，这是师父对于学徒最为基本也是最为重要的要求；其次是学徒的个人能力，诸如观察记忆、领会感悟、动手操作、随机应变等能力；最后是学徒的亲属、社会关系，也是师傅收徒考虑的重要因素，对家族中有犯过盗、抢等事的人员，一般师父会对其开展严格的考察。通过师傅严格考察后，让师父称心的人选，还需要举行正式的收徒仪式。

　　收徒仪式：正式的收徒一般要举行仪式。仪式前徒弟要为师父置办一套衣服，包括上衣、裤子、帽子、鞋子、袜子，还要准备猪蹄、人情菜、酒、面条、副食品等礼品，有的还需要准备粮食 300—500 斤和拜师红包；礼品的数量一般为偶数件，以讨"好事成双"的彩头。正式收徒仪式在师父家的堂屋举行，师父要准备香蜡纸烛、刀头、酒、副食等供品，在家神前祭拜木匠先师鲁班、师祖和列祖列宗；叩拜礼毕，端坐家神前，徒弟跪拜师父跟前，双手奉上衣物，叩拜师傅，正式改口叫师父，师父接过礼物，请起徒弟，坐于身旁，给徒弟讲解行规和为人处世之道，提出学艺要求，礼毕算是正式进入师门开始学艺。

　　授艺学艺的过程至少要两年，长的则需要十几年甚至更长的时间才能出师，有的徒弟甚至做一辈子的二墨师，仍无法独立承担和主持一栋民居的修建工作，也就成不了掌墨师傅。跟师学艺主要是随师父出工，根据师父的安排完成相应的工作，一般是先做些粗活，如砍料、裁料、去皮以及一些杂工等，一段时间后，可以开始做较为细致和有技术含量的活路，如刨柱子、板子、凿眼等，技术上最难的部分应该是画墨线、起高杆等涉及位置和形状、数据尺寸的精细活，这个过程不仅需要对整栋房子的结构、尺寸、位置、形状了然于胸，还要精准地计算和画出部件上的凿孔开眼的具体位置和尺寸大小、方向，明确标注部件在整栋楼房的具体位置，以便堆放、排扇等工作。这项工作既需要极强的空间构想能力、记忆能力和计算能力，还得需要组织、管理和协调能力，有时还得要保障技术的私密性。与此同时，徒弟还要学习吊脚楼建造过程中的仪式流程、说辞、"招呼"等。在掌握技术和仪式文化的基础上，还要学习带工，即成为二墨师，在技术上没有问题的情况下，要能够管理工程和带领其他工匠施工。一栋房子需要5—8名木工才能完成全部工作，因此，对整个工程顺序、进度、分工等工作进行安排和管理是掌墨师傅的基本素质和能力；学会这些才可以成为二墨师。能够成为二墨师就表示所有的技艺、说辞、法术等基本内容学习完毕，需要经过一段时间的磨炼和考察，到师父认为可以独立承担工程建设时就要举办出师仪式了。

在学艺的前1—2年内，师傅一般不会给徒弟开工资，徒弟每年在春节要给师傅拜年，师傅过生日要祝寿，师傅家红白喜事需要随礼，这些常规性礼节是必不可少的。更为重要的是徒弟能够通过这些时间和师父进行沟通、交流，是向师父"取经"的最佳时期，师傅也会因为高兴而乐意将自己的心得体会、技术要领，特别是一些仪式中的说辞、招呼需要的口诀、符号、咒语等传授给弟子。徒弟每年给师父拜年祝寿是保持良好师徒关系的基础，"腊肘子"（腊火腿）和酒也是必不可少的，师父每年也会为徒弟添置一些衣服、鞋子等穿着物品，保障徒弟做工期间的生活需要，师父还会在授艺过程中抽出一定的时间为徒弟出师做准备，亲手制作一套完整的"行头"，在出师仪式上传授给弟子。

二　出师过职①

师徒经过两年以上的授艺与磨合交流，徒弟熟练掌握了修造民居的技术、程序和招呼、说辞等建造技艺与文化，并具备了现场管理经验和现身演说的能力之后，由师父认可已经可以出师了，则要举行正式的出师仪式，俗称"过职"。

过职：即出师仪式。出师仪式是民居建造技艺传承中最为重要的仪式

---

① 石庆秘等：《仪式场域与惯习：土家族吊脚楼营造技艺传承的生态空间》，《民族论坛》2015 年第 1 期。

环节，经历过这个环节的木工师傅，才是真正意义上的掌墨师傅。只有徒弟熟练掌握了民居建造所有的技艺、仪式、说辞、口诀、咒语、符号和独立管理一栋吊脚楼的施工过程的本领，并获得师父认可后，才具备过职的条件。

师傅会选择良辰吉日来进行过职，同时，徒弟要为过职做好准备，为师傅准备一套从头到脚的衣服鞋帽，另有肘子、烟酒，还需要准备祭祀鲁班和列祖列宗的香蜡纸烛、供品和一碗米饭，以及招待师父和同门师兄弟、族亲的宴席，可见过职是较为隆重而严肃的。过职一般选择在徒弟家或者是徒弟新房子建成上梁的日期中进行。

过职仪式有两大流程。一是在家祭拜鲁班、师祖及列祖列宗，叩拜师父，互换礼物：徒弟将自己置办给师父的衣物奉给师父，跪拜叩谢师父的教导之恩，师父交给徒弟整套工具行头，徒弟接过行头，再行跪拜之礼。此时，师父还要为徒弟说"奉赠话"，诸如"百事百顺""大吉大利""百用百灵""做到哪里好起哪里"之类的吉祥语和祝福语，徒弟在这时是很期望师父为自己说些很好听的话的，这关系到自己的事业前途。二是"茅山传法"：即选择离家稍远、无人且听不到狗叫声的大树下，师父和徒弟单独举行仪式，师父需要带上为徒弟准备的"五尺"，还有一碗米饭和香蜡纸烛等物品。师父将五尺插于树下，徒弟跪拜于五尺前，师父先祭奠师祖鲁班，摆上祭祀供品，烧香祭拜祖师，礼毕，师父再拿冥纸烧于米饭之上，由师父先将烧了香纸的米饭吃几口，然后转交给徒弟，徒弟需将米饭吃完。随后师父面授机宜与法术，徒弟跪拜师祖和师父，师父将五尺取下交予徒弟，徒弟接过五尺（见图4－2－2），站起，礼毕；才算是正式出师仪式结束。徒

图4－2－2　余世军的五尺（局部）

弟拿到五尺即正式成为独立的掌墨师傅，真正开启了自己的职业生涯，正式独立承担吊脚楼建设工程，也可以收徒传艺了。过职的场景也会成为掌墨师在做法事和祭祀鲁班时需要回忆的场景。

第三节　生活仪式

民居是作为家而存在的核心场所，正所谓"安居乐业"，居无定所谈何幸福。因此，民居是人及其活动所生成的文化的出发点和归宿。

民居文化不仅仅体现在民居建筑本身，也不仅仅是民居建造过程中的仪式与文化，民居文化应该还包含生活在民居中的人们和以民居为基本的空间场所，以生活为基本原型而生成的一系列文化事象，特别是具有普遍性的群体性认同的生活习俗，这些习俗多有着浓重的仪式感。

一　结婚

鄂西南地区的婚姻习俗在改土归流以后，受到汉族文化的影响是很大的，但又保留了自己的特色和文化意义。结婚是一系列仪式活动的综合过程，有许多的仪式、程序和细节。

（一）说媒

鄂西南地区因为山大人稀，民居多为散居型，人与人之间的交往并不像集镇和城市那般方便。所以，男孩娶媳妇，女孩找夫君，传统的婚姻大多需要通过熟人介绍来彼此认识、熟悉和谈恋爱，即说媒。媒人一般是男孩家的族亲人员，同时比较熟悉女孩家的情况，而女孩家的族亲一般是不好意思将自己家族的姑娘主动说媒给某家男孩的。

媒人首先得单独征求男女双方以及双方父母的意见并确定意向之后，才会正式向女方家庭提出男孩有娶女孩的愿望；通过媒人使双方的意向基本达成共识，再由媒人到男女双方家里商议确定一个时间"看人家"。相关文献均有记载，如《鹤峰州志》乾隆版载一《文告》曰："两姓男女年纪相当，又无亲属服制，而男女父母情愿结姻者，必先央媒妁将男女有无废疾及乞养过继，通知明白，然后行聘定礼。"①

---

① 鄂西土家族苗族自治州民族事务委员会编印：《鄂西少数民族史料辑录》，1986 年 6 月，第 367 页。

（二）看人家

看人家是鄂西南地区传统婚姻里很重要的环节，主要是看双方家庭的基本情况，包括家庭条件、居住环境、生活习惯以及男女相貌等。看人家是由媒人带着女孩的母亲和女孩本人（还可以带嫂子、婶婶），一起到男孩家看看其相貌人品，同时也看看男方的家庭情况；男孩家在此期间，一般也会将自家的直系亲属，如外公外婆、舅舅舅妈、姑爷姐丈等请到家里，既是表示对该事的重视，也是帮忙物色人选，男孩也可以借此仔细看看女孩的模样。女方到男方家后，如果满意，就会坐下喝茶、吃饭，还可以留宿一夜，进行更为深入的了解。第二天，男方家就会准备礼品送女孩回家，需要给女孩、女孩的父母、哥嫂等准备礼物；同时，到男孩家来的亲属们也会象征性地给女孩一点"打发钱"。男孩到女孩家后一般也会待上一两天，再由媒人带着男孩回家。至此，男女就可以正式开始交往、约会、谈恋爱了。此后男方家遇上重要的节日或者家事，会约请女孩及其父母过来玩，以增进男女双方的了解；同时，女孩家若有农忙时节或重要事情，也会请男孩及其父母过来帮忙。一来二去，男女之间会逐步深入了解、熟悉，进入热恋状态。当男女双方及家庭在经过一年半载或者更长时间的了解，彼此有了可以定亲的想法时，男方家就会找媒人去女方家商议"察相"的事情。

（三）察相

男女双方在经媒人介绍认识后，通过交往彼此认为可以定下这门亲事，男方就会委托媒人到女方家商议"察相"之事，有的也称为"插香""吃耳朵"。主要是商议"察相"的日期、人情份数、女孩及其父母的礼品等事宜。日期一般会选择传统节日，如春节、"五一"、中秋等；如果是下半年，多半会选择春节，将拜年和察相一起进行，日期一般也会选择双日子，即二、四、六、八、十等日子，讨一个"好事成双"的吉兆。日期择定后，男方家还要根据礼品数量确定去"察相"挑担的人选，挑担的人必须是双数，且一般是男孩族亲中没有结婚的表亲或者堂弟为最好，也可以是男孩要好的没有结婚的朋友。察相主要有两件事情需要完成，一是男孩子要备礼品到女方家认识女孩的直系亲属，即认亲；二是讨要女孩的生辰八字，即"讨庚书"。

认亲：男方需要为女方确认要拜认的直系族亲准备礼物。直系族亲主要是指女孩的祖父母、外祖父母、伯伯、叔叔、姑姑、舅舅、姨妈，也包括女孩已经成家的哥嫂、姐丈。备礼时需要为每家准备一份礼物，且除给丈人丈母、女孩子的礼物以外，给其他直系亲属的礼物均需一致，表示一视同仁，不分亲疏贵贱。每份礼物一般需要备偶数样，如四样、六样、八样等。每份礼物中有两样必备，一是腊猪蹄一只，俗称"肘子"，因此鄂西南地区也称"察相"为"吃肘子""吃耳朵"；二是大糍粑一对，象征团团圆圆。其他礼品则根据家庭条件和经济实力选择性地准备即可，如面条、饼干等。所有的礼物都要贴上红纸，以示喜庆，再将礼物分门别类地用皮篓或者笋筐装好，皮篓和笋筐上再用红纸十字交叉贴上。男方还要准备一定数量的鞭炮，用于祭祀祖先和出门、进女方家门之用。女方家则要杀猪宰羊，准备迎接察相队伍的到来后连续三天的招待；还要将"吃肘子"的所有亲属请到家认领礼物，并需要准备"打发钱"。三天里，族亲也可以邀请男孩子及其帮忙人等去家里吃饭。与此同时，女方家也要给男孩子及其父母准备礼物，一般情况下，女孩会为男孩子及其父母每人做一双布鞋、购置衣物等，手巧的女孩还会亲自绣鞋垫、织毛衣等；后来也演变为购买礼品，或者直接折合为人民币作为"打发钱"。女方家及其族亲在收受礼物时，只能收一半，需要将另一半退回男方家，"肘子"是必须要收下的，并要给"打发钱"，其他物品则由当事人自己决定，这一现象体现礼尚往来的礼性。吃了"肘子"的族亲需要为女孩出嫁"添砖加瓦"，做出准备，比如置办一床被子、一件家具或者其他生活用品等。今后，当男女双方家里有结婚、修房造屋、老人过世等重要事情时，这些吃过"肘子"的族亲均要到场或者随礼，表示姻亲关系的长久。俗语"踩不断的铁板桥"正是用来形容姻亲关系的。

讨庚书：讨庚书在传统的婚姻里，是一件神圣的事情。一是要在堂屋内家神前举行祭祀仪式，告知祖先有重要的事情要做。举行仪式的祭祀用品需备两份一样的，一份在男方家祭祀用，另一份要带到女方家；还需要准备四份红包，两份给男方家主持祭祀仪式和写庚书的人，另两份带到女方家，用于祭祀和填写庚书。同时，男女双方家庭需要找一个族亲中有笔墨水平的人来填写庚书。二是需要准备红纸一张，毛笔、墨各两份，将红纸折叠成可以开闭的庚书样式，庚书样式有大开门和小开门之别，一般会用大开门，以显示家族的旺盛实力。在男方家察相当日上午，由书写庚书者或者家族长者，按照大开门样式将庚书折叠好，折庚书应该是外面全部为红色；然后在家神前的方桌上书写庚书。书写的内容主要有三个：封面骑庚书门缝写"庚书"两字；打开第一道门，进入第二道门，可以在门右边写对联的上联，如"乾八卦，坤八卦，八八六十四卦，卦卦乾坤已定"，下联则留给女方的文墨先生去完成；再打开第二道门，进入底层，在这一层最上面以中线对称从右向左写"乾坤"二字，对应乾坤二字下面，在对称中缝线上写"造"字，连接起来就是"乾坤造"（见图4-3-1）。在造字下面的右边，对准乾字竖着写上男孩的生辰八字；即男孩出生的年月日时；如丙午冬月十二子时；坤字下留给女方家填写女孩的生辰八字。为防止女方家对对联有问题，男方家会将对联的下联用红纸单独写上，交给媒人去随机处理，如前面对联的下联为："鸾九声，凤九声，九九八十一声，声声鸾凤和鸣。"写庚书时，两块墨用红纸包在一起研磨，两支毛笔男女双方各用一支。庚书在男方家填好以后，要与女孩的礼品放在一起，且放在最上面；男方家出门和进女方家大门时，媒人在最前面，挑庚书的紧接媒人后面。庚书及所有人、礼物进了女方家，媒人与女方家主事的人进行交接之后，一般在当日燃烛焚香祭祀祖先，将庚书填写好，置于家神前的桌上，有的也在男方离开的当日上午来填写。填好的庚书要随男方一行人一起带回家中，用来选婚期。

"察相"既是认亲和讨庚书的过程，也是两家真正将要结为姻亲的见证，还是男女双方爱情的升华，一般情况下，察相以后半年左右就准备结婚了。察相后一般不会悔亲的，如果是女方提出悔亲，代价很大，需要退还男方察相时所有礼物和礼金；如果是男方家提出悔亲，则女方家可以不退还礼物。

（四）结婚

在鄂西南地区的民间，结婚、生子、修房屋被认为是人生三件大事，因此，都需要举行重要的仪式，以彰显其重要性。传统的结婚程序多而有趣、热闹。一般要经过择期、送期单、忙嫁、过礼、哭嫁、陪十弟兄十姊妹、接亲、拦门礼、拜堂、抢新房、净脸、滚床、陪高亲、闹新房、回门等程序。"土家族在婚俗上逐步形成了一种不成条文的惯例，即要请媒人说亲、求婚、打节、送聘礼、讨庚（问女方生期）、定亲、恳求女方放话

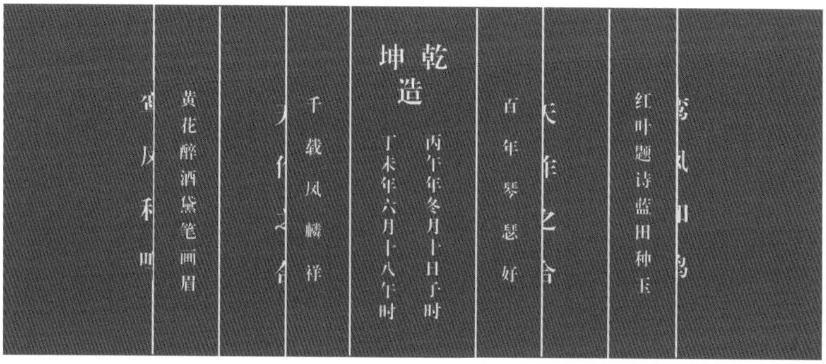

图4-3-1　传统婚俗 庚书的书写与折叠方法

允婚、迎亲、回门等繁多的程序。在婚礼方面别具一格的情节有哭嫁、过礼、开脸、戴花酒、背新娘、迎亲、拜堂、坐床、闹房、回门等，其典型环节是哭嫁、坐床、回门。在所有土家族民俗中，婚俗的仪式最复杂、程序最完整、细节最精致。细细数来，从"求肯"开始，报期过礼、上头开脸、陪十姊妹、陪十弟兄、陪媒、合八字、升号匾、迎嫁、娶亲、拦车马、迎亲、圆亲、铺床、拜堂、接腊、坐床、吃交杯酒、吃下马饭、交亲、敬大小、拜钱、陪新姑、陪送亲家、下厨房、传茶、回门等前后二十多道程序。"① 其中以哭嫁、陪十弟兄十姊妹、接亲、拜堂、抢新房、闹新房最为热闹，而且具有浓郁的民族文化特色。

1. 择期送期

结婚择期在民间被认为是很重要的事情，因为它关系到这对夫妻及其家庭未来的命运。虽然，结婚的日子并不能从根本上代替夫妻双方的感情、勤劳等品质和素养来预示和影响他们家庭生活的未来，但在心理层面或多或少会有暗示性。因此，传统上人们对结婚日期的选择还是很看重的，即便到今天也是如此。

择期根据察相时讨得的庚书，找阴阳先生来挑选日期的，也有以重要的节假日来举行结婚仪式的，如"五一""八一"、中秋、国庆等。传统的结婚择期除了迎亲的日子外，还要确定很多日子，包括结婚前打嫁妆的伐木、架马、裁衣，到结婚时的上头、拜堂等日期。选日期既要考察男女双方的生辰八字，还要考察男女双方父母的属相等因素，是一个综合选择的过程。择期一般根据鳌头或者象籍通书来择选吉日，要经过看年岁、过周堂、架横推、择星宿等程序环节来确定吉星吉日吉时，是一项细致而烦琐的事情。

择选好的日期，需要男方家用红纸写好，并备上礼品，请媒人和男孩子一起将期单送到女方家。女方家拿到期单后，如果认同男方所择日期，就会按照日期如期开展相应的准备工作，整个家庭正式进入备嫁阶段。如果对日期有质疑，女方家也会请阴阳先生来"证期"，也可以让男方家重新择期，一直到双方达成共识为止。择好的日期一般不会再作更改，双方按照既定的日期，准备婚事，备嫁备娶。

2. 备嫁备娶

鄂西南地区民间传统的结婚备嫁备娶，主要是男女双方及其家庭为结

---

① 葛晓泉、王罗：《土家族婚俗中的"陪十姊妹"》，《民俗非遗研讨会论文集》，2015 年 10 月 27 日。

婚而需要做的事情。女孩子要学唱哭嫁歌、陪十姊妹歌以及各种礼数，还需要为自家直系的族亲长辈（吃过"肘子"的）和未来的公婆、丈夫每人做一双鞋，礼数大的连同夫家直系长辈亲属们都做一双鞋。女孩家和吃过"肘子"的族亲们也需要做准备，一是置办一套像样的嫁妆，包括大衣柜1个、穿衣柜1个、柜子（五屉柜子、粮食柜子等）1—3个、箱子1—3个、方桌1张、椅子8—12把、火盆1个、洗脸架1个、茶几1个、凳子8—12个等家具，还有被子（棉絮、铺盖面、包单）、床单、枕头、枕巾等床上用品4—10套和蚊帐、帐竿、帐钩1套，以及厨房用具和生活用品（见图4-3-2），如暖水瓶2—4个、碗2—4套、盘子2—4套、筷子2—4套、调羹10—20把、脸盆4—6个、毛巾4—8条、皂盒与香皂2—6套等。置办家具需要伐木备料，木料干后才能动工打造，因此周期较长，一般得半年以上。打家具也是很烦琐的工作，一般至少要两个木匠在家连续工作15—30天，木工做完，还需要再请漆匠进屋，给家具上漆抛光。为保证家具制作的质量，木工、漆工均是做点工，即包吃包住，再按天数计算工资，而且一般需要保证每天至少一餐有荤菜，抽烟的话每天还需要给一包烟，酒饭管饱。男方在备娶阶段，需要置办一张像样的床，将新房打理干净，美化；条件特别好的还重新修一栋房子用于结婚；除此外，还需要准备礼金、抬嫁妆的轿杆、绳索各类工具和招待客人的餐饮食

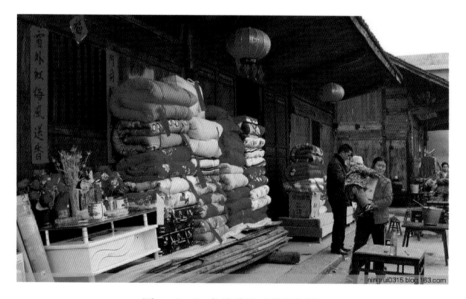

图4-3-2　备嫁待嫁（李林宏摄）

品，聘请帮忙人员；若遇天气不好，还得准备油纸、雨伞等遮雨工具。在传统的备嫁备娶中，男女双方家庭都会提前一年自养1—3头猪，用于结婚时招待亲朋好友。男方家还需要将宰杀的一只猪的半边或者按照具体的斤数（如80斤、120斤），连同新娘结婚要穿的衣物、鞋袜等，还有白酒60斤或80斤、红包若干，在男方正式婚礼（男方家正酒）的头一天（女方这一天为正酒）送到女方家，称为"过礼"。

婚前的准备阶段，匠人进屋会举行简单的安煞仪式，这与修房屋的祭祀性仪式基本上差不多，主要是保障施工安全，特别是家有怀胎妇人、六畜怀胎情况的，需要匠人进行安煞"招呼"的仪式活动。

3. 结婚

鄂西南地区传统的结婚仪式十分隆重热闹，一般需要三天来完成。以男方家为时间参考，第一天为"团客"，主要是过礼和陪十弟兄，第二天为迎亲拜堂闹洞房，第三天为回门省亲讨打发。对于女方家而言，时间会早一天进入正式的结婚仪式环节，第一天为"团客"，第二天为正酒、陪十姊妹，第三天为出嫁，第四天为回门省亲。

（1）"团客"

团客是在主家正酒的前一天有一定仪式性的事象，指外公外婆、舅舅舅妈、姑爷姐丈等直系亲属需在这一天到达主家，同时厨师和帮忙人等也于这一天上午到家，接受事务安排，并正式启动结婚庆典；晚餐要以正餐的方式招待这一天到家的客人。主人家要找家族中比较有威望且能主事的人来担任总管，全权委托主持嫁娶结婚这几天的大事，总管要安排帮忙人等的具体工作，并用红纸写出执事单，张贴在大门外或者堂屋里。在传统的婚礼期间，直系亲属需要在主人家里住上2—3天时间，因此，主人家还要准备住宿的被子和床。主人家会提前向本村组的邻居或者熟悉的村民告知借用被子的事情，被告知借用被子的家庭尽早将被子打理干净，到"团客"这一天，帮忙人员就会上家里来将被子拿去，用来晚上开铺。此外，主人家还需要借用家族或者本组邻居的大方桌、高板凳、椅子等开席用品和碗、盘子、甑子、筲箕、簸箕、瓷盆、瓦罐等厨房用具；在没有电灯的时代，还需要提前准备煤油和各类燃油灯具，晚上掌灯时由专人来摆放和管理。

女孩家"团客"比男方家早一天，即在婚期的前两天进行。直系亲属要携带准备好的家具、被子、瓷盆、水瓶等物品，以及爆米花、花生、大米、匾额等礼品来到待嫁女孩家。新娘家这一天要做出如下准备：一是将嫁妆准备好，在堂屋中摆放堆叠整齐，第二天男方家来过礼时好看，且男方家的帮忙人员能直观地看到嫁妆等物品门类。二是贴对联，挂匾额，杀猪羊，办酒席，显示女方家嫁女已经做好了充分的准备。与此同时，新娘也要做好各种准备，首先是要梳妆打扮，其次是要正式哭嫁（有的可能会提前十天半月开始哭嫁），最后要做好结婚三天之内，不上桌吃饭的准备。

（2）哭嫁

在鄂西南地区，哭嫁有着悠久的历史，在传统的婚俗中，哭嫁通常被认为是女孩子能力的体现。《利川市志》记载："本地姑娘出嫁兴'哭嫁'。不哭、哭不好则被认为不吉利，不能干，因此，凡姑娘从小就要学'哭嫁'。"[1] 婚前一月或半月，新姑娘按习俗规矩每夜晚要哭嫁，出嫁前夕要连续哭三至七个夜晚；实际多半为"团客"这一天到出嫁的当天哭得最多，也最为重要。因为哭嫁的主要目的是感谢爹娘的养育之恩、哥嫂弟妹的同胞之情，还有叔伯舅姑婶的帮助之爱。新娘哭嫁时，全村寨相好的姐妹都要来陪哭、对哭（见图4-3-3）。哭嫁的内容十分丰富，主要有"哭父母""哭哥嫂""哭婶婶""哭吃离娘饭""哭离闺门""哭上轿"，等等。到出嫁时新娘哭得眼皮红肿，声音嘶哑；哭得越狠，人说这

图4-3-3　哭嫁（杨超摄）

---

① 湖北省利川市地方志编纂委员会编：《利川市志》，湖北科学技术出版社1993年版，第487页。

姑娘越有出息；哭得越好，人说那姑娘有才华。

> "哭嫁"时间一般 3—7 天，多则长达一月之久，每天傍晚开
> 始，半夜方休，哭时一般都有九个未婚少女陪伴，俗称陪十姊妹。
> 越近嫁期，陪哭者越多，哭声越大。哭爹妈的恩情，哭姊妹的离
> 别，哭兄弟的情义，哭出嫁后做媳妇的苦楚，其情切切，哭而不
> 哀，以哭代歌，悲喜参半。上轿前夜，姑娘要跪在家亲内戚面前一
> 个一个地哭诉，既道离别，又讨"打发"，通宵达旦，直至次日上
> 轿方掩面收场。[1]
> 从曲目上看，土家族《哭嫁歌》有女哭娘、娘哭女、妹哭姐、
> 姐哭妹、妹哭嫂、嫂哭妹、哭祖宗、哭姑婆、哭婆妈、哭陪客、哭十
> 姐妹、哭媒人、哭席、哭花、哭苦情、哭撒筷、哭打伞、哭包露水
> 帕、哭穿露水衣、哭穿露水鞋、哭出门、哭上轿等等，名目繁多，不
> 下数十种。[2]

也有哭夫家如何相夫教子、孝敬公婆的。

哭嫁期间，嫡亲叔伯，请侄女做客吃饭，叫吃"送嫁饭"。哭嫁实质
上是一种感恩和女子自身角色塑造的教育传承，在过去没有普遍学校教育
和科学教育的社会环境下，这种教育和传承是十分必要的。

(3) 过礼

过礼是鄂西南地区传统婚俗中很重要的仪式程序。指男方及其家庭在
结婚前一天，将为新娘及家庭成员准备的礼物，以正式的具有仪式性的方
式，在众亲的见证下，呈送到女方家里，过礼需要媒人和路客总来帮忙完
成（见图 4 - 3 - 4）。男方送给女方的主要有新娘的新嫁衣、鞋以及梳妆
打扮物品，以及猪肉 80—120 斤、白酒 60—80 斤等物品和礼金、岳父母
的衣服等，还有为厨师、帮忙人等准备的红包。这些东西需要请 4—6 名
年轻力壮的表弟、堂弟或者要好朋友帮忙挑抬过去，帮忙人员必须为双
数。新郎官这一天可以亲自去，也可以不去。去到女方家的所有事务均由
路客总和媒人交代完成，担任路客总的人一般是新郎的姐夫、姑父。

过礼这天，男方家到女方家需要确认正式接亲时抬嫁妆等帮忙的人

---

① 湖北省利川市地方志编纂委员会编：《利川市志》，湖北科学技术出版社 1993 年版，
第 487 页。
② 余霞：《鄂西土家族哭嫁歌的角色转换功能》，硕士学位论文，华中师范大学，2003 年。

图4-3-4 过礼（李林宏摄）

数，包括迎接新娘的伴娘、扛帐竿的、接高亲背娃儿的、迎亲抬嫁妆的、挑皮篓等人员。一般情况下，有2个接亲的伴娘、1个扛帐竿的，背娃儿的要看新娘的哥嫂要带几个小孩过来送亲。抬嫁妆的人员中，一般较重的家具会安排3—4个人一抬，比如大衣柜、五屉柜子等。过礼的当天晚上，男女双方家庭会安排陪十弟兄和陪十姊妹。

（4）陪十姊妹和陪十弟兄

陪十姊妹和陪十弟兄是鄂西南地区传统婚俗中，最为热闹的仪式之一。清道光年间，王协梦所修的《施南府志》卷十中曾有简略记载："嫁娶，邻族相助，谓之过'会头'。……婚礼行茶下定，谓之'作揖'，男家俱仪物、庚帖送女家填庚押八字。长成始纳采请期，丰俭随力亲迎。男家请男子十人陪郎，谓之'十弟兄'。女子家请女子十人陪女，谓之'十姊妹'。"[1]《长阳县志》则简要记录了"陪十姊妹"的情形："女出嫁前一二日，女家须请人为其'开脸'（扯苦头发），'上头'（束发挽簪），然后'请少女九人，合女而十，陪十姊妹'，唱姊妹歌，互道离别情。出

---

① 转引自陈宇京《骂媒——土家族女性婚俗谐谑话语原点》，《延边大学学报》（社会科学版）2009年第1期。

图4-3-5a　陪十姊妹（恩施市红土乡老街）

图4-3-5b　陪十弟兄（建始县高坪镇石门河）

嫁女自唱名'哭嫁'，其歌哀婉缠绵动情。"① 陪十姊妹、十弟兄在鄂西南不同的地方会有差异，有的地方只安排10个人来陪新娘或新郎，有的则没有人员数量的限制，只要是没有结婚的青年女性或男性都可以参加。

陪十弟兄、十姊妹的场所都是在堂屋中央，沿着堂屋的中轴线连续排列2—3张大方桌，上下左右连续排列高板凳；桌上摆放糕点、副食、水果，有的则会安排菜品（见图4-3-5a至图4-3-5b）。人员座次十分讲究：新娘或新郎坐上席正中央，挨着新娘新郎两边各坐一位未结婚的血亲老表（舅舅与姑姑的子女各一人）作为陪娘（陪郎），下席坐本姓的还没结婚的族亲兄弟，体现族亲关系的亲密和互尊互敬；如果族亲兄弟姊妹太多，则一般按照长幼顺序依次接着坐两边，其他人等则坐两边席位。陪十弟兄、十姊妹时，有对歌比赛的气氛；周围也会有很多已经结婚的男女亲戚朋友围观，会不时凑热闹帮忙唱歌或者吃喝。

陪十弟兄、十姊妹前，有的地方还会举行隆重的"安席"仪式：一般由主管先生主持，一串鞭炮响过后，礼生完成安席仪式。"陪十姊妹、坐十弟兄的前奏——安席，特别是安席中演奏的《落地金钱》小曲和'四十八个躬'仪式，更是为陪十姊妹、坐十弟兄营造出一种庄重热烈、喜庆祥和、极富土家族艺术感染力的氛围。""'四十八个躬'的安席仪式，庄重而典雅。于动作仪式中，表达土家人要以隆重的仪式来陪十姊

① 湖北省长阳土家族自治县地方志编纂委员会编纂：《长阳县志》，中国城市出版社1992年版，第663页。

妹、十弟兄。镶桌要抹得干干净净，板凳要摆放得整整齐齐，要为新娘、陪姑娘、新郎、伴郎们捧出最香甜的茶水，并告慰先灵席已安好。"①

陪十弟兄、十姊妹的仪式开始，厨师会来凑热闹，以十分含蓄有趣的方式来讨要红包：每一桌上一盘特殊的菜肴——膀坨肉，上插一支柏枝，悬挂喜字，陪十弟兄、十姊妹的所有人需要向盘内丢喜钱，多少不限，主要是图个欢喜吉利。与此同时，伴郎伴娘就会开口唱《开台歌》，陪十姊妹唱：

> 栀子开花儿叶叶翠，主家接我十姊妹；姊妹都请坐上来，听我来把歌台开。
>
> 说开台就开台，开台歌儿唱起来；新打剪子才开口，剪起牡丹对石榴。②

或者唱：

> 十姊妹来都请坐，听我唱个开台歌；一张桌子四只角，四只角上站喜鹊。喜鹊口里含白米，天不亮明歌不落；东边唱歌西边接，今晚唱歌凑闹热。我们姊妹团团坐，唱起歌儿话离别。③

陪十弟兄则唱：

> 泡桐开花一口钟，主家接我十弟兄；十弟十兄都请坐，听我唱个开台歌；说开台，就开台，从大依小唱起来。一个弟兄唱一个，十个弟兄唱几多。
>
> 一对鲤鱼腮对腮，上滩游到下滩来；上滩吃的灵芝草，下滩吃的苦青菜；不为萝卜不扯菜，不为弟兄我不来。④

陪十弟兄、十姊妹歌所唱的内容十分丰富，概括起来主要有四大类，

---

① 详见谭德富、黄美清《土家人陪十姊妹十弟兄"安席曲与四十八个躬"》，《民族大家庭》2017 年第 5 期。
② 葛晓泉、王罗：《土家族婚俗中的"陪十姊妹"》，《民俗非遗研讨会论文集》，2015 年 10 月 27 日。
③ 葛晓泉、王罗：《土家族婚俗中的"陪十姊妹"》，《民俗非遗研讨会论文集》，2015 年 10 月 27 日。
④ 来自恩施市芭蕉乡高拱桥村浪坝组李文明口述演唱，微信采访时间为 2020 年正月初四。

一是祝贺、感恩与道别之类，特别是陪十姊妹的演唱，大多是感恩父母养育之恩，难报族亲关爱之情，不舍兄弟姐妹之谊；"姑娘们常以十为题，如：十绣、十打、十摆、十要、十唱、十想、十爱、十劝等，把哭唱的内容不断拓宽和延伸。"① 陪十弟兄唱"一朵鲜花鲜又鲜，插在新郎帽沿边，插在左边生贵子，插在右边点状元"②。二是对唱对歌类，与生活常识和自然生命有关，带有很多的谜题型问题的表述。如"十解"，一方唱问：

> 唱在一，问在一，什么开花在水里？

另一方答唱：

> 唱在一，解在一，灯草开花在水里。

接着唱问：

> 唱在二、问在二，什么开花冲苔苔？

答唱：

> 唱在二，解在二，油菜开花冲苔苔。

一问一答地唱到十问十答，具有浓厚的对问对答，考验智慧的特色。三是历史文化类，主要以唱三国、水浒、封神及其事件为主，如：

> 说英雄，讲英雄，三国有个赵子龙，长坂坡前救阿斗，万马丛中逞英雄。

四是骂俏嬉戏诙谐类，主要以骂媒人、打趣对方为内容；如十姊妹中会唱：

> 背时幺儿人来做媒，幺妹儿要进鬼门关，不怪天来不怪地，只怪

---

① 葛晓泉、王罗：《土家族婚俗中的"陪十姊妹"》，《民俗非遗研讨会论文集》，2015 年 10 月 27 日。
② 来自恩施市芭蕉乡高拱桥村浪坝组李文明口述演唱，微信采访时间为 2020 年农历正月初四。

媒人嘴巴奸，还怪爹妈作包办。

当然，歌师们也会为媒人来打圆场：

　　小幺妹儿，你听我讲，儿大不由娘，树大要招风，幺妹儿是那画中月，哥哥是那水中龙，做个月老牵红线，挨哦不怕稀窟窿咚。

在鄂西南地区传统婚俗中，陪十弟兄、十姊妹既是一种重要的仪式事象，也是正式婚礼前实现新郎新娘角色转换的一次成人礼。唱只是这种礼仪的形式表征，更为深层的意义是对两个即将步入婚姻殿堂的年轻人的祝福、期盼、劝解和正式化，预示着过了今晚，明天两人就告别单身的生活，结为社会独立的家庭单元。因此，陪十弟兄、十姊妹可以通宵达旦，直至天亮；特别是在男方家，除了陪十弟兄的活动外，还会组织其他的娱乐嬉戏类活动，如捉酒令罐等。

（5）接亲成婚

在鄂西南地区的传统婚俗中，结婚的当日需要男方派人到女方家接新娘、高亲和嫁妆，俗称接亲，也称"娶亲""取亲""迎嫁"（见图4-3-6a至图4-3-6b）。即在择选的婚期当日早上吃过早饭，男方家由路客总、媒

图4-3-6a　出发迎亲（李林宏摄）

图4-3-6b 拦门礼（李林宏摄）

人带领接新姑娘的、背娃儿的、抬嫁妆的一行人前往女方家娶亲，要将新娘、高亲和嫁妆安全地带回到男方家。娶亲一般在当天完成，路途遥远的，也有娶隔夜亲的，即提前一天到女方家住一夜，第二天娶亲回男方家。娶亲成婚过程中有许多讲究和仪式性内容。主要包括拦门礼、发嫁妆、发亲、铺床、滚床、拦车马煞、拜堂、抢新房、洗脸、陪高亲、闹新房等。

拦门礼：在鄂西南地区的传统婚俗中，有"抬头嫁姑娘，低头娶媳妇"的说法，因此，嫁女的过程中会有一些有意思的情节设置来为难男方家的客总先生、媒人或者帮忙人员。比如有的女方家会设置拦门礼（见图4-3-6b），即在男方家娶亲队伍快到的时候，用一张桌子和高板凳置于大门前，或者将大门关闭，需要男方娶亲的路客总说福事，直到女方家认可并将桌子凳子拿开，或者打开大门允许进入方可。路客总说福事：

> 余下贵府来娶亲，拜望知客主东君；到屋门又塞得紧，贵府礼节不菲轻。知客先生我请问，周公之礼在五经，只有帮君树塞门，不是桌子和板凳。知客先生我答清，请你开门快开门。

知客司回应：

> 客总先生你且听，说起关门有根生；水有源头树有根，不是白肉上生钉，关门就从唐朝起，烽火扇到樊家村。有礼不可灭，无礼不可兴。君子贤其贤，尔亲莫见气。画虎画皮难画骨，知人知面不知心。

这样一问一答，客总先生需要说服知客先生将门打开为止。客总先生进屋后与知客先生交代娶亲事宜，知客司招呼帮忙人等奉烟倒茶，准备午饭招待，以待发亲。

发亲之前先发嫁妆，知客司需要向路客总做出交代，仍以四言八句交接：

客总先生听我说，主家打发的东西，虽然打发不大几，交给客总帮忙的。我是一对三斗米，好不好是这些；你各交给帮忙的，抬起总要小心些；如是遇到天下雨，你要负责找盖的。首先心里有个底，不要现捉蚊子现生蛆，才将全部交给你，样样东西你统一。

客总先生回应：

贵府嫁妆色色新，才将全部交我们，帮忙来把东西领，捆好之后就动身。抬到那头都鼓劲，两家的东西靠你们。才将交攀都听进，路上抬起要小心，执事单上都指定，负责那门不要争。知客先生请请请，放心放心又放心。

知客司还会交给客总先生女方家给抬嫁妆人员的红包，由客总先生发下去。一阵鞭炮响过，客总先生说：

爆竹一响黄金万两，有请帮忙的先生，主人家有点礼信，要我帮忙发给你们，大小十个礼节，长短十个棍棍。

按照执事单点名领取红包，同时还要说福事，如挑皮篓的发红包说：

先生皮篓请你挑，对你交代要称腰，东东西西很不少，大一包的小一包。路上东西莫搞掉，切记莫许别人捞，拢屋东西问你要。

再如对背娃的说：

背娃的，背娃的，你的年龄是小些，看你背不背得起，路上总要小心些。屙了尿哒莫使气，切记莫诀娘卖屄，屙点粑粑不打紧，是干的！

带有几分诙谐调侃的味道。所有事情交代完毕，帮忙人等将嫁妆捆绑好，等待客总先生和知客司发令出发。客总先生出门还得说一段四言八句：

　　　各位亲戚朋友，才将告辞就走；贵府仁德恩厚，顿顿吃肉喝酒。
　　到此骚扰好久，玩得心满意足；多谢主家众亲，草鞋鼻子掉头。

说完，帮忙人等抬起嫁妆离开新娘家，慢走紧赶，边等送亲队伍，边往新郎家回赶。中途需要休息时，也会讨新娘高亲的打发，装一支烟、给点渣粑之类的。

发亲是新娘出门的仪式，包括新娘出门和高亲出门。在鄂西南地区传统婚俗中，新娘出门的仪式主要有两种方式，一种是由新娘的哥哥将其从闺房背出（见图4-3-6c），越过堂屋内的火盆，送到堂屋大门边，交由男方家接亲的妹娃为其换鞋，再由送亲和接亲妹子将其迎、送接出门，接亲妹子走新娘前面，送亲妹子走新娘后面。另一种是由送亲的妹子、新娘的婶婶将其送到堂屋的大门边，交由接亲妹子换鞋，并迎送出门。不管哪种方式，新娘出大门一直到望不见家时都不许回头，出大门时脚不得在大门上拖踏刮擦；同时，做母亲的不能送新娘出门，一是避免过于悲伤，二是一种忌讳，认为娘送女，不吉利。新娘出门3—5分钟后，高亲要出门送新娘，背娃的要将高亲的小孩子背上，和高亲一起出门。高亲出门要与众族亲打个招呼，告知族亲们在家等他们回来（回门），会说的也会来几句四言八句："众位亲朋好友，我等才将要走。打个转身就回，还请众亲等候。"

在鄂西南地区的民间婚俗中，女孩出嫁出门时，是不放鞭炮的。男方接亲时到达女方家，放一挂长鞭炮，女方家放一挂鞭炮迎接即可。而男方家则不同，在新娘新郎拜堂时需要放一挂很长的鞭

图4-3-6c　新娘的亲人背她
出门上轿（李林宏摄）

炮来庆贺"交拜合卺"。

迎送亲队伍回到男方家前，需要调整队伍，扛帐竿和挑皮篓的要走最前面，将帐竿和铺床的用品送到新房内，交由专门铺床的人员，将帐竿、蚊帐、床等安装好，紧接着是铺盖等床上用品先到屋。将床铺好，再找一对童男童女来滚床，并将所有的铺盖等床上用品堆放在床上。嫁妆进屋时，要柜子走前面，先进屋，其他的嫁妆依次进屋，家里帮忙人员迅速将嫁妆按照相应的位置摆放到新房内，所有摆放好的嫁妆要能显示女方家的大方和实力。这时新娘和高亲以及送亲接亲的人们需要在外等候。

铺床的人选是极为讲究的，多为新郎的叔叔婶婶、舅舅舅妈或者姑父姑姑等儿女双全的长辈男女，他们还肩负着迎接新娘进屋的职责。铺床时还会在床上放两个红包，这是为滚床的小孩准备的。滚床的孩子多为新郎的侄男侄女或者是最要好朋友的孩子。

新房布置完毕，需要先迎接高亲进屋。高亲需要找专门的人来迎接，且是男对男、女对女地迎接，迎高亲的人多为新郎的姐姐姐夫或者妹妹妹夫等同辈人。如是新娘的哥嫂一起送亲的高亲，需要两人左右并排走进屋，一般是男左女右；迎高亲的男女夫妻对应站在大门内接，先各自鞠躬讲个礼；高亲进屋时，接高亲的人用手牵一下对方，有雨伞之类的，需要接过雨伞，将高亲迎送到专门的房间安置，奉烟倒茶，打水洗脸。高亲接完，再接送亲妹子，送亲妹子由接亲妹子带到大门，由接亲的人员迎进屋内，带到专门的房间安顿好。接高亲也会有说辞的四言八句，如接男高亲说：

> 贵亲来得稀，请进房屋里；交以道，接以礼，余下文化不大几；贵脚到贱地，贵台有不起，望您儿莫见气，到屋请休息。

男高亲则答：

> 来到贵府高门，不知礼仪仁能，余亲生得愚蠢，没得文化水平，望得贤亲照应，总要恩宽待人。

接女高亲可言：

> 快接快接，真的来的稀客，我们妇道之家，没有文脉，什么周公

之事，我一点不晓得，说话不晓高低，又有上高下节，望真高亲总要宽放两侧。

女高亲则答：

我是一个痴人，来到贵府高门，多蒙贵府蒙敬，接我刚刚到门；倘有言语不周，要放到高山宽到洋坪，没有走过世外，少有多见多闻，我是撒托得很，进门就进门。

最后是新娘进屋拜堂成亲，一般由接亲的妹子陪着到屋的阶沿前，接亲妹子就要让开。有的还举行拦车马煞仪式（见图4-3-6d），即阴阳先生会在新娘踏上阶沿之前对轿子或者新娘做法事，念咒语，祛除邪魔，再

图4-3-6d　回车马煞（恩施市盛家坝）

图4-3-6e　跨火盆仪式（李林宏摄）

让新娘走向大门；或者跨火盆仪式，即新娘在踏进新郎家门前，需要在场坝或者阶沿跨过一盆燃烧有炭火的火盆（见图4-3-6e）。接亲婆在大门内迎接新娘进屋，用手牵一下新娘的衣角，将其带到已经准备好的拜堂神壁前，准备"交拜合卺"的仪式。主婚长辈先告慰祖先神灵，新娘进屋时燃放鞭炮，燃烛焚香，祭拜列祖列宗；"堂上历代召穆，高、曾、祖考、祖妣佛神，香火位前跪上香，献喜帛、典喜爵，献馔叩首，三叩首，跪，上香；六叩首，跪，上香；九叩首，跪，上香。

起，男归中堂，女归洞房。夫妇齐眉，天长地久，地久天长，作乐升炮"①。父母男左女右高坐堂前，新娘新郎则与父母对应地站立在堂前，由长辈主婚人主持仪式，说福事：

> 管房花烛喜摇红，孔雀开屏喜气隆；迎请新人欢下轿，轻移莲步到堂中。②

说福事：

> 宝鼎呈祥燃银烛，夫妇堂中拜活佛；王化三张交拜礼，受天百禄俾尔谷。

接着拜天地、拜高堂、夫妻对拜；其间主婚人会说福事：

> 银台宝鼎喜洋洋，又降仙女配成双；天作之合百年远，举案齐眉地久长。鸾凤鸳鸯一起到，深深参拜祖中堂；东方一朵祥云起，西边一朵紫云开，祥云起、紫云开，鸾轿走出新人来。桃之夭夭喜色新，其叶楚楚女佳人，夫妇齐眉天地永，偕老百年万万春。③

　　三拜之后要抢新房，有谁先进到新房，谁就可以主宰家庭事务的说法。进新房后，会有童男童女打来洗脸水为新娘新郎洗脸，新娘新郎则需要给童男童女各自一个红包，以示庆贺和感谢。普通民众的结婚仪式中，一般没有坐轿和掀盖头的习俗，只有大富人家，才有这样的规矩。
　　等一切安顿好，要吃晚餐，一般新娘不能出来上桌吃饭，由其哥嫂（高亲）出来代表女方家在每一轮席间，为每位客人奉烟，并端上一盘女方家带来的渣粑儿，与众亲分享。轮到高亲坐席时，需要将高亲安排在堂屋内的席位，且必须找到相应的人员来陪，这些人主要是新郎的姑姑姑父、姐姐姐夫、舅舅舅妈、叔叔婶婶等，高亲和陪高亲的人都需要准备红

① 访谈赵明启、孙一良于恩施土家族苗族自治州文博论坛会议期间，2017 年 11 月 14—15 日恩施土家族苗族自治州博物馆，石庆秘整理。
② 访谈赵明启、孙一良于恩施土家族苗族自治州文博论坛会议期间，2017 年 11 月 14—15 日恩施土家族苗族自治州博物馆，石庆秘整理。
③ 访谈赵明启、孙一良于恩施土家族苗族自治州文博论坛会议期间，2017 年 11 月 14—15 日恩施土家族苗族自治州博物馆，石庆秘整理。

包，以谢厨师。厨师也会在这一席上单独安排讨喜钱的菜，通常是膀坨插着柏芝、挂有喜字的一盘菜；坐在该席的人会主动将喜钱红包放入盘内。陪高亲的人有的还会说四言八句来庆贺：

> 余有粗言告禀，席上高亲贵人；余下言语鲁莽，不知礼仪仁能，席上奉陪高人，我等执鞭随凳，好比清包王横；余下言粗口钝，没得文化水平，高亲听余言论，今日奉陪客厅，众位高谈阔论，说得有礼有文。我有一言请听，每人再斟一巡，然后一还一敬；都是勘正两平，不要高亲多吃，大家也不少饮，才将就从高亲，敬一宵喜酒，才是合理合情。

高亲当然也不示弱，自当回应四言八句来应和：

> 众位给我敬酒，为余人很粗鲁，众位回请满厚，为余礼仪不熟，自己有个哈数，不能喝酒吃肉，能喝一口就一口，欢喜吃肉就吃肉。最怕别人敬酒，醉得稀里糊涂。想走又不能走，一走怕搭跟头。来到贵地出丑，又有什么来头，你们大家吃够，切记莫扯平头。不拦大家财路，多少我不强求，你们另找对手，这是我的要求，我是四川背篓，只怪酒力不足，言语说得粗鲁，吃得对不对头，望其各位恩厚，总要宽放两头。

高亲是女方家的代表，需要新郎家专人作陪，且不可怠慢，如果高亲有不满意之处，则男方需要细心了解缘由，并作出解释和安排。还要安排专门的房间供他们休息、玩乐，等第二天新娘新郎回门时一起送走。

结婚仪式中还有安席的风俗。即每开一轮席，总管先生或者知客司需要说一段四言八句，如安第一轮席说：

> 各位三亲六戚，今日来到这里；众位花钱费米，没得招待酒席，望其就莫见气。都是家亲内戚，今日款留这里，或者扑克象棋，玩到明天回去，今日莫忙莫急，不要三心二意，去向主人扯皮。

再如：

> 各位亲友听我说，今日六亲来汇合；席上招待又不妥，样样又没

好吃货。望其各位莫见过，菜数油盐又差火，吃的麻的苞谷托，一众亲友请安坐，玩到明天再才说。

闹新房："交拜合卺"的当晚，青年男女会组织来，带头闹新房。闹新房是婚庆当日最有趣的一项活动，不分男女老少长幼尊卑，只要愿意来闹的，都可以参与进来，历来有结婚"三天不分大小"之说。闹新房时，新娘可以先将房门关上，外面闹房的人说四言八句祝福语，如：

闹新房闹新房，一闹天长地久，二闹地久天长，三闹荣华富贵，四闹金银满堂，五闹五子登科，六闹六六大顺，七闹七星高照，八闹八大发财，九闹九长久远，十闹新娘开门，开门开门快开门，夫妻美满天作成。

说得新娘新郎心里乐开花，就打开房门，并拿出渣粑发给闹新房的人们，以此来分享新婚的幸福与快乐。闹新房要闹得人人欢喜，个个高兴，直到新娘将已准备的各种物品给大家送完为止。当然，闹新房的男女也会给新娘新郎留出时间来休息，一般会闹到半夜子时前就结束，不耽误新婚男女的美好时光。此夜过后，新婚夫妇就正式成为夫妻，第二天回门时，媳妇和丈夫一起离开家时，必须对婆婆交代说："我们回去看看爹娘，一会儿就回。"表明身份和角色的彻底改变。如果在新婚之夜怀上孩子，就被誉为"恰门喜"，这是十分难得的。

回门：鄂西南民间的传统婚俗，回门是一项必须完成的仪式环节。一般在结婚日期的第二天，新婚夫妇要跟随送亲的哥嫂一起回娘家。回门时，男方家要给高亲打发喜钱红包，包括孩子、送亲的妹子，还要准备给亲家带去的礼品，比如衣服、鞋子以及菜品。回门一般需要当天去当天回，除非路途太远，可以在娘家歇一晚。民间有新房三月不可空房的习俗；也有传说新娘新郎不回家的话，老鼠会咬坏新被子。新娘回门到娘家，主要族亲都会在家等候，一起吃一餐中饭，饭后，不能急于回家，应再陪父母聊一会儿，听听他们的教诲，然后再告辞回家。并应主动邀请两位老人和兄弟姐妹到自己家里做客。新姑爷要离开时，吃过男方"肘子"的族亲还需要再给新娘打发钱，因为这次姑娘回来已经是客人了，要体现娘家人的热情和厚爱。

整个结婚的过程，以新娘新郎回门再回到家而宣告仪式全部结束。回家后要整理内务，迈入平凡而普通的生活，夫妻恩爱持家，相夫教子，男耕女织，孝敬公婆，等待新的生命诞生、新的家庭成员的到来。不过，拜新年和谢媒是结婚后夫妇当年要做的事情，即结婚当年的冬季，仍然要准备腊猪蹄、大糍粑以及面条、糕点等拜年礼品，给原来"察相"时走过的亲戚和媒人拜新年，拜新年需要新婚夫妇一起前去，并要家家走到，礼物数量仍然为双数，腊猪蹄是必需的，且被拜年的人家，也必须将腊猪蹄收下，并给打发钱，还需要回敬一定的礼品。谢媒人不仅仅送腊猪蹄、大糍粑等礼品，一般还会为媒人置办一套像样的衣服，买一双鞋袜，或者新娘亲自再做一双鞋，感谢媒人的牵线搭桥。结婚以后，媒人也就没有什么事情了，所以，在鄂西南地区的民间有"新人接过房，媒人甩过墙"的戏语。

二　打三朝

在鄂西南地区的传统习俗里，夫妇生了孩子，特别是新婚夫妇的第一胎，需要向岳父母报喜，并确定洗三朝和打三朝的日期，举行隆重的打三朝仪式。一般也是前后三天，杀猪宰羊招待亲朋好友。

报喜：孩子一出生，女婿（新生孩子的父亲）就要在当天或者第二天到岳母岳父家报喜，报喜需要准备一只鸡，如果是生男孩子就抱一只公鸡，如果是生女孩子就抱一只母鸡；岳母岳父见到鸡就知道所生孩子的性别，无须女婿言明。待女婿回家时，岳父母就会回一只鸡给女婿一起带回家，如果带来的是公鸡就回一只母鸡，反之亦然。同时，要与岳父约定打三朝的日期。因为孩子的外公外婆要准备送祝米酒的礼品，外婆要亲自酿造两坛子8—10斤糯米醪糟，再准备80—120个鸡蛋，稻谷或者大米80—120斤，猪蹄，以及背孩子用的背甲或者花背篓、摇篮、烘笼、炕笼，赶场为孩子购置抱裙、衣服、玩具等物品。外公外婆还要将这一消息告知原来吃过"肘子"的族亲，分享喜悦，同时要准备打三朝的礼物，并安排家庭事务，以便打三朝时统一行程。

洗三朝：一般指姑娘出嫁后，生下第一个孩子的第三天至第七天内，择吉日举行的仪式。《幼学》卷二"老幼寿诞中"有"三朝洗儿，曰汤饼之会"。据《道咸以来朝野杂记》载："三日洗儿，谓之洗三。"孩子出生的第三天至第七天，在择定的日期那天，外婆要带着儿媳或者婶婶等女性同伴和准备好的艾蒿、衣物等前往女儿家，为孩子洗三。首先将艾蒿熬水，熬制时放入鸡蛋。然后将艾蒿水过滤到盆中，冷却至适宜温度时，双手将小孩子托入水中洗。洗小孩子时，盆中要放入煮过的喜蛋、金银首饰等物。洗完后，要用艾蒿水煮过的喜蛋在婴儿额头、身上滚，用于去毒，以求孩子不易感染、生疮疖与过敏，求得平安吉祥。洗三朝是中国西南地区流行的习俗，清朝冯家吉就曾在《锦城竹枝词百咏》中写道："谁家汤饼大排筵，总是开宗第一篇。亲友人来齐道喜，盆中争掷洗儿钱。"

打三朝：是指以娘家人为主的族亲朋友赴"汤饼之会"，贺生儿育女的仪式活动，一般为三天；鄂西南地区俗称为"整祝米酒"或者"三朝酒"，新生孩子的父亲及家庭要杀猪宰羊、买菜添柴，请厨师、喊帮忙、贴对联、写执事，置办丰盛的酒宴来招待客人。打三朝的日期一般由外公外婆找人择选吉日良辰，时间一般会约定在女儿坐月子的日期内，最好在孩子出生10—20天为宜，以便外婆与亲友准备的鸡蛋、猪蹄等发奶的物品尽早送到，坐月子的女儿能够及时享用，为新生儿提供更为丰富的营养；也让族亲朋友尽早见到新生孩子，并表达祝福。打三朝的第一天上午，外婆召集族亲中前去祝贺的婶婶、舅妈、姑姑等女性同伴以及小孩、老人，找几位年轻力壮的汉子，挑着贴好红纸、盛装好礼品的皮篓或箩筐，浩浩荡荡几十人欢天喜地地前往女儿女婿家。走到可以看见女儿家房屋时，拿出一小挂爆竹点燃，先行打个招呼；到女婿家场坝外沿时，拿出长长的鞭炮点燃，一家接一家地燃放鞭炮，以示庆贺；与此同时，女儿家请来的知客司和帮忙人等，将皮篓、箩筐、背篓等行李尽快接过，挑到堂屋中央，按照外婆家在最前面的顺序，依次摆放整齐；并将娘家来的所有族亲朋友迎接到屋，安置到火塘屋或者厢房里，奉烟倒茶，端出瓜子水果，分享喜悦，好生招待。稍事休息，外婆就会带着婶婶、舅妈前往卧房看新生孩子，为新生孩子的母亲支招，教授喂养孩子之道。

接下来就要典礼写情了。知客司早已将一张方桌置于堂前或者专门的屋内，坐两位收礼的人，一个记账写礼簿，另一个奉烟收礼。礼簿的封面竖向按右中左的顺序贴红纸条，从右往左分别写"某某堂上""弄璋之喜"（生男）或者"弄瓦之喜"（生女），左侧书写农历某年某月某日立。传统的人情薄内页在书写时是很讲究的，首先讲求先亲后疏、先长后幼的原则；其次是直系的亲属要按照与孩子的亲属关系来写，即不写姓名而写称呼，如外公、大外公、四外公等，如一般的顺序是先写外公，再从大到小写外公的兄弟，再写外公的姊妹，再接着写外婆的兄弟姊妹；写完外婆外公家的族亲后，再接着写本族内的直系亲属，仍然遵循前面的原则，其他人员排列在后面。

打三朝前后三天时间，外婆家一起来的直系亲属需要坐满三天后方可一起离开。第二、三天吃早点和消夜多半吃醪糟汤圆加鸡蛋，共享祝米酒的香甜。主家会安排各种娱乐活动，或者让外婆带着同伴们到处溜达一番，看看女儿女婿的田土山林和生活环境。女婿家还要准备回礼，一般会推吊浆粑，蒸熟后每家带20—40个，还可以准备一个小小的红包以及面条、副食品等。打三朝在鄂西南地区被认为是人生中的第一件大事，直到今天，虽然改换了某些形式、规矩没有那么严格、时间也不一定是三天，但也仍然是极受重视的仪式。因为这一隆重的仪式是为了庆祝新婚夫妇爱情的结晶——一个家族新的成员的到来，是家族血脉相连的表征。

三 白喜

在鄂西南地区，一般将结婚、打三朝、祝寿等事象称为"红喜"，而将有了后人的人去世后，特别是在年岁很高的人去世后举办的丧葬事象称为"白喜"。这也是鄂西南地区人们对生死的一种豁达态度的表现，因此有"乐生重死"的生死观念，有"十八年后又是一条好汉"的壮烈豪言。

在鄂西南地区的传统丧葬习俗中，绝大多数的人死后实行土葬，因此有着众多的程序和仪式内容。其主要表现在两方面，一是生前的准备：制作棺材、准备老衣、挑选墓地、刻碑铭文等；二是死后的葬礼程序仪式环节：落气放炮、净身穿衣、入殓戴孝、点灯写灵、献祭号丧、看期放信、请驾择地、执事书写、守夜陪亡、开道送圣、呈祭坐夜、绕棺闹灵、辞灵发丧、下葬祈福、扫灵回煞、头七复山、三年祭亡等。[①] 鄂西南不同地区的丧葬习俗整体上有许多相似的地方，但是，区域的差异性也是存在的，尤其南北方的差异还是比较大的。鄂西南东北部的丧葬习俗中流行跳撒尔嗬（见图4-3-7a）、做道场（见图4-3-7b）和开路等大型的仪式性活动，而西南部多是打夜锣鼓、唱孝歌（见图4-3-7c）、吃

图4-3-7a 撒尔嗬（图片来自九头鸟"湖北巴东县水布垭镇草池塘村七组，吊唁去世老人的丧事活动通宵达旦，彻夜不眠"）

---

① 参见赵青松《利川土家丧葬文化考——鱼木寨及周边村落丧葬习俗的调查》，"恩施土家族苗族自治州文博论坛"论文集，2017年，湖北恩施，第537—550页。

衣禄饭等仪式性活动。随着改革开放以来民间文化的复苏，特别是国家实施非物质文化保护政策以来，东西南北文化的融合得到加强，因此，近几年鄂西南地区在丧葬仪式上有趋同和简化仪式性活动的趋势。即便如此，许多传统的丧葬习俗中的重要仪式性环节仍然在民众中有着广泛而深入的认同。

1. "百年"之前的准备事项

在鄂西南地区的民间，人们在到了一定年龄会对于死后的事作出安排，主要是为自己置办棺材、缝制老衣老鞋、找一个百年后的"居住地"，有的还提前建好墓碑，俗称"生祭碑"。

图4-3-7b 做道场（恩施市白杨坪镇张家曹村）

置办棺材：在鄂西南地区，民间传统的丧葬形式还是以土葬为主，因此，棺材为死者入土时必备。老者绝大多数会在自己健康的时候准备材料，请匠人到家制作棺材（见图4-3-8）。制作棺材的木料一般是生长到20年以上的杉木或者柏树，杉木最好，耐腐蚀、轻便。棺材对材料的要求也很高，单节材料的直径一般都会在一尺左右，而且木料越大越好，棺材视材料大小，一般有十合、十二合之分。制作棺材是很讲究的，需要选择吉日，请老木匠来制作，木匠进屋仍然要举行架马仪

图4-3-7c 打夜锣鼓（恩施殡仪馆）

图 4 - 3 - 8　生前置办好的寿木
（宣恩县高罗镇大茅坡营）

式，招呼安全。据传闻，老木匠在制作棺材的过程中，能够看见此棺材是否能够由他本人享用。木匠安装好棺材后，还需要请漆匠为棺木刮膏灰和上漆，上漆只能用土漆（大漆）刷 3—5 遍，制作完成后，棺木呈漆黑的光亮色。制作完成的棺木，用两只木马架离地，安放在家里房间的隐蔽处，有的置于吊脚楼的格栏下，有的放在磨脚屋里；以待百年之后享用。如果人去世时还没有棺材，在民间被认为是没有福气的人，死了之后还要借用别人的棺材，停放在屋里时只能眼望屋顶，所以被称为"望屋角子"。

　　缝制老衣老鞋：在鄂西南地区的传统丧葬习俗里，衣服裤子和垫背布是由自己或者儿子儿媳置办，帽子鞋子和盖被是由老人的女儿女婿来置办，没有女儿的则由儿子儿媳置办。在父母到了一定的年龄后，儿女们就会为父母置办衣服鞋帽被子，主要是找专门制作老衣老鞋的人帮忙制作完成，心灵手巧的则自己缝制老衣。老衣的制作是有讲究的：择吉日找人制作，在数量上的要求，上衣一般为单数件，即 3 件或者 7 件，一般不用 5 件，认为 5 有四分五裂的意思；裤子则需要准备 3 条，老鞋一双、长袜子一双、被子一床、底单一张、帽子一顶等，亡人为老人的帽子一般用青布制作成圆形。材料的使用上，以藏青蓝色、黑色、白色为主，女性也可以使用红色、绿色等鲜艳色彩；缝制只能用棉线、丝线，扣子只可用布制作或者系带，一般不允许使用金属线、机械制作类扣子和金属类装饰件。制作好的老衣，要择日送给老父老母，在没有老去之前，老衣老鞋还要在老人自己身上穿一段时间，之后再保存起来，认为这样百年后这些衣物才能真正被享用。保存的老衣老鞋，每年还要在夏季六月的大热天太阳好的天气，拿出来晒一晒，以防长霉。

　　择墓地：在鄂西南地区的民间，墓地很多并非人死以后再选的，而是在生前就找阴阳先生看好。百年后居所的选择对于老人本人来说是很重要的，一是自己百年后能有一个自己觉得满意的住所。大多会选择自己家的自留山、田等位置环境较好的地方，如果实在没有好的地方，也会找族亲或者同村组的人家来调换一块如意的地盘。选择好的墓地上还会在前方栽树，使环境更加优美且符合地形要求和个人意愿，有的还会打生祭碑、做生祭墓（见图4-3-9）。二是墓地的选择会对后人产生影响，要考虑儿孙子女的未来发展，与之相平衡，不得有太大的偏废。对山形的选择时尤其重视，一般会选择山坳内有凸起的部位，左右两边的山形高低远近相似，绵延悠长，前山有层次且较低，远山有笔架山和水塘，后山敦厚绵延不断；也重视"左青龙右白虎、前朱雀后玄武"的地形选择原则，也有"可许青龙高百丈，不许白虎

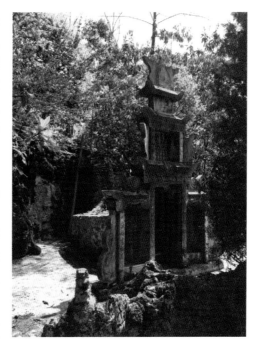

图4-3-9　生祭碑、生祭墓
（宣恩县椒园镇黄坪村）

抬头望"的择地诉求。生前择墓地大多只需要找到具体的地方，确定大的位置和朝向，等百年之后上山之前，后辈人会再次请阴阳先生，为其找准具体的打井位置和朝向。墓地一般要求前山正向对准远山的山头，最好为笔架山正中间的山头。即便在今天的城市化进程中，火葬成为最主要的丧葬形式，这些习俗也仍然流行于鄂西南地区。

在世时即对死极为重视且做好安排，足见这里的人们对于死是坦然的，无惧死的到来，而是从容应对，相信自己到了另一个世界，仍然似在人间时一样美好。正因如此，人们更加看重生命的价值，将自己的现实生活过得有滋有味，即便艰难，也笑对生活，真有"生当作人杰，死亦为鬼雄"的豪迈，也有"死不过如此，何惧生活的艰难"的豁达。

2. "百年"之后的重要仪式

送终祈愿：老人在临终前，都希望自己的儿女在身边为其送终，儿女们也希望能够在这个时候尽最后一份孝心，所以，一般在老人快临终的前几天里，儿女不管有多忙，都会尽可能来到老人身边日夜守候，儿女多的则轮值守候。当老人快断气时，值守的儿女会将所有直系族亲叫到老人身边，为其送终。有的老人在特别牵挂的人还未赶到时，可能会不舍离世而

艰难支撑，直到最后听到了他的声音、说上了话才肯咽气。而有的老人还没等到牵挂的人赶来就已掉气，或者是没有人送终，会死不瞑目，需要亲人话语告慰老人后，用手将其眼睛向下抹，使其闭上。有许多老人在临终前也会出现精神突然好转的情况，有的可以持续几个小时，有的则很快就掉气了，这种情形在民间被认为是"回光返照"。能够在老人身边送终的儿女被认为是真孝子；在民间的习俗中，儿女为老人送终，也是为了讨得老人临终前的"奉赠话"，即除老人未了之事或者有些担心的事情会向儿女们交代之外，老人临终前需要对儿女说一些祝福的话；很多人也会认为这些话很灵验，因此儿女们很看重。

落气放炮：老人掉气前，儿女们需要将其床上的帐子取下，或者将其移到堂屋内，在圈椅或者躺椅上坐着，儿女可以搀扶、问候，为其送终，等候老人的奉赠话。一旦老人掉气，儿女族亲们在伤悲的同时，还要尽快着力准备办丧事。首先要向全村组的人告知老人已去，以放鞭炮为号，在过去也有放"三眼冲"，三声炮响，邻居村组的人们，听到炮声即知道该家里有老人过世。

下榻烧钱：老人掉气后，需要先下榻，即将棺材盖子翻过来，用高板凳架在堂屋内，将新逝亡人放在棺材盖子里，用草纸盖住眼睛，俗称"收尸"。然后，由孝子跪在新逝亡人的脚前，为其烧"落气钱"，等待"入材"。烧钱的灰要用盆或者碗接着，并将其装入布袋里，待亡人上山掩埋棺材时，将落气钱放在棺材外接近亡人手边的位置；有的也直接在亡人入殓时，将落气钱灰袋放置在亡者手边。

净身穿衣：净身要求孝子敲着大锣，拿着碗到水井里打一碗水回来，用孝布蘸水擦亡者身体，擦过身子的孝布要晒干，待亡人上山后将其拿到坟上烧掉，据说从烧掉的擦身布可以看到亡人下世投胎。接着要为亡人穿衣，衣服穿单不穿双，即3件或7件，将所有衣服整理齐整，套装在一起理顺后穿上去，腰间要缠绕五色或者七色彩线，线只能打活套，不能打死扣；裤子也如此。死去的人如果父母还在，亡冠的后面应该有两条带子，外衣只能穿戴白色，腰间还要缠绕一束麻丝，以尽对父母的孝道。

入殓戴孝：鄂西南地区老人去世后入殓，也叫"入材"。入材时首先要在棺材底筛一层石灰或者地灰，筛灰需要从棺材的小头端向大头端进行。筛完灰后，如果亡者是60岁以上的人，还需要用小酒杯在棺材底的灰层上盖印，从棺材的中部向大头方向盖印，要根据年龄大小来盖，一般会虚3—8岁，即80岁，可以盖85—88个。盖印后再将一整块与棺材一样长的白布撕开为两半，一半做亡人的垫背（另一半作为正孝子的孝布），铺设在筛有石灰和印章的灰层上，放上枕头（青布制作，内塞茶叶），再将新逝亡人平稳放进棺材里，戴好帽子，盖上被子，最后盖上棺材盖子，盖子一般留有缝隙，然后将棺材在堂屋内放正。老人的棺材可以在堂屋内对着中堂放正，且要将家神上"天地君亲师位"或者"天地国亲师位"的"天"字用纸遮盖住，表示在此期间，亡人为大。如果亡者的父母还在，则棺材不能正对中堂。"入材"一般只允许亡者的至亲参与，入材完毕，需要再放一次鞭炮，乡邻们听到第二遍炮声，则知道亡人已经"入材"，大家会主动前来探视，并准备帮忙事宜。"入材"完毕，所有孝男孝女须披麻戴孝，正孝需要戴白长孝；孝布用白布制作，长度为五尺，一块布对折一分为二；戴孝时用麻丝将孝布一头捆在头上，另一头披在身后，腰间也可用麻丝缠住。新逝亡人没有上山下葬之前，不得将孝布挽起，也不得戴着孝布进别人家里。孝男孝女戴孝后，需要为新逝亡人点地脚灯，传统为清油灯，即桐油灯，相传新逝亡人还没有到阴间，到处走看不见，所以需要地脚灯照亮；在上山之前，地脚灯不得熄灭，由孝子负责拨灯草和添加桐油；现在多已改为蜡烛。开孝是有讲究的，儿孙辈为白布孝，重孙辈为红布孝，有的为全白布孝，只是长短不同。一般新逝亡人的三代族亲可以开孝，亡人的儿子女儿儿媳女婿为正孝，孝布五尺，对折一分为二；其内外侄男侄女、姻亲侄男侄女孝布为4尺8寸，也是对折一分为二；孙辈孝布为2尺8寸，白布孝，一分为三；重孙辈为红布孝，2尺8寸，一分为三（见图4－3－10）。

写灵布堂：新逝亡人入材、点上地脚灯后，需要对灵堂加以布置。在棺木前面放置一张方桌，方桌靠棺材的脚腿上加装岁签，岁签是用竹子做的，将竹子剖切成条状，再用白纸缠绕成碎花状，数量以新逝亡人当年的岁数为基础，一般会虚3—5岁；绕好的岁签分为两半插到竹筒内，再将竹筒绑在桌腿上，上面的岁签靠中间的部分加以编织，形成装饰性图案，并与大灵连接在一起。岁签前面的桌子上放一个升子，里面装稻谷，供插香和

图4－3－10　戴孝区分辈分（恩施市芭蕉侗族乡朱砂溪村锁王城）

放小灵。大灵书"恩深显考×公讳××老大人享年×××岁之灵柩",小灵写"恩深显考×公××老大人正魂之灵位"。灵牌的写法很讲究:字数要合在"生老病死苦"的"生"字上,即一般为十一、十六、二十一个字,大灵的上面还需要写"形""影"两个字,并圈起来;两边要写挽联,如"思恩深何日得见,除非是梦里团圆",横批写"抱恨终天"等。灵位书写要区分男女和不同情形;男性老人亡故写"显考某公某某老大人",女性老人亡故写"显妣某(夫家姓)母某某老孺人"。还要区分新逝亡人的各种情形来书写灵牌,如父母还健在写"俱庆下命称显考×××享年×××岁之灵柩",中年亡故有儿女写"重庆下命称显考×××享年×××岁之灵柩",父在母死写"严待下命称显考×××享年×××岁之灵柩",母在父死写"慈待下命称显考×××享年×××岁之灵柩",若是中年人死亡无儿女的则写"新逝亡人×××年×××岁之灵柩"。灵柩前还需放置一个垫子供人来磕头奠礼,灵堂周围悬挂祭帐,或者道士做道场的帷幔水陆画等,桌子和棺材两边会放置很多椅子。新逝亡人的女婿还要购买白布祭帐,悬挂在堂屋中央,祭帐需要围满整个堂屋一周,一直到大门外,俗称"围堂祭","围堂祭"上写祭文,中间写大字"泰山其顶"(岳父)或者"泰水无声"(岳母),题头款写"仙逝岳父(母)×××老大(孺)人千古",落款写"女、婿×××泣血拜奠",题头款位置要比落款高。孝堂外可用竹子、柏树枝叶等材料搭建孝堂;大门门楣写"当大事",左右门枋写挽联。孝堂布置完毕,孝男要向亡人三叩九拜行祭拜礼,孝女行祭奠礼——单膝下跪叩头一次,并为亡人上香、献祭品。孝堂布置多用白色、青色、黑色以及柏芝枝叶,只有灵牌是用红纸。布置孝堂的同时,还需要专人为新逝亡人制作灵屋,灵屋造型各式各样,优美大方,新逝亡人上山后要将其烧掉。孝堂会安排一个有丰富丧葬经验且年岁较大的人来专门管理、协调。

看期放信:亡人"入材"以后,孝家另一件重要的事情就是择日下葬,并将下葬的日期告知所有的族亲好友。择期需要请阴阳先生根据亡人的生辰八字与死亡时间、孝家生辰八字以及各种情况来推算。传统的丧葬择日较为严格,所以,遇到有不合适的时间,很难就近选到日期,但人死后又不可能放太长的时间,一般3—5天,冬天也最多一个星期。遇到时间不将就的时候,有三天"急葬"的办法,也就是不择期,不管吉日凶日,人落气后的第三天早上将其下葬。确定下葬日期后,马上安排人放信,就是通知死者的族亲朋友。放信的对象最主要的是族亲和姻亲,必须安排专人放信到位,如姑父、侄男侄女、舅父舅母等。如果是母亲去世,孝子要亲自到娘舅家去送信，到达舅父家门前时，行跪拜之礼，舅父家自然知道何事，还要向娘舅说明母亲去世的因由，告知坐大夜的时间，以便他们做出准备。放信的目的是希望所有的族亲能够在大夜来陪陪亡人，并于第二天早上将其送上山；也是让族亲参加祭祀仪式活动做的必要准备。在鄂西南地区传统的丧葬仪式活动里，坐大夜时女儿女婿必须准备一套花锣鼓（一马锣、一大锣、一钹、一鼓、一唢呐或者二唢呐）、一趟围堂祭（布置灵堂时就要拿去）、一套旗锣鼓伞（五面旗子：东西南北中）、一顶宝盖、一桌祭祀菜品糕点、一条烟、一壶酒、三眼冲、香蜡纸烛、鞭炮若干；富裕的女婿还有准备猪羊祭的，猪要宰杀后，去掉内脏，不去头尾，整个抬到灵前；羊子要牵活羊。而在孝家条件好的情况下，娘舅家、姑父家和儿媳的娘家以及侄女婿都可以打花锣鼓、送祭帐。送祭帐是民间传统丧葬习俗中最主要的祭祀方式之一，其形式多样，最早是用白布做的，扯8 尺至 1 丈 2 尺等不同尺寸，后来改变形式则用床单、被套等实用品替代，过后孝家还可在生活中使用；包括旗锣鼓伞都改为送毛巾等，宝盖后来多改为花圈。祭帐上还要用白纸写上祭祀语，不同身份的人，祭帐的写法不同。如侄女婿送伯岳父（叔）的，题款写"仙逝伯（叔）岳父×××老大人千古"，中间四个大字写"德范堪钦"或者"德范犹存"，落款写"侄婿（女）×××拜奠"；而送伯（叔）岳母的则题款写"仙逝伯（叔）岳母×××老儒人千古"，中间四个大字写"淑德堪钦"或者"女中君子"，落款写"侄婿（女）×××拜奠"等，不同身份的人，对亡人的称呼不同，祭祀语词的使用也不同，自己的称呼也不同。同时，对于亡人而言，因其身份不同，在祭祀语词的使用上，也有较为严格的规定，比如亡人还有至亲的长辈健在，则不能用"福寿全归"等语词。通用而言，对于男性老人亡故，祭祀语词多用"德范堪钦""德范犹存""跨鹤登仙""驾返仙界""流芳百世"等；对于老年女性亡故，语词则多用"淑德堪钦""赴宴瑶池""驾返瑶池""淑德犹存""巾帼丈夫"等语词。写祭帐在过去是很考验人的一项民间文化事象。

请驾择地：确定了下葬日期后，还需要孝子们商量好并请来主葬择地的阴阳先生。如果家族里有这样的人，一般就不外请，但还是要孝子亲自到家去接。如果是需要请外姓的阴阳先生来主葬择地，需要孝男孝女们共同协商好请谁来主持，民间普遍认为，择地和主葬中的许多仪式都与孝男孝女的未来发展有关。有钱的人家也会请做道场的班子来主持这个事情，班主自然就承担这一切事务。孝家要为请来的先生准备一只开叫的公鸡和红包，用于安煞和主持丧葬仪式；丧葬结束后，主葬先生要将公鸡拿回家，可以自己养着，也可杀了吃掉，当然也可以卖钱。请来的先生首先要打理灵堂，一番安煞念咒打符；据说主葬之人要有不让亡人在停丧的几天内不发臭不流水的高超本领。如果是请来的道场班子，进屋后除了打理灵堂之外，还需要准备道场的水路画、各类符咒和书写各种用于开路、做道场的符语。然后需要阴阳先生到原来选好的墓地确定坟墓的朝向、高低位置，以便安排人员打井。打井时先只要将埋葬亡人的场地按照要求整理平整，并依据阴阳先生所确定的方向，挖一个长方形的浅坑即可，等第二天正式下葬时，再将长方形坑挖深。挖穴一般也需要阴阳先生推算选择最佳的时辰。在民间，阴阳先生对阴地的选择是有所保留的，也就是不能看真地，那样就把上天的旨意看透了，阴阳先生会瞎眼的；所以，一般的墓穴都会稍稍偏离真地的方向一点点。在民间的习俗里，阴地有许多方向是不可用的，比如正向的东西地和正向的坐南朝北地。

执事书写：白喜中的执事单书写较为复杂，帮忙人员众多。主要分为几大部分来写，包括都管、锣鼓接送、孝堂管理、厨房烹调、洗菜做饭、执盘调席、生火掌灯、礼房勤簿、打井走杂等各种岗位及其人员分配。写好的执事要张贴在大门外；所有帮忙人等依据执事分配的任务，在都管的呼喊与协调中，各就其位，互相配合，为孝家完成丧葬事务各尽一份力量。执事单写好贴上墙后，都管会按照执事单一一发放孝家的礼性，一包烟、一个手帕等，同时，都管会说一段四言八句来拜托帮忙人等："今夜帮忙人等，才将安排几桌，执事安排已妥，大家责任明确；哪些抱柴烧火，哪些洗碗抹桌，调席摆凳几个，倒茶奉烟洗脚；接祭挂祭几个，来的锣鼓几拨；东西不要扯错，飞子要扎宜和。帮忙不论哪个，一喊就要动脚，各位红门大喜，孝家自有把握。"

守夜陪亡：亡人入材以后，在大夜之前，需要请歌先生和锣鼓班子来为亡人唱夜歌。唱夜歌的先生一般需要孝家到家去请，请来的歌先生和锣鼓班子，孝家要以礼相待；当然，也有亡人或者孝家的亲朋好友中的歌先生自愿来的。唱夜歌前，都管先生先放一挂鞭炮，说一段四言八句来请歌先生："才将炮火啪啪响，孝家要我请歌郎；也有远处的歌鼓，也有近处的歌郎；也有来在锣鼓上，也有在这里帮忙，也有亲戚来观望，也有专请的歌郎；也有现在新学唱，有的又会开歌场，有的又会打游丧，有的虽然不会唱，也可旁边帮个腔，不分青年和老将，不分大小与儿郎，老少师傅一起上，普请各位到孝堂，会者一定莫谦让，千万一定帮个忙，余下几句薄言讲，孝家答礼在孝堂。"孝家跪在灵桌旁，请各位歌师傅登场。唱夜歌开场时会以锣鼓全套来开场，开场后，则一般只要一面鼓即可。唱歌时，歌先生将鼓置于胸前或者腿上、桌上，敲两锤，唱一句。慢条斯理地唱亡人的生平、有趣的事件，也唱三国、水浒、封神等历史故事人物；也有对唱对答的。唱夜歌的班子每天天黑吃完晚饭后开始工作，一直唱到天亮，孝家要为他们准备酒菜、副食糕点，还要隔半小时左右燃放一小挂鞭炮，不至使亡人寂寞。孝子还要不时在灵前烧纸添香，不得让灵前地脚灯和香火熄灭。这样的夜歌要唱到大夜的第二天早上，辞灵出殡之前。

开道送圣：唱夜歌的同时，做道场的班子在道士先生的带领下，需要每天为亡人开道送圣、超度亡灵（见图4-3-11a-d）。首先，书写各类文书，包括亡人的生辰八字、去世时间，超度亡灵的各类符语，绘制咒符，安置傩公傩母与各式水陆画，来布置灵堂道场。其次，由道士先生祭祀安神定位，普请诸神就位，锣鼓班子敲锣打鼓一番，道士先生主持开道场：身穿道袍、头戴道帽、手持法器、口念咒语，按照一定的程式化步伐，开始跳神活动，其他人或跟随道士先生跳，各种走法、跳跃、穿插以及吆喝声，以此来送亡灵上路，超度亡灵。最后，做道场需要经过很多的仪式化程序，做道场的基本程序包括：写牌位、写文书、开坛请神祭师、开路、颂经书、拜忏、送亡、送圣等。各环节程序复杂，形式多样，如开路要完成：写引魂幡、请神、接亡、案灵、润喉、奠酒、写开路文等；简单的道场要完成"四经四忏"，完

图4-3-11a　设道场祭祀亡灵
（恩施市沙地乡黄广田村）

图4-3-11b　设道场祭祀亡灵
（恩施市沙地乡黄广田村）

整的要做到"八经八忏"。①
做道场需要 5 人以上才可以开
场，完整的班子应该在 10 人
左右（法场上需要 5 人，敲锣
打鼓至少 4 人），时间至少要
三天，多则七八天，需要有相
当的经济实力才可以完成。因
此，多是富裕人家才会接道场
班子来开展这一仪式性的
活动。

图 4-3-11c 设道场祭祀亡灵
（恩施市白杨坪镇张家曹村）

呈祭坐夜：坐大夜，是鄂
西南地区民间丧葬习俗中老人
去世以后都会举行的一个程序
化过程。主要有几件事要在坐
大夜这天晚上做：一是献祭叩
拜亡人。下葬的前一天晚上，
族亲朋友都会来到孝堂向亡者
叩拜祭奠，直系的亲戚一定要
呈送祭品到灵前；这一活动从
下葬的前一天中午以后，就进

图 4-3-11d 设道场祭祀亡灵
（恩施市白杨坪镇张家曹村）

入繁忙的阶段，直系亲属所请的锣鼓要一拨一拨地打进屋；请锣鼓的人家

图 4-3-12a 花锣鼓呈祭（恩施市芭蕉侗族乡
朱砂溪村李家坝组锁王城）

会将各类菜品、副食、
糕点、香烟、白酒、香
蜡纸烛等祭祀用品装在
条盘里，找孝家帮忙打
盘的人端起来在前面带
路，从孝家的场坝外沿
向灵堂走，一边打一边
走，还一边放爆竹；锣
鼓一到场坝，孝堂内手
持"号丧棒"的孝子必

① 参见赵青松《利川土家丧葬文化考——鱼木寨及周边村落丧葬习俗的调查》，"恩施土家族苗族自治州文博论坛"论文集，2017 年，湖北恩施，第 545—547 页。

须马上跪到灵前，迎接锣鼓进屋和亲属的叩头跪拜。锣鼓进入大门，持盘的人将条盘整个摆在祭桌之上，打锣鼓的人绕棺一周后分列灵桌前两边，中间留待献祭的人及其家庭主要成员来叩头祭拜（见图4-3-12a-b），管孝堂的人将孝帕搭在跪拜之人的头上，接到孝帕的人起来后要将孝帕系好。这时外面会继续燃放鞭炮，屋内锣鼓一般要打十几分钟甚至更长的时间；遇到女儿女婿之间攀比的，则会不断地放鞭炮，不断地敲锣打鼓，看谁家的锣鼓打得长，鞭炮放得多。一趟锣鼓打完，管孝堂的人会将锣鼓班子的家伙什收拾起来，第二天早上出柩之前，要再交给锣鼓班子。这样一趟锣鼓一趟锣鼓地打进屋，遇到亲戚多的，有打上六七趟锣鼓的，至少要耗时四五个小时。请锣鼓班子的亲戚

图4-3-12b 整猪呈祭（恩施市芭蕉侗族乡朱砂溪村李家坝组锁王城）

中礼性最大的应该是女儿女婿，如前所述，然后就是娘舅、姑爷姑母等直系亲属。孝家要安排专门的铺供锣鼓班子的人员休息，当然有愿意打夜锣鼓陪亡人的则例外。二是要陪亡人一通宵，唱夜锣鼓的班子还是要继续唱，只是这个晚上还会有更多的人参与进来；直系亲属，特别是孝男孝女一定是要陪通宵的。三是孝家要准备好的酒席招待族亲朋友，要请专门的厨师来主厨，准备三餐正餐：大夜当天的中餐、晚餐和第二天上午的早餐。来祭拜的人家除了给亡人献祭之外，还要给孝家随礼，孝家也会安排专门的人来记账、收礼；账簿上需要将所有的祭品和礼品全部写上。在鄂西南地区的葬礼习俗中，有一项被民间认定的规矩：即丧葬白喜中随礼必须在坐大夜的晚上十二点前写上账本，如果是忘了，也不能补；除此之外，在民间很多人也忌讳自己的名字排在一百位，所以有的记账先生会在一百位的地方写上一个假名，如钱百万等。孝家在这个晚上也会准备一些铺盖，开出通铺，供坐大夜的老人、妇女、小孩或者需要休息的人睡觉。坐大夜的一整晚都会不断地放鞭炮、敲锣打鼓，说唱夜歌，以陪亡人走过在阳间的最后一个晚上。丧葬期间，正孝子需要手执"号丧棒"跪接各

路锣鼓班子和祭拜行礼之人。

图4－3－13　手持号丧棒的孝子
（恩施市芭蕉侗族乡朱砂溪村锁王城）

在鄂西南地区的民间，"号丧棒"的制作是十分讲究的（见图4－3－13），首先是材料的选择：男性老人过世，要用金竹（寓意"节外"，即金竹的节在外可见，也表示男性在家主持外面的事务，其劳累辛苦外显出来）；女性老人过世，则要用泡桐树制作（寓意"节内"，即泡桐树内空有节，表示女性主持家政内务，甘甜辛辣苦只能自己扛）。其次，"号丧棒"的长度也是有严格规定的，即孝子用手量，以"生老病死苦生"每个字一把，六把的长度即为"号丧棒"的长度；大小则以孝子拿到手上合适为宜。最后，"号丧棒"的表面还需要用白纸缠绕出碎花状的装饰。"号丧棒"一般只做一对或一根。

绕棺闹灵：在鄂西南地区的东北部，流行着一种特别的歌舞形式，叫"萨伊尔嗬"，即是老人过世之后，在坐大夜的当晚，一帮人在鼓手的击鼓演唱带领下，在灵前跳舞，附和鼓手的演唱，边跳边唱，高亢的歌声和鼓声与一帮人的舞蹈密切配合，将对生命的最后礼赞以歌舞的形式呈现出来。在鄂西南地区的很多地方，也以绕棺的方式来祭奠亡灵，这个过程中，需要道士先生带领孝男孝女先绕棺祭灵，道士或者阴阳先生在这时也会唱一些亡人今后保佑子孙财旺人兴的祝福语，孝家们会拿出红包来表示谢意。绕棺辞灵过后，就是唱夜歌的上场了。

辞灵发丧：在鄂西南地区的丧葬习俗里，告别亡人的辞灵仪式在天亮出殡之前，民间称为"奠酒"（见图4－3－14a）。首先是所有戴孝的全部跪在灵前，由主管孝堂的人上香烧纸、宣读祭文，祭文宣读完毕，则从正孝子开始，一一跪拜祭奠亡灵，以示告别，同时女儿、侄女等人还要哭丧，如果男性老人去世，妻子还在，也会哭丧；门外还会放鞭炮。奠酒是一项十分庄重、肃穆且具悲伤气氛的仪式，近似于城市丧葬仪式中的追悼会。奠酒完毕，由主葬的阴阳先生和都管先生负责召集帮忙人拆除灵堂，将灵堂内所有物品分门别类地拆除到堂屋外的场坝里；然后吩咐帮忙人等将棺材封口，俗称"封紫口"（见图4－3－14b），先用漆膏灰封棺材口，

图4-3-14a　奠酒仪式（恩施市　　　　　图4-3-14b　封紫口（恩施市
芭蕉侗族乡朱砂溪村锁王城）　　　　　　芭蕉侗族乡朱砂溪村锁王城）

趁湿用皮纸再贴。灵堂拆除完毕和封完紫口，屋内负责主葬的先生将准备好的各类符咒、纸钱、法器，摆在灵前桌上，手拿雄鸡，掐破鸡冠，用鸡血在画有符咒的纸钱和旗幡等祭品上画字讳、贴鸡毛，用法器、祭品以及咒语来安煞、请神（见图4-3-14c）；接着拿一扎点了鸡血、画有符咒的纸钱，烧在有水的碗里，一边烧纸，一边念咒语（见图4-3-14d）；之后用令牌蘸水画符：左手端一碗水，右手拿令牌，口念咒语在大灵、小灵、棺材等各部位画字讳、请神、安煞；完毕，将碗在灵前砸碎；吩咐帮忙人将灵桌移到室外。接着还要举行"扫火路"仪式，主葬先生左手执令牌，右手拿一把稻草，将其点燃，孝子手上捧着小灵和号丧棒，举着引魂旗幡在前面走，主葬先生在后面用火把扫棺材周围，逆时针绕棺材一周（见图4-3-13），送出大门外到场坝里；其间正孝子要全部跪在场坝内，等候帮忙人将棺材抬出来。主葬先生再次回到灵堂，指挥帮忙人将棺材移到大门外场坝内，准备捆丧，架龙杠；屋内移动棺材时，主葬先生紧随其后，在棺材刚刚出大门时，迅速将大门关上合紧，并在大门门缝位置用令

图4-3-14c　鸡血画符（恩施市芭蕉　　　图4-3-14d　鸡血祭祀（恩施市芭蕉
侗族乡朱砂溪村锁王城）　　　　　　　　侗族乡朱砂溪村锁王城）

牌画字讳、念咒语，再打开门。与此同时，主葬先生在屋内举行安煞请神、扫火路等仪式时，外面场坝内的锣鼓要敲起来，特别是棺材移动时，要敲得更加激烈。发丧在民间也叫出枢，出枢时，都管先生也会念四言八句来普请众位帮忙人出力，如：

> 才将孝家跪尘埃，众亲听我作安排；才将新亡上山界，前头抬的莫赶快，后面抬的审到来，两边扶的手脚快，有时要把主杠抬；爬坡上坎莫赶快，拉的拉来抬的抬，一众亲友要亲爱，抬不起的莫拢来；岁签花圈拿人带，灵屋包封带起来，来的锣鼓我交代，井边落字才回来，屋里早饭安排快，摆凳调席早安排；余言几句作交代，才将帮忙抬起来。

都管先生一番说辞，祭帐、花圈等走前面，众亲及帮忙人等就会簇拥着棺材，举旗打幡、敲锣打鼓地将亡人送上山去，出枢过程中，凡是棺材停留不动时，正孝子就要跪在地面朝棺材的方向等候，不管是天晴还是下雨，泥水还是霜雪。一直将亡人送达墓地打井处，孝子在墓地边并排跪地等候下葬。

下葬祈福：在鄂西南地区的民间，下葬是一项十分讲究的仪式活动。棺材抬到井边，在棺材没有落地前，所有正孝子需跪在墓地边等候迎接。当棺材到达墓地，正孝子要将孝帕摘下，放在打好的井底，与井底垂直摆放；打好的井底任何人不得踩踏；主葬先生指挥所有抬棺材和帮忙的人将棺材摆正，调整好位置后，慢慢落下。一般情况下，棺材落地后不得再抬起来，只能用木杠轻微地拨动调整方向。棺材落地，所有戴孝的人等必须将孝帕挽起，戴在头上；锣鼓鞭炮要紧催紧打，正孝子则将棺材底的孝帕慢慢取出，戴回头上。接下来，主葬先生"撒衣禄米"和"下字掩棺"，这是很重要的仪式：首先是"撒衣禄米"，亡人的儿子需要反身跪在棺材前，将身后的衣服卷起，主葬先生一边将米袋里的米抓一把撒向跪在地上的孝子衣服里，一边念祝福咒语；主葬先生不可偏心，撒到每个孝子衣服里的米量要尽可能差不多；孝子要将接住的米带回家，煮熟后吃掉，俗称"衣禄饭"，是前辈人在最后离开世界之时对后人的祝愿和期盼。接完衣禄米，正孝子要一只脚踩地一只脚跪在棺材尾部顶端，用挖锄挖三锄泥巴到棺材上，然后，从肩上将锄头递过去让人接走，孝子不得回头回身；下来后，就由帮忙人来掩埋棺材。主葬的先生下字安葬，用令牌在棺材的头部与尾部、灵屋等处画字讳、念咒语；当棺材快掩埋到棺材口时，要将落气钱灰袋放在紫口边，接近亡人手部的位置（有的地方是直接将落气钱袋放到棺材里亡人手边的）；继续掩埋棺材至看不见为止。下字要锣鼓紧打，哭丧人号哭，爆竹喧天，还要将亡人生前穿过的衣物烧掉。下字完，掩埋棺材时，锣鼓和哭丧停下，并可以与送葬的人群一起回屋去，等候吃早餐。都管先生会说四言八句感谢众乡四邻并安排后续工作：

> 才将孝家跪在地，劳慰老少众亲戚；来时锣鼓请回去，回去好把早饭吃；有些才将莫回去，帮忙要倒几撮泥；吃哒早饭把坟砌，顺便一次搞归一；或是姑娘和女婿，或是抵手的亲戚，或是侄男和侄女，或者又是他老姨；你们莫同别人比，当下力的要下力。安安心心在这里，莫搞锣齐鼓不齐；余言交代不过细，孝家答礼跪双膝。

孝子和帮忙人员需要继续在墓地掩埋棺材和做最后道别。棺材全部掩埋完毕，主葬先生会将带来的刀头等祭品摆放在墓前，将倒有白酒的酒杯置于棺材的四个方向和左前方，在五个方位上香烧纸，将白酒倒在地上，祭祀亡人入土为安；同时，孝子要再次跪拜墓前告别，主葬先生会说几句福事：

> 今日新亡下葬，儿孙跪在地上；祝愿孝家来日，财发人丁兴旺。往后生招满日，还要酒饭递上；宝地福山瑞水，永葆富贵荣昌。

头七复山：在鄂西南地区传统丧葬习俗里，除了有守孝四十九天的说法外，更重视"复山"和"头七"的祭祀。"复山"是指新逝亡人下葬后的第三个日子，正孝子要到坟前点烛烧纸上香，需要每个孝男孝女给坟头上几撮泥。一是因为新埋的坟墓，泥土会塌陷，因此需要补充新的泥土，以使墓形饱满好看；二是新逝亡人还没有到达阴间，还需要阳间的人做些陪伴。因此，在头七，还有送"火焰包"的习俗，即用稻草扎一个草包，然后拿到坟墓前烧掉，将烧过的火焰包置于坟上，据说烧过的火焰包能够看见亡人投胎的去向。同时，在头七还需要每天在家神前为新逝亡人上香烧纸点蜡烛，照亮他去阴间的路。

鄂西南地区的丧葬习俗至今仍然有着极为复杂的程序和仪式内容，且一直为民众所传承。其中所蕴含的生命观念、生存信仰和生活方式，或许对我们今天仍然有着重要的借鉴价值和意义。

四　过社

在鄂西南地区有过社的习俗，社日即是从立春后的第五个"戊"日，社日也是春节后的第一个重要节日。在五行中，戊属土，过社主要是祭祀土地神，还有吃社饭、献社祭等仪式性活动。在历史上社日不只是鄂西南地区独有的节日活动，但据相关资料显示，只有鄂西南地区至今仍然保留着这一传统习俗，且以过春社为主；其他地区都演化为别的形式，诸如江浙一带的"龙抬头"等节日习俗。所以，"拦社"和"吃社饭"是鄂西南地区至今仍流行且保留完好的传统文化习俗之一。

"社节"俗称"过社"，主要流传于恩施地区。社节历史悠久，其源头可追溯到数千年前的农耕文明时期。恩施社节见诸文字的记载，最早为清嘉庆戊辰（1808 年）版《恩施县志》，其后清道光丁酉（1837 年）版《施南府志》与清同治戊辰（1868 年）版《恩施县志》有更为详细的记载，至今已 200 年。[1] "社节以'吃社饭'和'拦社'为主要内容，是恩施土家人每年必过的岁令节日。"[2] 在社日，人们一般不动锄头，不下地干活。

拦社：实为社祭，鄂西南地区流行在每年社日前，给去世不到三年的新逝亡人上坟祭拜的习俗，俗称"拦社"。有"新坟不拦社，引得鬼相骂""新坟不过社"的俗语，即是说新坟不能过社之后去祭扫。拦社即是新逝亡人的至亲（儿子儿媳、女儿女婿，外甥外孙、舅侄），三年内每家要置办一个宝盖或者花圈、旗锣鼓伞，到坟头插上（见图 4 - 3 - 15），并燃香烧纸，燃放鞭炮，跪拜祭奠。到第三个年头，女儿女婿还要置办宝盖花圈、

图 4 - 3 - 15　拦社（恩施市芭蕉侗族乡
朱砂溪村李家坝组锁王城）

---

① 《恩施社节》，湖北省人民政府网，http：//www. hubei. gov. cn/2015change/2015sq/sqa/fwy/gjfy/ms/201509/t20150924_722578. shtml。
② 姚祯发、杜迪纳、王喜闯等：《鄂西土家人"过社"忆苦寄哀思》，中国新闻网，http-tp：//www. chinanews. com/df/2012/03 - 13/3739944. shtml，2012 年 3 月 13 日。

祭祀菜肴、糕点水果等祭品；在社日前选择吉日，喊一拨锣鼓，敲锣打鼓吹唢呐地将宝盖、花圈以及祭品送到坟前，将宝盖、花圈等插到坟头上，上香烧纸点烛，献祭社饭，跪拜祭祀。

> 参加拦社的人陆续到了，举着布与纸做的旗、伞、宝盖、祭幛等祭奠亡人的物品。刘家的7个女儿与家人来了，带来了他们请的锣鼓班子，锣鸣鼓响，加上主家迎接的鞭炮，气氛越来越热闹。女儿家也带来了祭品，与其他亲族不同的是，除了旗、伞、宝盖、祭幛外，还带来了烟、酒、糖食糕点，各自摆放在祭台上有自己名字的红纸条前，祭台上很快琳琅满目。人不断地来，祭品摆满了院坝，花花绿绿的，给初春时节尚还荒凉的山野增添了一层鲜艳。①

隆重的还会请人来舞狮子、跳耍耍、打莲香等。

> 到了坟地，刘母之坟早已培了新土，人们先将围坟祭幛给坟围上，再将旗、伞、宝盖插在坟上，坟墓顿时变得"花枝招展"起来。坟前很快点上了香烛，临时安放的祭桌上摆放了菜肴、副食、水果等祭品，接着举行祭奠仪式，俗称奠酒，一个锣鼓班子的班头吟唱祭文，泼水酒，刘母的女儿们开始哭啼，刘母的儿女及亲族们在坟前磕头，另有人在坟侧烧化"纸衣"和"封包"，最后由孝狮子在坟前表演，至此，拦社仪式结束。②
>
> 一群人带着篾扎纸糊的旗、伞、宝盖等物，浩浩荡荡来到三年前去世的父亲墓地前，在其墓地前立了一座墓碑，并将旗、伞、宝盖等插在坟上，同时供上祭品，燃放鞭炮，众人排队依次磕头礼拜祈福。恩施土家人称此为"拦社"。③

主人家（负责亡人下葬一切事务的家庭）要一起烧香点烛跪拜，然后，将一帮人带回家招待，招待中要吃社饭；除此之外，主人家还要准备

---

① 贺孝贵：《在农家亲历拦社》，《恩施日报》，http：//www.enshi.cn/2008/0305/252829.shtml，2008 年 3 月 5 日。
② 贺孝贵：《在农家亲历拦社》，《恩施日报》，http：//www.enshi.cn/2008/0305/252829.shtml，2008 年 3 月 5 日。
③ 姚祯发、杜迪纳、王喜闯等：《鄂西土家人"过社"忆苦寄哀思》，中国新闻网，http：//www.chinanews.com/df/2012/03-13/3739944.shtml，2012 年 3 月 13 日。

打发钱或者礼品，包括打发给亲戚的，还有锣鼓班子人员的红包；吃完饭，送祭的人和锣鼓班子一起回家。自此以后，对亡人的祭奠，就改为清明前后，在坟头插飘飘，即白色的飘带式祭祀幡。拦社是区分亡人是新近去世还是去世三年以上的标志性仪式活动，已然成为鄂西南地区丧葬习俗和生活习俗的典型事象。"拦社，是在春社日前祭扫三年内的新坟。此俗是在社节传承过程中，因宗祠兴起而淡化社神代之以祖灵崇拜的结果，亦与二次葬俗有关。仪式中的花锣鼓表演沿袭了古代社日以鼓祭社的习俗，文艺表演则沿袭了古人祭社的娱神内容。"①

> 拦社活动的场面壮观而热闹，由亲戚送一"拨"或几"拨"锣鼓，举着纸扎的"旗""伞""宝盖"等祭具，吹吹打打到主家，各路人马会合后，一起到祭扫的坟上去，上祭品，泼酒水，燃香烛，烧纸钱，放鞭炮，磕头礼拜，然后饮宴一餐后散去。②

学者们认为恩施拦社的习俗与二次葬有关。"在恩施市境内，普遍流行拦社风俗，即在春社日之前，祭扫新坟。恩施人有新坟旧坟概念，所谓新坟，指埋葬三年内的坟，在立春后第五个戊日，即春社日前，主家请花锣鼓班子，内戚人家，主要是女婿家送花锣鼓班子并纸扎的旗、伞、宝盖等祭墓物品，敲敲打打，热热闹闹到新坟前祭奠，上水果、菜肴等祭品，泼水酒，烧香蜡纸钱，燃放鞭炮，磕头礼拜。同时可以砌坟立碑，围坟挂红布祭帐，称为圆坟。旧时要在坟前饮食，现祭坟后回家饮食。恩施为什么有拦社之俗，联想到恩施人对拦社有'重埋一道人'之说，用考古学资料分析，此俗与二次葬俗有关。"③

吃社饭："在恩施州兴吃'社饭'习俗，借以给土地菩萨祝寿，以祈年景顺利，五谷丰登，家运祥和。"④ 社饭如今成为鄂西南地区旅游特色食品，具有典型的文化符号特性。传统的吃社饭仅在社日的前后，主要是社日前，最初吃社饭是为祭祀土地神，后来也演变为祭祀新逝亡人。社日

---

① 《恩施社节》，湖北省人民政府网，http：//www.hubei.gov.cn/2015change/2015sq/sqa/fwy/gjfy/ms/201509/t20150924_722578.shtml，2015 年 9 月 24 日。

② 《拦社的禁忌有哪些 新坟拦社女儿能去吗？》，360 个人图书馆，http：//www.360doc.com/content/18/0317/14/48706674_737774826.shtml，2018 年 3 月 17 日。

③ 贺孝贵：《拦社：二次葬俗之遗风》，恩施新闻网·恩施晚报·文化，http：//www.en-shi.cn/2006/0728/252501.shtml，2006 年 7 月 28 日。

④ 《恩施社节》，恩施州人民政府网，http：//www.enshi.gov.cn/2015/0814/141954.shtml。

前，新逝亡人的女儿女婿、侄男侄女等人，置办宝盖、花圈到坟前祭祀，儿女家要准备社饭和菜肴，一是用来祭祀未满三年的亡灵，二是用来招待前来祭祀的亲戚；而逐渐演变为一种生活习俗。社饭的做法很讲究：原材料——生长嫩绿茂盛的社蒿（见图4-3-16a至图4-3-16b）（茎呈红褐色或者褐色者为佳；学名为茵陈蒿）、糯米、腊肉丁、腊肠子、大蒜苗、生姜、花椒粒或花椒粉等，有的也会加入豆干。做法：第一步，摘取社蒿的苗，洗净，切碎，加盐揉，去掉液汁，清水洗透，拧干，炒干或晒干，备用；糯米用冷水淘洗两遍，浸泡24小时，用筲箕滤去水，备用；将腊蹄子肉、腊肠子、大蒜苗洗净、滤干，切成细小丁状，可将大蒜苗的头部分开装，生姜去皮洗净，切成末，备用。第二步：炒制混合：锅烧热，将切好的腊肉、腊肠丁倒入锅内翻炒，炒出油至焦黄、有浓香味，再放入切好的姜末和蒜头丁，炸出香味，取出，与蒜苗叶丁、花椒粉等混合，再倒入筲箕与滤干水的糯米混合，搅拌均匀；有的也会将糯米倒入锅中与肉丁一起翻炒，至糯米有香味再捞起来放到筲箕里，上甑子蒸。第三步，将杉木做的甑子放在锅内，加水将其蒸至上汽，再将前面混合好的糯米添加到甑子内，不要压，只要用筷子将糯米上层面弄平，再用筷子垂直在糯米中间插几下，要插到底，形成几道气眼，将甑子盖盖上，蒸40分钟左右，即可食用。

图4-3-16a　社蒿

图4-3-16b　未蒸熟的社饭（恩施市芭蕉侗族乡朱砂溪村李家坝组锁王城）

　　我国先民早就有对土地的崇敬和膜拜。社日节实际上为中国古老的传统节日，也称土地诞；社日分为春社和秋社。古时的社日节期依据干支历法来定，春社按立春后第五个戊日推算，一般在农历二月初二前后，秋社按立秋后第五个戊日，约新谷登场的农历八月。社神源于对土地的崇拜，古人认为土生万物，所以，土地神是广为敬奉的神灵之一；认为该神管理五谷的生长和地方的平安。阴历二月二日是土地公的圣诞，为给土地公公"暖寿"，有的地方家家凑钱为土地神祝寿，到土地庙烧香祭祀，敲锣鼓，放鞭炮。古代把土地神和祭祀土地神的地方都叫"社"，按照我国民间的习俗，每到播种或收获的季节，农民们都要立社祭祀，祈求或酬报土地神。

　　据研究资料显示，作为节日，社日"起源于三代，初兴于秦汉，传承于魏晋南北朝，兴盛于唐宋，衰微于元明及清"。最早源于自然崇拜，《公羊传·庄公二十五年》载："鼓用牲于社。"《左传·昭公二十九年》说："共工氏之有子曰勾龙，为后土。""后土为社"，《礼记·郊特牲》："社，祭土，用甲日，即用日之始。"汉代《白虎通义·社稷》记载："王者所以有社稷何？为天下求福报功。人非土不立，非谷不食。土地广博，不可遍敬也。五谷众多，不可一一而祭也。故封土立社，示有土。尊稷五谷之长，故封稷而祭之也。"《汉书·食货志》说："社间尝新春秋之祠，用钱三百。"《魏书·礼志一》载："魏春秋社则是用戊月"，隋唐继承了北魏这一规定，宋朝规定立春和立秋后的第五个戊日为社，春秋社大约在春分或秋分后五天之内，元明清实行唐宋旧制。袁景澜《吴郡岁华纪胜》记苏州此俗说："二月二日为土神诞日，城中庙宇各有专祠，牲乐以酬。乡村土谷神祠，农民亦家具壶浆以祝，神厘俗称田公、田婆，古称社公、社母。社公不食宿水，故社日必有雨，曰社公雨。醵钱作会，曰社钱。叠鼓祈年，曰社鼓。饮酒治聋，曰社酒。以肉杂调和饭，曰社饭。"《荆楚岁时记》："社日，四邻并结宗会社，宰牲牢，为屋于树下，先祭神，然后享其胙。"宋梅尧臣有《春社》诗云："年年迎社雨，淡淡洗林花。树下赛田鼓，坛边伺肉鸦。春醪酒共饮，野老暮相哗。燕子何时至，长皋点翅斜。"百姓立社祭祀土地，则建土地庙。社祭时很热闹，嘉靖浙江《武康县志》说："春社，清明前数日。各村率一二十人为一社会，屠牲醵酒，焚香张乐，以祀土谷之神。乃如若装扮师巫、台阁，击鼓鸣锣，插刀拽锁，叫嚣豗（huī）突，如癫如狂。"春社的事项众多，嘉靖安徽《石埭县志》记载很详，除祭社神外，还有"浸谷种、祭新墓、治蚕诸俗"。据同治版《来凤县志》记载："社日，作米祭社神。值戊日，禁锄犁，否

则云妨农事，切腊肠和糯米、蒿菜为饭，曰社饭，彼此馈赠。凡祭扫新
坟，不过社。"道光版《施南府志》载："新葬之坟，则在社前祭之，本
家男妇及内戚皆往。祭毕，即于坟间饮食。"由此可观，鄂西南地区春社
独有的"拦社"祭新坟、吃社饭的习俗，应该为南方祭祀土地神的延续
和演化而来。"拦社、吃社饭是恩施土家族的特有习俗，其他地方没有。
过去恩施属于'穷山恶水'之地，瘴气严重，社饭中的野生香蒿味苦，
有驱邪之功，食之对身体有益，除此外，恩施土家人每年过社还寄寓了不
忘本之意。"① 社蒿是最早破土发芽又能供人食用的植物，古人在驯化出
农作物前，以一切可食的野生植物为食，便认为食物是土地神对人的恩
赐；而逝去的人也以土地为居住之所，因此，希冀土地能够带给逝去的人
一份安宁，民间有"入土为安"的俗语。对于生活在现代社会的人来讲，
土地更是给予我们食物的根基，对于土地的敬畏一直是生活在这片土地的
人们保持的基本态度，故民间有"年后望过社"之说。因此，"拦社"
和"吃社饭"仍然体现着对土地的敬奉和谢意。

> 吃社饭已从当初的祭祀文化演变成如今不折不扣的饮食习俗；
> 恩施社节承载了中国几千年来尊重自然、爱护土地的优良传统；社
> 节存在的价值，不仅是对农耕文化的记忆，也是对后代进行孝道和
> 伦理教育的重要方式。……随着时代进步，如今社饭越做越精，已
> 成为当地一种独具民族特色的美食佳肴。每年社期，市场有社菜
> 卖，酒店餐馆乃至超市都有社菜、社饭出售，社饭被评为恩施州十
> 大名吃之一。②

同时，鄂西南地区的过社，是"和""孝"文化传承发挥重要作用的
体现，对于我们今天共建和谐社会也是具有现实意义和重要价值的。

> 恩施社节中吃社饭的内容，体现了一个"和"字，拉近了亲朋
> 邻里关系；拦社内容则体现了一个"孝"字，强化了"尊老敬老"
> 及"勿忘父母养育之恩"的传统美德。这些都是构建和谐社会不可

---

① 姚祯发、杜迪纳、王喜闯等：《鄂西土家人"过社"忆苦寄哀思》，中国新闻网，ht-
tp：//www.chinanews.com/df/2012/03 – 13/3739944.shtml，2012 年 3 月 13 日。
② 安家友：《在恩施过社》，《恩施日报·文化》，http：//www.enshi.cn/2006/1109/252402.
shtml，2006 年 11 月 9 日。

缺少的基本内容。①

<h2 style="text-align:center">五　还愿</h2>

鄂西南地区地形极具山区特色，其北部为大巴山脉南缘分支的巫山山脉，东南部和中部属苗岭分支的武陵山脉，西部为大娄山山脉北延部分齐跃山脉三大主要山脉组成的山地。森林密布，毒蛇猛兽出没频繁，沟壑纵横，出行不便；气候冬暖夏凉，雾气多，日照寡少，终年湿润，气候垂直地域差异大，多瘴气；降水充沛，导致水患较多。自古以来自然环境对人的生存带来极大威胁和挑战，使得人们在面对自然灾害时，有时变得无助和茫然，只能祈求上苍神灵保佑，以获得生命和生活的基本保障，因此，在该地区自然崇拜（见图 4-3-17a-b）和原始神灵崇拜、祖先崇拜极为盛行。这也促成了人们在遭遇困境时，以许愿的方式祈求上苍神灵、祖先亡灵的庇护，一旦愿景实现，便以各种方式来还愿。这一习俗在民间至今依然存在，而且在交通不发达的高山地区十分盛行，比如处于武陵山脉及其余脉地区的恩施市红土、石窑、新塘、大山顶，建始县的官店、花坪，巴东县的野三关、大支坪，宣恩县的椿木营，鹤峰县的中营、燕子等地，至今仍然流行着还傩愿仪式（见图 4-3-18a-b）。许愿首先是遇到了重要但无法预知未来凶吉的事情，从而产生希望得到好结果的愿景作为前提，因此，从本质上说，它主要经历了三个重要的阶段：遇到重大事项的结果未知、对未知结果的良好期盼并许下愿望、愿景实现后的仪式化还

图 4-3-17a-b　自然崇拜（恩施市芭蕉侗族乡白岩村恩咸公路边）

---

①　《恩施社节》，湖北省人民政府网，http://www.hubei.gov.cn/2015change/2015sq/sqa/fwy/gjfy/ms/201509/t20150924_722578.shtml。

愿。许愿的方式也会很多，主要有口头愿、行为愿、仪式愿等基本形式，许愿的对象主要有三大类别：上天神灵、自然景观、祖先亡灵等。还愿则多以仪式性还愿为主：愿主自行举行仪式，愿主请一帮人代为完成仪式和愿主请专人做大型仪式。

遇到重大事项的结果未知阶段：在鄂西南地区，人们一般遇到的重要事项主要有以下几种类型：一是恶劣气候和自然灾害，如遇到下暴雨、涨洪水、刮大风、下冰雹等恶劣天气，特别是在庄稼长成的开花

图 4 – 3 – 18a　还傩愿仪式 鹤峰清湖傩戏班子表演
（图片来自清之源影像 作者怡夫）

结子阶段，遭遇这样的天气会导致颗粒无收的状况；当然还包括地震、虫灾、泥石流以及大瘟疫、疾病等灾难。二是人的行为事件，比如出行做生

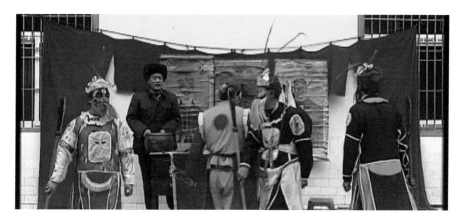

图 4 – 3 – 18b　还傩愿仪式 恩施红土（图片来自红土傩愿戏申报非遗视频）

意、考学、求子、生育等关乎切身利益，甚至生死攸关的行为事项，还包括上山、下水、进洞、出远门等具有一定危险性的行为，以及家庭中的其他事项，诸如房屋搬迁、上梁、饲养家禽牲畜等生活中的事件。三是已经遭遇不测，正在努力拯救过程中的事项，比如遭遇天灾人祸后的庄稼毁损、人员伤痛、瘟疫疾病等事项，也包括美好愿景许下后的再许愿，如考学考出了好成绩还希望再录取个好学校，生意做得很好还希望更加兴旺，等等。当人遇到这些事项时，对事项的结果无法准确作出预判，但内心需要有一个完好的结果来满足自己，这就构成了许愿的基本事项和个体心理动机，许愿成为心理动机的外显。

对事项未知结果的良好期盼许下承诺：许愿、许诺，即是对事项良好结果的愿景向上苍神灵、祖先亡灵许下承诺。许诺包括三个部分，一是向谁许下的承诺，是土地神仙还是祖先亡灵?! 要明确。二是希望达到的良好结果是什么样的，如饲养家禽六畜，希望没有瘟疫灾害、快速长大、猪能养到300斤以上、出售的话能够卖个好价钱等，再如得病的人希望尽快好起来等。三是许下的愿景实现后，要以什么方式酬谢上苍神灵或者祖先亡灵?! 比如点烛上香烧纸钱叩拜为谢，还是修缮家神或庙宇?! 或是捐资修路，等等。许愿不能随便乱许，也不可愿景实现后不还。如果是许傩愿，则要请傩戏法师到家为其举行仪式，愿主家要准备许愿的各类祭品：一碗米、一盏桐油灯、三炷香、三沓纸钱、三碗酒、一碗肉、三碗桃叶水、一张白纸、一块竹片、一桌一凳等，请来法师用竹片制作愿标，在愿主家堂屋内举行仪式，做法事许愿。许愿法事程序主要有收祚、说香、请祖师、请神、请傩神、接驾、安神、通呈保佑、打卦问事、呈供、交愿标、交余供、返驾、送神等。

愿景实现后的仪式化还愿：愿景实现后的还愿，一般是以仪式化方式来进行。这种仪式化的方式是多种多样的，从愿主参与仪式活动的规模来看，概括起来主要有愿主自行举行仪式、愿主请一般人代为完成仪式和愿主请专人举办大型仪式等三种方式。第一种为愿主自行举行仪式或者捐物捐资，主要是涉及愿主本人的切身利益相关的事项，如自己得病、希望得子、生意顺利等，这种仪式以燃烛烧香烧纸钱或者某种个体行为来呈现。如自己久病不愈，许诺后真的很快好起来，自己就亲自到现场献祭品，烧香叩头致谢。如恩施市芭蕉乡火铺塘村有一块石头，就是挂满红布，香火不断，多为许愿后来还愿之人的自主行为（见图4-3-17）。笔者在利川市剑南镇王母城调研时，正赶上修缮道观和寺庙，主持说修缮的款项全部来自还愿的捐款，其中最大部分的款项来自浙江一位商人在道观求子，得一子后致谢的捐款。王母城坐落在利川市建南镇龙泉村的王母山上，与重庆市石柱县接壤，始建于明洪武年间，山上风景独特，地势险要，建筑精美，"城"中塑有王母娘娘雕像与众多塑像，民间传说众多，是道教和佛教融合的庙宇（见图4-3-19）。第二种是愿主请一般人代为还愿，愿主有愿望实现后，绝大部分还是亲自还愿，但是，也有请身边的人或者熟悉的人帮忙还愿的情形，这种情形大多为愿主行动不便，或者有些仪式自己做不了等。比如，有许愿要修缮庙宇或者家庙的，则只能请专门的匠人来帮助完成修缮工作，以示还愿。第三种为愿主请专业班子举办大型的仪式活动，最典型的就是还傩戏愿。在恩施市红土、石窑、大山顶和鹤峰中营、宣恩县椿木营一带，至今还活跃着傩戏表演的大小班子几十个，每年每个班子还会接到80—100场的还傩戏愿仪式。多为家里求子、求婚、生病、求财、避险等。还愿时愿主家要做各种准备，包括做法事用的祭祀品和供具物资以及招待族亲的酒菜食品，请一拨专门做法事的傩坛戏班子到家，并邀请自己族亲、本村邻居以及要好朋友来参加，主人家要杀猪宰羊置办酒席招待。祭祀用品、供资及招待物品主要包括猪、羊、鸡、鱼、糯米、白肉、豆腐、白酒、白米、桐油、烟、茶、香、纸钱、蜡烛、白纸、红黄纸、绿黑纸、剪刀、糨糊、大竹小竹子、晒席、蔑笼、茶盘、碗筷、

图4-3-19 王母城（利川市建南镇龙泉村王母山）

甑子、大桌小桌、凳子、稻草等。还傩愿可以是一天、两天、三天、五天甚至七天，还傩愿有三清愿和五通愿之别，傩坛还愿要做很多场法事，少则 10 余堂，多则 80 余堂。即便是三清愿，全部做完也至少需要一天一夜共计 50 余堂法事，包括请师出坛、半道封邪、祭锣鼓、安土地、铺坛、接街、造桥、封牢、接驾、会兵、请水、请神、立堂造堂、结界、发功曹、坐兵场、请法主、交牲、跑傩、接驾、立营、开坛酒、劝酒、下马、唱下马酒、唱傩歌、讨告、传法、和会、采标和标、开洞、扮探子、扮先锋、扮开山、呈牲、扮四郎、扮和尚、开上熟酒、游斋愿、下洞请神、游愿、上熟、唱上熟酒、打冤家、扫瘟、收兵、扮土地神、扮判官、扫堂、辞神、送傩神、倒坛、半路开牢井、回坛，每堂法事又包括若干内容。正式还愿祭前，法师要先在堂屋正中央设傩坛，坛上供傩公傩母像，坛周围悬挂傩坛神像水陆画，神坛内及两边还供有猪、羊、鸡、鱼、酒、米粑、豆腐、香米等祭品。坛前为用竹子捆扎后糊彩纸制成的五彩门，俗称"桃源洞"。在做法事过程中，法师要身穿法衣、头戴面具、手执师刀令牌、口念咒语，旁边锣鼓班子敲锣打鼓，法师运用跳、唱、念、打、送、呈等各种动作来完成法事活动。还愿祭祀仪式结束以后，愿主家要派人送法师回家，路途中每过一个寨子或者越过一座山，法师必须吹响牛角号，叫"阴兵回坛"，回到家里再吹一次牛角，并念"归坛咒"。在恩施市石窑以蒋品三的傩坛班子最为有名，他 13 岁时开始跟随父学演傩愿戏，成为傩愿戏的第七代传承人，且多才多艺，精通其他民间艺术，如莲湘、薅草锣鼓、舞狮、板凳龙、花锣鼓、穿号子等，足迹遍及巴东、建始、鹤峰、五峰、恩施等地，到处都有他们的表演，他在 20 岁左右时，就曾参加过 11 个坛的傩戏演出。回忆 18 岁时与鹤峰傩戏班搭台的情形，他说道："那年，我跟鹤峰傩戏团的一起表演傩戏，我们演一折，他们演一出，越演越激烈，最后打起了擂台。我生、旦、净、丑样样在行，唱词虽通俗，但词粗理正，诙谐风趣。剧目多以善、孝、勤等为表现主题，加上打趣解闷的插曲，哪怕三天三夜，看的人也不打瞌睡，我们越演越来劲，加上年轻，不知道什么叫累。后来我们轻松地把大傩愿的正八出、三本半大戏全部演完了，演了三天四夜。最后在人们的喝彩声中走下台来吃肉喝酒，好不痛快。"[1] 为了使傩坛戏绝艺不至于在自己手里失传，蒋老先生一直在不断地收徒传艺，多年来先生共收徒授艺 30 余人。另一位傩坛法

---

① 伍功勋、吴先国、蒋品三：《傩戏一唱七十年》，《恩施日报·文化》，http://www.en-shi.cn/2007/1030/252594.shtml，2007 年 10 月 30 日。

师为恩施市三岔乡的谭学朝先生，被誉为恩施傩戏第 27 代传人，他 12 岁时拜傩戏传人廖明池为师学艺，从师学艺十年；学艺期间师傅看他聪明好学，把傩面具的制作技艺一并传授给谭学朝，他是恩施市傩戏、傩面具制作工艺最系统、最全面的唯一继承人。他不仅掌握傩坛戏所有法事，还与耍耍、莲湘等民间艺术融合，结合现代舞蹈音乐创编了大量

图 4 - 3 - 20　恩施傩戏 傩坛师谭学朝
在农家表演傩戏 文林摄

现代傩戏舞。而且为了傩戏后继有人，谭学朝晚年不遗余力，传授弟子 50 余人，其中傩坛戏演艺弟子有尹秀敖、杨代银、谭绍富、田玉先 4 人，傩面具制作弟子汪儒斌、李典华、刘继荣、江英奎 4 人，傩戏、灯戏、耍耍弟子 40 余人。不过，蒋品三、谭学朝（见图 4 - 3 - 20）两位传人均已故去，他们培养的傩坛戏传人仍然行走在恩施的这片山川大地间，为人们的美好愿景与还愿作出自己的努力。

鹤峰傩戏在 1949 年前约有 25 个傩坛，分布在走马、白果、锁坪、南北、阳河、铁炉、马家、五里、桃山、六峰、清湖、下坪、北佳、中营、邬阳等乡镇。一个傩坛一般都有一个班主，俗称"掌坛师"，一个傩坛 8—10 人不等。目前燕子乡的清湖村、铁炉乡的江口村，还有两支完整的傩坛队伍常年演出傩戏，能完成"傩愿戏"系列文本的全剧演出，且有年轻人入坛表演。鹤峰傩戏有一套完整的祭仪，由发功曹、"白旗扫"、请神、修造、开山、打路、扎寨、迎神、窖茶、开洞、戏猪、出土地、点猖、发猖、报卦、收兵、扫台、邀罡、祭将、操兵、立标、勾愿、撤寨、送神等表演环节构成，号称"二十四戏"，亦称"二十四堂法事"。湖北省鹤峰县最早见于文字记载的傩戏出现在明代天启年间，容美土司田信夫在《澧阳口号》中记录了当时傩戏在鹤峰盛行的情景："山鬼参差迭歌里，家家罗帮载身魔。夜深响彻呜呜号，争说

邻家唱大傩。"①《向氏族谱·山羊隘纪略》载"其俗信巫尚鬼，事向王公安等神，以宿神还愿为要务，敬巫师赛神愿，吹牛角，跳丈鼓……"这是唐氏土司的傩祭，文中的傩愿与赛神愿，是以歌舞为主的傩祭。唐氏土司受封为麻寮所土司（今鹤峰走马镇一带），时间约为明洪武初年（1368）。②

许愿和还愿在鄂西南地区的民众生活中，是他们面对自然威胁、生活困境以及对美好生活追求的一种艺术化呈现，其心理动机是美好的愿景，现实表达为一种文化现象和社会行为，形式上是艺术与生活的融合。即便在科技高度发达的今天，人们面对自然灾害和疾病缠身所产生的无助感，仍然希冀有天庇神助、祖先显圣，人们对美好生活的追求仍然是重要的生活品质需要。鄂西南地区民众的艺术化生活方式，特别是具有仪式化的文化场域建构，在人的美好愿景和现实无助感之间找到了一种突破口，寻找到了情感平衡的一剂妙方。

六 过年

过年不是鄂西南地区特有的民间习俗，但却具有较为明显的地域性特征。不管是传统的过年方式，还是今天的过年形式，都在一定程度上既体现为一种地域文化和汉文化的高度融合，又具有鄂西南地区特有的习俗表征。具体体现在过小年、筹年、团年、"放亮"、过年、上九日、过十五等几个重要的日期。

1. 过小年

在鄂西南地区的民间传统里，过小年的时间为阴历腊月二十四日，过小年是很讲究的，主要的仪式性事项有除尘、团小年、送接灶神。

除尘：是做一次彻底的大扫除。因传统的民间生活中，多以烧柴为主，烟熏火燎，房屋内到处是扬尘烟灰，特别是灶屋和火塘屋最为严重，因此，这一天一家大小集合起来，要对屋内进行一次全面的大扫除。因为是一次彻底的大扫除，需要移动室内家具等物品，甚至动用镬锄挖锄铲除杂草之类，比较讲究的家庭，会先举行安煞、祭祀灶神等仪式；然后将各类食物、碗筷等收捡起来，再用晒席、胶纸等物将家具、灶台遮挡起来，蒙面戴帽地全副武装，再用专门制作的打扬尘的扫帚从房梁开始，将烟尘

---

① 参见《傩戏（鹤峰傩戏）》，中国非物质文化遗产网，http：//www. ihchina. cn/project_details/13383。

② 参见"鹤峰傩戏"词条，百度百科，https：//wapbaike. baidu. com/item/鹤峰傩戏？bd_page_type = 1&st = 1。

打落下来，一直扫到地面，最后将打落的扬尘收集到一起，还可以用水浸泡，当肥料用。还要将房屋周边的野草、杂物等整理干净，摆放整齐，清理干净房屋及周边环境，准备过一个清新爽快的新年，表达辞旧迎新、迎祥纳福的美好愿望。

团小年：民间团小年除了家庭成员一起吃一餐美味佳肴之外，另外的意思是要在这一天迎接祖先神灵回来过年。过小年需要准备三五道荤菜，或者烧火锅，所有菜肴上桌，不得先吃，而要在桌子的上方及两边摆上酒杯、碗筷，先在酒杯里倒上一小杯酒，将一双筷子先搁在酒杯上，请祖先回来，并先吃酒，口里要念道"普请家祖列位先人回家过年"，如果是手艺人，师父已经故去的，需要专门为师父师祖准备酒杯碗筷，同样邀请师父师祖来家过年。过一会儿，再在碗里添一小勺子米饭，将筷子移至碗口上，让先人们吃饭，过两分钟，将筷拿下，平放在桌子上，将酒杯里的白酒倒在地上，并在桌子的四方再倒点茶水；吃酒叫饭之间，还需要在桌子的每个方位烧纸钱。叫完饭，一家人坐下来开始团小年吃饭；传统里叫过饭的饭是不能让小孩子吃的，说是吃了记性不好。平日里吃饭也不得随意将筷子搁在碗上。

送接灶神：送灶神一般是在晚上，打扫完卫生、吃完团小年的饭，就是准备送灶神的祭品和仪式活动了。如果家里贴有灶神神像，需要提前置办一张新的灶神像，到这一天，先将灶神像换为新的；如果没有贴灶神像，一般就将灶头靠墙边的位置作为灶神的神位。送灶神需要准备刀头肉、白酒、米饭以及其他菜品、糕点之类，还要准备香蜡纸烛；摆好祭品，上香点烛烧纸，送灶神离开。在民间小年送走的灶神，要在腊月三十除夕夜晚上十二点前，再用同样的仪式将其接回来，安神到位。小年到除夕这七天，民间的灶房里是没有灶神在位的，其原因是灶神要到天宫坐位值班，其有传说：玉皇大帝吃饭时，问御厨什么是最有味的？御厨略加思索答曰：盐，玉皇一听不高兴了，我天天山珍海味，什么美味都在吃，只有盐最有味吗？玉皇便吩咐卫兵将御厨杀了；第二天，其他的厨师因为这事，依然把山珍海味都做出来了，就是在菜里不放盐，玉皇一吃，觉得不好吃，问厨师怎么回事，厨师们告知缘由，玉皇突然醒悟，昨天错杀了御厨，后悔不已；为了表示自己真心悔意，特允许御厨每年的腊月二十四到三十，到天宫坐位值班；因此，民间就有了灶神一说。为了送灶神到天宫去，便以这一仪式活动来送灶神，以表示对灶神的崇拜和敬畏。平日里灶神都是在家里的，民间也有习俗，做饭时不得用刷把头敲打锅灶、不得用脚踢灶、不得向灶孔内撒尿、丢脏东西等。这一仪式在今天鄂西南地区的农村还或多或少存在。

在民间传统里的团小年预示着已经正式进入辞旧迎新的阶段，在除夕团年前，各家各户就要做过年的各种准备。

2. 筹年

鄂西南民间传统的筹年，除了小年那天打扫卫生、接祖先、送灶神之外，还要为过年做很多准备，如烫豆皮、打糍粑、煮醪糟、推豆腐、杀年猪、炒瓜子花生、做阴米、爆米花、推吊浆、蒸粑粑、浇蜡烛等。民间谚语："腊月二十八，有个猪儿杀，又打粑粑又浇蜡，过一哈儿就黑哒。"也有童谣："推粑粑，接嘎嘎，嘎嘎不吃酸粑粑；推豆腐，接舅母，舅母不吃酸豆腐；推汤圆儿，接幺姨儿，幺姨儿不吃酸汤圆儿。"表明筹年和待客要及时。筹年的过程中，最具有仪式感的应该是杀年猪和打糍粑。

杀年猪：在 20 世纪 90 年代以前，杀年猪是鄂西南地区一项十分重要的家庭仪式性活动，它除了是为过年准备肉类食品之外，其主要的原因还是对猪作为生命和自然馈赠的敬畏与感激，也是对自家一年来辛勤付出的劳动和心血的一次总结性庆贺与慰劳。20 世纪 90 年代以前，鄂西南地区的猪饲料工业还很不发达，民间养猪主要靠粮食，且用的都是下脚料；而农民喂养年猪需要八个月到一年半的时间，一般家庭会喂 1—3 头猪，留一头过年，余下的会在年前卖掉，再换"接槽猪"，条件不好的，也得想办法喂一头过年。养猪从最初买来的月猪儿，用猪草加一点粮食催架子，到秋收后，再添加粮食减少猪草来催肥猪膘，这个阶段是一项十分辛苦而又需要耐心的活路，主要是家庭主妇或者孩子们来做的事情，因为猪每天都要吃 2—3 餐，每餐一大桶，要找猪草、磨猪食、砍猪草、煮猪食，提桶喂猪，到年底就希望能够杀他个 300 斤肉的大年猪。民间杀猪匠有句形容喂猪辛苦的话："臊桶把把都磨杆哒。"到杀年猪时，家庭主妇的心情是极为复杂的，一是喂了一年的猪在一定程度上是有感情的，将要被杀掉，心里着实有点不忍不舍；就连猪本身也会有反应，到了杀猪季节，喂肥的年猪在猪圈里会用嘴啃撬猪圈或者大叫小哼的。二是因为一年下来，猪长得顺利，长肥了，为家里过年有肉可吃，去娘家拜年有猪蹄和"人情菜"拿而欣慰。因此，杀年猪的时候，家庭主妇一般不会目睹杀猪现场。农村杀年猪是有很多讲究的：一是要择吉日，大多在立冬以后就可以开始杀年猪了，家庭粮食充足的会喂到腊月二十八才杀。择吉日一般不选择家庭成员的属相日期，属鼠的日子也少用，忌讳养猪只有老鼠大。二是请专门的杀猪匠来杀猪，每到年底遇到好日子时，村镇杀年猪是要排队的，杀猪匠要从早晨天不亮开始杀到晚上半夜才摆手。三是要请族亲中有威望且年富力强的人来"捉猪尾巴"，寄予一种美好的愿景；还要请直系亲属，如外公外婆、女儿女婿和友好的邻居来吃"刨汤"。四是要祭"泰山"。首先是要在猪杀倒后"倒号"之前，将家里准备好的纸钱拿一叠，在猪血口擦拭，

图 4 - 3 - 21　年猪头祭祀先祖（恩施市芭蕉侗族乡朱砂溪村李家坝组锁王城）

让纸钱蘸上热猪血，拿到火边烤干；再将杀死的猪刨白，将猪整个匍匐在杀猪凳上，猪头朝东边，尾部朝西边，用刀沿猪的整个脊背划开一道深约5厘米的口子，把杀猪刀插在猪前脊上的口子内，刀把向前，面向东方焚香，烧带猪血的纸钱，祭祀泰山神，以感恩上苍恩赐（见图4 - 3 - 21）。杀完的年猪不是自家独享，除了吃刨汤宴之外，还要给至亲中没来吃刨汤的人带点去。更为重要的是必须为岳父岳母砍一只重10斤以上的猪蹄去拜年，且不能是有吹口的那只后猪腿。还要给郎舅砍人情菜，传统习俗里是将猪脖子肉（也称项圈肉）砍下来做人情菜，3斤左右。对于小孩子而言，杀年猪最大的乐趣莫过于在开边破肚后，把刚取出的盐贴（胰腺）拿去在火上烤了吃。同时，在民间杀年猪传统里还有很多忌讳：比如有吹口的后猪蹄是不宜拿去拜年的，特别是拜新年或者未结婚的岳父岳母；再比如忌讳杀猪匠不能一刀让猪毙命，也忌讳猪快死的时候叹气、杀猪过程中出现事故等，这些都被认为是不祥之兆，遇到这些情况，来年主人家会加倍小心。所以，为了避免出现类似情况，杀猪匠进屋也会有"招呼"。在鄂西南地区的传统习俗里，民众认为许多杀猪匠、劁猪匠都是"高人"。

打糍粑：是鄂西南地区过年的重要习俗之一，这里的糍粑一般是指大糍粑，即打出的糍粑每个1斤左右，还要用印模印出花来（见图4 - 3 - 22），主要用来拜年。20世纪90年代以前，一般一个家庭要打50—100斤糯米的糍粑，一是用来拜年和过年吃，还可以送朋友；二是用水泡着，待春耕农忙时节可以作为自家劳力们的犒劳品。打糍粑一般会在腊月二十八到腊月三十这三天进行，一个家族里多半拥有一套大糍粑的印花模具3—5个。在这三天打粑粑的时间里，整个家族的劳力会集中在一起，轮流一家一家地打，相互帮衬，更是增加乐趣。同时，这几天也会是

图4-3-22 糍粑印模（宣恩县椒园镇伍家台贡茶民俗博物馆付华林先生提供实物）

烫豆皮、磨豆腐、扎米花、炒瓜子等年货的集中准备期，家家会相互轮流制作，好一派过年的热闹气氛，俗语为"大人望种田，细娃儿望过年"。

3. 过年

在鄂西南地区的民间，一般把吃团年饭的那一天认为是过年的开始，团年虽然不属于新的一年，但在这一天家庭成员不管有多忙，都会回到家一起吃一餐团年饭，也称"吃团圆饭"，俗语说"告（叫）花子也有三十夜"，就是说乞丐也会在年三十回到家。团年的头一天晚上，要将腊猪蹄、带尾巴的腊圆尾肉、腊猪头等洗净、炖熟，备用。在鄂西南地区的民间，腊月三十（月小二十九）这一天，不只是吃年饭，还有很多的仪式性活动：祭神祭祖、"送亮"、给压岁钱、守岁等。

祭神祭祖：吃团年饭之前，一般都要祭神祭祖，由家中的男主人来主持这个事情，男主人会带着儿子参与进来。祭神祭祖前，需要先将猪头放在一个木盆内，口朝上，将猪尾巴割下来放到猪嘴巴里含着，这样有头有尾就象征整个猪，再准备三五个酒杯、白酒、年肉、年饭以及香蜡纸烛若干。祭神祭祖先从堂屋家神开始，将祭品摆放在祭桌上，上香燃烛烧纸，请家神祖先回家过年。之后还要在大门边祭财神、灶上祭灶神、场坝前祭泰山神、土地庙祭土地神、牛栏猪圈边祭主管六畜的神仙，以感谢神仙先祖的恩赐，也期盼来年顺利。腊月三十和正月十五的傍晚还要为祖坟"送亮"，鄂西南地区在除夕和元宵节的黑夜来临之前，男主人会亲自或者带着儿女到坟头为列祖列宗点蜡烛、上香、烧纸钱、燃放鞭炮，有的还送去年饭、年肉、酒和香烟，跪拜叩头，祷告祖先能保佑来年家庭平安、财运亨通、发家致富，本族祖坟基本上是必到。"送亮"的习俗一直到今天，仍然十分盛行；民间常说"三十晚上的亮，十五晚上的灯"。

吃团年饭：吃团年饭时得先"叫饭"，请列祖列宗先吃，再家人一起吃饭。即便是一家人吃饭，桌上座位还是十分讲究，坐席一般是家里最长辈的坐上席，其他的依次而坐，当然，孙子辈的可以和爷爷奶奶一起坐上席，儿女辈是不可以的；且儿女辈也不得坐下席。再比如吃饭不得往有饭的碗里加汤，认为这样会在来年请人帮忙时，容易下雨；吃东西忌讳说吃完了，因为，今天就把东西吃完了，来年该怎么办？等等，很显然，在这个年末的最后一天里，更多的是寄予着对来年的美好期盼。年饭还要给家里养的狗、猫、猪、牛、鸡等家禽牲口吃，据说喂给狗的几种食品，如果狗先吃哪样，来年哪样东西就会贵；有的还会给自家栽的果树喂年饭，以期盼来年丰收。

守岁：在鄂西南地区的民间，年三十晚上有守岁的习俗。除夕夜吃完夜饭，需要将所有过年的事项均准备完毕，因为大年初一的一天之内一般不得动用扫帚扫地，即便要扫地，也只能从大门边向神壁方向扫；不得挑水、不得洗头、不得理发等，认为新年第一天不能破财；倒是初一早上起来需要到坡上抱一捆柴回家，因为柴和材有谐音，寓意"抱财进门"。因此，除夕夜晚上一般都会忙到晚上十点钟以后，忙完这些个事后，一家人就会围坐在火塘边，一边烤着柴火、嗑着瓜子、吃着花生，一边拉家常、说家事、讲笑话，享受一年年尾难得的休闲。老年人或者家长会拿出一些零花钱来为未成年的孩子们给压岁钱，数量不等，少则几块钱，多则上百，主要是讨个好彩头，有钱压着自己的口袋，预示丰收富裕，财运亨通。守岁其实不是为了压岁钱，在文化传统里，守岁的目的是防备"年"的侵袭；据说"年"是一种很凶猛的怪兽，每到岁末最后一天晚上来到人间要找东西吃，包括小孩都是被吃的对象，因此，人们都认为年三十是很难度过的一个晚上，故有"年关"之说，故而除夕之夜大家都不敢睡觉，以防"年"的袭击。"吃年饭"是为了大家团聚，并要请求祖先来保佑除夕夜的安宁；"吃年饭"、放鞭炮、贴红对联、挂红灯笼等一切都是为了赶跑"年"这个怪兽而采取的措施，后来逐渐就形成了我们今天吃年饭、贴对联、挂灯笼、放鞭炮的年俗。在鄂西南的民间，正月初一天未放亮之前，还有"出天行"的习俗，即男主人会在大年初一的早上，天还没有亮、东方未露出鱼肚白之前，拿刀头和香蜡纸烛等祭品，在场坝沿面向东方上香点烛烧纸，迎接新的一年的到来，祈福新的一年顺利、吉祥、平安。后来，这个习俗演变为深夜十二点整的新旧年交接时段来举行的仪式活动，在没有禁鞭的时代，大年深夜十二点前后，乡村里就会鞭炮声响彻山谷峻岭，烟花映照天空似白昼，一片庆贺新年来到的热闹景象。

过上九日：即正月初九，据说是玉皇大帝的生日，民间要举行盛大的仪式来庆贺玉皇大帝的寿诞。其实，在鄂西南地区，过上九日不仅仅是为玉皇大帝过生日，更重要的是要送祖宗亡灵出门，即"送年"，也就是过了正月初九，年基本上就过完了，农村有谚语："初一不出门，初二拜家门，初三初四拜老丈人；七不出，八不归，初九事情一大堆。"这一天还会将女儿姑爷外甥接回家中，一起过上九日。据《恩施州志》记载："正月初九是上九日，拜年者以未出上九日为亲厚，过上九则为拜迟年。"民间自古就有"七不出，八不归，上九办事一大堆"的说法。"七不出"即初七不要出门做生意办事；"八不归"即初八不要从外面回家，归有完成之意，八应该发，应该发的就不应该有完成之意。上九办事一大堆，说初九这一天办事不仅能办成而且办得又多效果又好。在农村，也有在"上九日"这天做一些祭祀活动的；每年正月初九，村里的一些人有忙着请天神下凡来问年成的，问问当年水势情况的，也有问种什么庄稼收成好的。妇女在正月初九夜间迎紫姑神，谓"请七姑娘"（请七姐）。请七姐是汉族民俗文化，是过去乡下待嫁姑娘在一起做的一种祭请七仙姑下凡的活动，一般在农历正月农活不忙时进行，几个姑娘没事，簇在一起请下七仙姑，问姑娘们的私事心事，让七仙姑点化。在请七姐时，大人和成年男人是不能在场的，说是在场就请不下七仙姑了。

由此可见，过年不只是吃饭、休闲、放鞭炮这般地享受生活的乐趣，更是该地区人们内心精神的仪式化与艺术化的呈现，成为人人想、个个认的文化生活习俗。

在鄂西南地区的民众生活里，渗透着诸多文化属性的民俗活动，带有极为强烈的仪式感，这些仪式多与民居这个场所有着千丝万缕的联系，而且这种仪式感使得生活具有某种神圣性、庄重性和严肃性。虽然有些仪式文化看起来极为朴素，但是，正是因为这种朴素的、简明的、淳朴的民间生活仪式而彰显出当地文化的生命力和价值，因为这些仪式化的文化表征着该地域人们对于自然的尊重和敬畏，呈现出他们对于生命的珍爱与享受，折射出他们对于文化的包容和坚守；也显示了他们在与自然相处中的生存智慧，对先贤祖先的敬爱孝心，与他人相处中的和谐守序，这无疑也是我们今天仍然值得倡导的人文精神和民众素养，是未来社会发展可以继续吸收与消化的精神食粮。因此，民居场所构建起来的文化场域，在民众生活的日常里促成了具有强烈惯性的行为，对民众个体心理和社会文化的未来发展产生深远的影响，也必将发挥文化生态良性互动的惯性持久力而不断向前迈进。也正因为如此，鄂西南地区民众对居住空间和环境有着某种近乎"苛刻"的要求，这正是该地区民居文化植根于民众的生活中、蕴藏在人们的生命里的体现，将文化化为日常，把仪式看作常态，以物言情，心物同一，使得文化具有持久而旺盛的生命力。

第五章　传统民居的嬗变

　　中国拥有深厚的文化传统，包括建筑文化传统，又有着丰富的东方哲学思维与美学精神。因此如何运用现代的理念和技术条件，吸取传统文化的内涵，创造优美的生活环境，探索新的形式，这可能是寻找失去的灵魂，避免世界文化趋同，促进当今城乡环境丰富多彩的途径之一。①

——吴良镛

　　鄂西南地区的民居建筑有着悠久的历史传统，因为这里曾有距今约200万年以上的建始直立人（见图5－1－1a）和距今20万年的长阳人（见图5－1－1b），早期的人类为了生存的需要，不断地寻求最基本的居所；也有大量的考古资料和文献记载证明这里是民居文化悠久且延续至今仍然具有特色的文化地带。在新的时代，其传承、发展、创新的态势越来越受到社会的关注。

图5－1－1a　建始直立人遗址（建始县高坪镇麻扎坪村）

---

① 吴良镛：《中国传统人居环境理念对当代城市设计的启发》，《世界建筑》2000年第1期。

图 5 - 1 - 1b　长阳人遗址（长阳土家族自治县大堰乡钟家湾村）

第一节　历史演变中的鄂西南民居

鄂西南地区的民居文化，不论是历史文献资料还是现在的考古材料，均显示出它独有的历史文化存在，从历史演进的角度而言，鄂西南民居文化可以划分为几个重要阶段。

（一）巢居穴居阶段

鄂西南地区三处考古发掘现场，可以见证该地区有早期人类活动：1999 年发掘的建始县高坪镇巨猿洞，生活着距今 200 万年以上的"建始直立人"；1956 年发现的长阳县赵家堰区黄家塘乡生活着距今 20 万年的"长阳人"；1992 年在长阳鲢鱼山发掘的距今约 12 万—9 万年的"长阳人"生活遗迹。① "此阶段（旧石器时代）最初期的原始人类多以'洞穴'和'树上'居之，到晚期阶段时已逐渐从'洞穴'（穴居）、'树上'（巢居）向穴外宽阔地带移居，并开始构造'地面式建筑'。"② （见图 5 - 1 - 2）历史虽然是碎片化的，但是，我们从这些残存的碎片里，仍可依稀找到早期人类居住方式的痕迹，窥见鄂西南民居发展的基本脉络。如《春秋命历年》记载："合雒纪世，民始穴居，衣皮毛""古之民，未知为宫室时，就陵阜而居，穴而处……"③

"巢居"，就是在树上架木似鸟巢为屋，供人居住和使用（见图 5 - 1 -

---

① 参见朱世学《鄂西古建筑文化研究》，新华出版社 2004 年版，第 19—22 页。

② 杨华：《三峡地区古人类房屋建筑遗迹的考古发现与研究》，《中华文化论坛》2001 年第 2 期。

③ 参见杨华《三峡地区古人类房屋建筑遗迹的考古发现与研究》，《中华文化论坛》2001 年第 2 期。

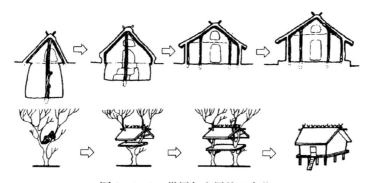

图 5 - 1 - 2　巢居与穴居的三变化
（图片来自杨华《三峡地区古人类房屋建筑遗迹的考古发现与研究》）

原始巢居　　　　　　　　　　　　檽巢　　　　　　　干栏

图 5 - 1 - 3a　三峡地区"巢居"建筑的发展与演进
（参照张良皋《土家吊脚楼与楚建筑》插图描绘）

3a - b）。巢居在适应南方气候环境特点上有显而易见的优势：远离湿地，远离虫蛇野兽侵袭，有利于通风散热，便于就地取材就地建造等。古文献《礼记》载："昔者先王未有宫室，冬则居营窟，夏则居檽巢。"明代许三阶《节侠记·闺忆》："只是巢居有日，椎紒堪悲，户外之雀可罗，堂前之燕尽去。"

据相关考古证明，鄂西和湘西北地区发现不少旧石器时期的人类居住遗址，如巴东楠木园、东渡口、沿渡河、马家村等；在江陵县荆州镇郢北村的鸡公山遗址（见图 5 - 1 - 4a）[1]，曾清理出 5 个由砾石和各类石制品围成的圆形石圈，专家推断此为中国旧石器时代人类居住的"窝棚"居住面。至新石器时代的约距今 8000 年前的城背溪文化[2]（见图 5 - 1 - 4b），逐渐

---

[1]　图片来自湖北省人民政府网，http：//www. hubei. gov. cn/jmct/jcms/gwhyz/202108/t20210
830_3728231. shtml，2021 年 8 月 30 日。

[2]　图片来自宜都市人民政府网，http：//www. yidu. gov. cn/content - 129 - 1070953 - 1. html，
2020 年 11 月 20 日。

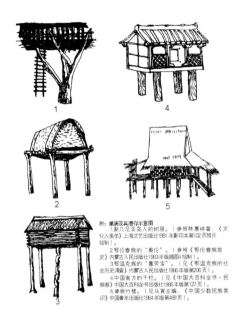

附：巢居及其遗存示意图
1.新几内亚岛人的树居。(参照林惠祥著：《文化人类学》上海文艺出版社1991年影印本第102页照片绘制)。
2.鄂伦春族的"奥伦"。(参照《鄂伦春简史》内蒙古人民出版社1983年版插图64绘制)。
3.鄂温克族的"靠劳宝"。(见《鄂温克族的社会历史调查》内蒙古人民出版社1986年版第206页)。
4.中国南方的干栏。(见《中国大百科全书·民族卷》中国大百科全书出版社1986年版第127页)。
5.傣族竹楼。(见马寅主编《中国少数民族常识》中国青年出版社1984年版第49页)。

图 5-1-3b　三峡地区"巢居"建筑的发展与演进（参照张良皋《土家吊脚楼与楚建筑》插图描绘）

演化出地面台式建筑，干栏建筑初现雏形，其代表性的遗址有秭归朝天嘴遗址、澧县彭头山遗址[1]（见图 5-1-4c）、巴东楠木园等。至距今 6400—5300 年前大溪文化，出现台基式圆角方形屋或长方形地面建筑和干栏建筑，在技术层面以捆绑式与无榫卯为主，遗址以宜昌的中堡岛、江陵朱家台大溪文化、关庙山、宜都红花套为代表。至距今 5300—4500 年的屈家岭文化，出现方形或长方形地面建筑、圆形地面式建筑以及半悬空的干栏建筑、地面台式建筑，代表性遗址有宜昌中堡岛、白庙，宜都红花套和重庆巫山锁龙等。到原始社会末期距今 4200—3000 年的清江流域的廪君时代，则以明显的地面式建筑和干栏式建筑为主，代表性遗址有宜昌白庙、三斗坪、中堡岛和秭归下尾子、巫山魏家梁子等[2]。

至此，鄂西南地区民居基本定型为以地面式建筑和干栏式建筑为主，以后的发展，主要是在空间分割、建筑结构、技术使用和功能划分上逐渐细化与多样。与同时期长江下游的河姆渡文化[3]（见图 5-1-4d）、珠江流域以及淮河流域[4]（见图 5-1-4e）干栏建筑相比，榫卯技术上略显粗糙；同时期黄河流域半坡文化的居住空间出现了分室[5]（见图 5-1-4f）。

---

① 图片来自百度百科"彭头山遗址"词条，https：//baike.baidu.com/item/% E5% BD% AD% E5% A4% B4% E5% B1% B1% E9%81%97% E5% 9D% 80/2164063。

② 参见北京大学聚落研究小组等《恩施民居》，中国建筑工业出版社 2011 年版，第 6—7 页示意图；石拓《中国南方干栏及其变迁》，华南理工大学出版社 2016 年版，第 42—51 页。

③ 石拓：《中国南方干栏及其变迁》，华南理工大学出版社 2016 年版，第 57 页。

④ 双墩遗址干栏建筑刻画符，双墩遗址博物馆，作者自摄，2021 年 10 月 31 日。

⑤ 中国科学院自然科学史研究所编：《中国古代建筑技术史》，中国建筑工业出版社 2016 年版，第 30 页。

图 5 - 1 - 4a　荆州鸡公山遗址

图 5 - 1 - 4b　宜都城背溪文化遗址

图 5 - 1 - 4c　湖南常德市
澧县彭头山遗址

穴居是早期人类运用自然形成的洞穴作为居住空间的生活选择，在鄂西南特别是长江三峡地区，洞穴式生活空间更为常见；即便在今天我们仍然可以找到穴居踪影。据利川市文物部门调查统计，仅谋道

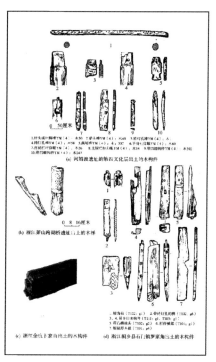

图 5 - 1 - 4d　河姆渡文化的榫卯结构

镇鱼木寨二仙岩一带的崖壁洞穴，在 1949 年以前就有住户 120 余户，到中华人民共和国成立初期仍有 80 余户住于崖洞。直到 1984 年以后，这些洞穴人家才陆续迁出，住进新房。一个小小的鱼木寨就有如此众多的洞穴人家，足见穴居式的崖居人家在鄂西南地区并不在少数。

在利川市谋道镇船头寨朝阳村的岩洞里居住着一对夫妇，被誉为武陵山区最后的崖居人家（见图 5 - 1 - 5）。2018 年 10 月这对夫妇已经在岩洞里居住了数十年，丈夫叫向立民，时年 85 岁，妻子叫倪远慧，时年 80 岁。

"但是前不久，文物部门派人来了，说要把这个崖居遗址保护起来，让我们搬出去居住，说实在的，在这里住了几十年，我们已经舍不得离开了。"向立民夫妇一脸不舍的样子。1956年农历八月十九日，土家族农民向立民和妻子来到这个崖洞，靠玉米秆和竹篱笆遮风挡雨，后来生了儿子，儿子长大成人后娶到了一位西安的姑娘，28年后，孙子便在这里出生。崖洞很早就通上了电，生活用水是一股流动的山泉水，屋子里冬暖夏凉，一家三代生活在里面，对崖

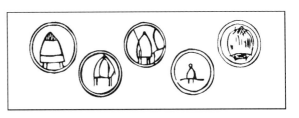

图5-1-4e　双墩遗址干栏建筑刻画符

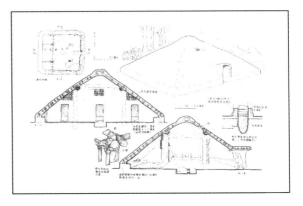

图5-1-4f　半坡遗址房屋出现分室

洞有着深厚的感情。利川船头寨因偏僻闭塞，穴洞密布，穴居这一古老的居住方式，奇迹般地一直延续至今。①

利川市鱼木寨三阳关的大岩洞，是利川迄今发现规模最大的崖居遗址，占地面积约1000平方米。据当地村民介绍，20世纪70年代，这里居住着20来户人家、

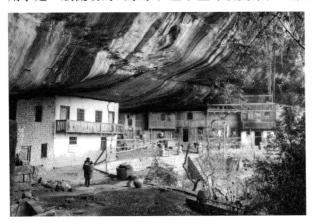

图5-1-5　1956年土家族农民向立民与妻子
倪远慧来到这里崖居（利川谋道朝阳村
鄂渝边界的崖居人家 文林摄）

---

① 资料来自《最后的崖居人家：美妙绝伦如处仙境，两位老人一直不愿离去》，百度百家号，ht-tps：//baijiahao.baidu.com/s？id=1622263374148634919&wfr=spider&for=pc，2019年1月10日。

近百位村民。该崖居现存寨墙、屋基，显得颓废而寂寥，在历史深处，诉说着一个时代的沧桑。抬头望去，洞顶有藤蔓垂下来，仿佛一道天然的绿色门帘。更为奇特的是，崖壁上还有一道瀑布，飞流直下，四季不涸，水花溅在石头上，奏响了一曲美妙的音乐。坐在瀑布下面，听鸟语、闻花香，恍若仙境，恍若隔世。①

　　湖北恩施土家族苗族自治州的部分土家族人选择了"逐穴而居"，被称为民居文化史上的"化石标本"；2016年笔者带研究生到利川谋道镇考察，亲临

图5－1－6a－b　杨有才夫妇居住的洞穴老屋（利川市谋道镇朝阳村2016年）

村民杨有才家，见证了这一奇观（见图5－1－6a－c）。恩施州内的利川市、建始县（见图5－1－7a－b）、恩施市在21世纪初仍有少数民众以山洞建造房屋而居住（见图5－1－8）。崖居生活是富足舒适，还是艰难困顿？崖居生活是天人合一的世外桃源，还是逐渐放弃的千古绝唱？作家朱千华、摄影师孙静文等多人以及图片编辑马宏杰多次前往恩施，探访了恩施的4户崖居人家，还原他们呼吸新鲜空气、饮用山泉水、自给自足的崖居生活。土家族民俗学家谭宗派提出，利川

图5－1－6c　杨有才坐在门前
正在修建的高速路边

① 资料来自《利川发现规模最大的崖居遗址，曾有近百人居住！》，网易，https：//www.163.com/dy/article/E8MTG4CK05410VLG.html，2019年2月23日。

图 5 - 1 - 7a - b　建始景阳偏坦村
崖居人家（文林摄）

图 5 - 1 - 8　建始县景阳镇偏坦村
五组 75 岁的吴邦桂老人（右一）
向来访人员介绍她家崖居里的
溶洞（文林摄）

的崖居大部分都修建在丹霞地貌坍塌形成的岩洞里，干燥、通风，而且可以为木楼节省屋顶的建筑材料。[1]

不管是穴居还是巢居，都是人类在生活中对居住方式的有效选择，也是人类智慧的表现，这种表现是以"人与自然和谐共处"为基础的；与今天这个时代里，有些地方以毁掉自然景观来改善人类居住环境形成了鲜明对照，具有深刻的启发意义。

（二）以火塘为中心的传统干栏式与台基式建筑

干栏式建筑，大多学者认为是由巢居演化而来，是远古时代的人群，特别是南方百越部落的建筑风格，是在木（竹）柱底架上建筑的高出地面的房屋。现今考古发现最早的干栏式建筑流行于南方古百越部落的居住区，最典型的是浙江余姚河姆渡（见图 5 - 1 - 9a）。这种建筑以竹木为主要材料，建筑分两层，下层放养动物和堆放杂物，上层住人。干栏式建筑在中国古代史书中有干栏、干兰、高栏、阁栏和葛栏等名称，多是由古百越族语言转译而来的音变。此外，一般文献上所说的栅居、巢居，大体所指的也是干栏式建筑。"干栏"一词，最早出自《魏书·獠传》，其载："獠者，盖南蛮之别种，自汉中达于邛笮川洞之间……依树积木，以居其上，名曰干栏。干栏大小，随其家口之数。"《旧唐书》说："土气多瘴疠，山有毒草及

----

① 朱千华：《恩施崖居：民居文化史上的"化石标本"》，《中国国家地理》2014 年第 12 期。

图5-1-9a 干栏式建筑遗址（浙江省余姚市河姆渡罗江乡河姆渡村）

沙蛮蝮蛇，人并楼居，登梯而上，是为干栏。"因其历史悠久、特色鲜明，干栏建筑也成为文学艺术表现的对象，著名土家族诗人汪承栋写道："奇山秀水妙寰球，酒寨歌乡美尽收。吊脚楼上枕一夜，十年做梦也风流。"

自新石器时代到改土归流时，鄂西南地区的建筑形式沿着巢居、穴居共存的方向演进。新石器早期，"在鄂西内陆的清江流域和酉水流域，目前还没有发现有房屋建筑居址，据推测，当时人们仍然以原始的'穴居'和'巢居'为主要居住形式"①。但在鄂西地区的秭归朝天嘴及湘西北澧县彭头山发现的遗址中有房址遗迹。自新石器时代中期到夏商周时期，则以大溪文化为代表，大溪文化是中国长江中游地区的新石器时代文化；因重庆市巫山县大溪遗址而得名。其分布东起鄂中南，西至川东，南抵洞庭湖北岸，北达汉水中游沿岸，主要集中在长江中游西段的两岸地区。其建筑遗迹有五种代表类型：台基式圆角方形房屋遗迹、方形或长方形地面式建筑遗迹、毛竹擎檐式房屋建筑遗迹、干栏式建筑遗迹、半地穴式房屋建筑遗迹。② 除了普遍流行"地面台式建筑"以外，还创造出了一种新式建筑居址——"干栏式建筑"（见图5-1-9b-c）（即吊脚楼）、③ 夏商周时期的鄂西地区的房屋建筑遗迹发现使用泥土夯筑技术和泥板、筒瓦，在清江和酉水流域，人们仍然以"穴居"和"巢居"为主，也出现了半地穴式房屋和地面式建筑。④ 至汉代、魏晋六朝时期，普遍使用瓦盖房屋，

---

① 朱世学：《鄂西古建筑文化研究》，新华出版社2004年版，第31页。
② 参见朱世学《鄂西古建筑文化研究》，新华出版社2004年版，第35—41页。
③ 参见杨华《三峡地区古人类房屋建筑遗迹的考古发现与研究》，《中华文化论坛》2001年第2期。
④ 参见朱世学《鄂西古建筑文化研究》，新华出版社2004年版，第60页。

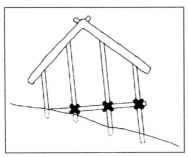

图 5 - 1 - 9b　三峡地区新石器
时代遗址中吊脚楼（即"干栏"）
式的房屋建筑示意图①

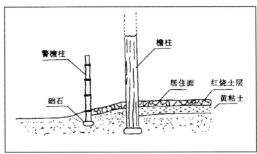

图 5 - 1 - 9c　宜都红花套遗址大溪文化地
层中毛竹警檐柱遗迹示意图②

图 5 - 1 - 9d　干栏式陶屋 西汉（贵州省
博物馆赫章可乐出土，1978 年）

干栏式建筑得到充分发展；同时期，鄂西南相邻地区及其他地区考古发掘大量的陶屋也可以见证干栏式建筑发展的状况（见图 5 - 1 - 9d - e）。清江流域的巴东富家岭、苦竹溪、故县坪等汉代遗迹和酉水流域鹤峰刘家河、来凤县苏家坪、冉家坎、杨家堡、黄家老屋等大量汉代、魏晋六朝时期的房屋建筑遗迹证明，干栏式建筑和使用瓦片盖房已经变得普遍起来；"三峡地区人类用板瓦筒瓦遮盖房屋顶部的历史顶多只能追溯到东周（即春秋）时代，再从这类板瓦筒瓦出土的所在文化层位中各类遗物来看，也多是在楚文化遗存中有见"③。民居建筑屋顶的覆盖材料以草料、树皮或石板等为主；墙体多采用木板泥墙④。

①　图片源自杨华《三峡地区古人类房屋建筑遗迹的考古发现与研究》，《中华文化论坛》2001 年第 2 期。
②　图片源自杨华《三峡地区古人类房屋建筑遗迹的考古发现与研究》，《中华文化论坛》2001 年第 2 期。
③　杨华：《长江三峡地区夏、商、周时期房屋建筑的考古发现与研究（上）——兼论长江三峡先秦时期城址建筑的特点》，《四川三峡学院学报》2000 年第 3 期。
④　朱世学：《鄂西古建筑文化研究》，新华出版社 2004 年版，第 78 页。

图5-1-9e　灰陶三层楼房 东汉
（重庆三峡博物馆）

在鄂西南地区的清江、酉水及溇水流域，考古资料显示这一地带的房屋大约自西周开始，已经有明显的室内空间功能区分，特别是火塘成为室内空间的主要形式。鹤峰刘家河遗址为半地穴式圆形建筑，"室内为圆形……室内分为两间，中间用隔墙，进门后的左室为生活空间，设有火塘等设施。右室可能为起居室，在隔墙前端有左右室的门道，而火塘则靠近墙壁……"[1] 在相邻的枝江关庙山大溪文化遗存中的房屋建筑遗迹中，也有关于空间形式、墙面处理和火塘的描述，"房基为方形，门向西（见图5-1-10）……居住面和墙壁均烧烤成红烧土，墙面用草

拌泥抹平，墙基内共清理出圆形柱洞24个；房子中间设有火塘，火塘中间有一道隔墙，屋中有柱洞16个"[2]。土司制度实施阶段，火塘仍然是该地区民居建筑中的重要空间。位于鹤峰县容美镇屏山村的大屋场遗址的相关考古资料显示："始于明代，止于清'改土归流'，面积约5000平方米，现地表散存3座房基，13个石砌火坑及石碾、石础、砖瓦残件等。"时至今日，在鄂

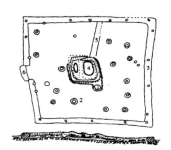

枝江关庙山大溪文化遗址地层中的F2基址平、剖面图
1. 红烧土台　2. 柱洞　3. 墙体
4. 火塘　5. 隔墙　6. 门坎

图六

图5-1-10　房屋空间与功能示意图
（杨华：《三峡地区古人类房屋建筑
遗迹的考古发现与研究》）

---

[1]　朱世学：《鄂西古建筑文化研究》，新华出版社2004年版，第61页。

[2]　杨华：《三峡地区古人类房屋建筑遗迹的考古发现与研究》，《中华文化论坛》2001年第2期。

西南地区的众多民居中，火塘仍然以其传统的方式在生活中发挥作用。

土司时期的住宅实行严格的等级制度，乾隆《永顺府志》卷二十《杂记》云："土司衙署，绮柱雕梁，砖瓦鳞砌。百姓则刘木架屋，编竹为墙。舍把头目许竖梁柱，周以板壁，皆不准盖瓦。如有用瓦者，即治以僭越之罪，俗云：'只许买马，不许盖瓦。'"① 又《永顺府志》卷十一《徽示》载：清雍正八年（1730）知府袁承宠颁《详革土司积弊》云："查土司旧俗，有只许买马，不许盖瓦之禁，以致土民家资饶裕者皆不得盖造瓦房。"清乾隆二十八年张天如《永顺府志》（1763 年刻本）卷十一《徽示》也云："查土民尽属箸屋穷檐，四周以竹，中若悬磬，并不供奉祖先。半屋高搭木床，翁姑子媳，联为一榻，不分内外，及至外来贸易客民寓居于此，男女不分，挨肩擦背，以致伦理俱废，风化难堪。"这些记载说明，土司时期，部分土民已由穴居巢居发展到篓子般的"箸屋穷檐"，即土民自称的"棚子屋"或"叉叉屋"。"半屋高搭木床"，即设置"火铺"供烤火取暖用。

土司时期市镇民居建筑技艺得到了一定的发展。乾隆《辰州府志·风俗》记载："居民近市者多构层楼，上为居室，下贮货物，为贸易所。无步履曲房，亦罕深邃至数重……山家依田结庐，傍崖为室，缚茅覆板，仅蔽风雨。设火床以代灶，昼则炊，夜其向火取暖。"②

（三）以堂屋为中心的干栏式与台基式建筑

受改土归流制度、汉族礼制、汉族建筑样式和空间布局等影响，鄂西南民居在建筑空间的分布和样式上发生了重要变化。

首先，"改土归流"以后，流官徽示"弛盖瓦之禁"，废除了住宅的等级制，特别是经济和贸易的发展带来了建筑形制的变化。光绪《秀山县志》记载："乾隆元年（1736），建县以后，吴、闽、秦、楚之民，悦其风土，咸来受廛，未能合族比居，颇集五方之俗。"各地客民都按照自己的居住习惯与审美情趣建造自己的住宅，于是土家族聚居区成为我国中部地区民居建筑形制的"大观园"，各种不同的住宅建筑形制都出现在这一地区。③

土司制度是元、明、清三朝在西南和中东南少数民族地区实行的一种管理制度，它是由唐宋时期的羁縻州县制发展而来的，就是任命少数

① 湖南省少数民族古籍办公室主编：《湖南地方志少数民族史料》，岳麓书社 1991 年版，第 182 页。
② 李学敏、黄柏权：《土家族建筑形制变迁考察》，《长江师范学院学报》2014 年第 5 期。
③ 李学敏、黄柏权：《土家族建筑形制变迁考察》，《长江师范学院学报》2014 年第 5 期。

民族的首领为土司、土官，授予他们按照当地的传统习惯对所辖地区进行统治的权力、官职世袭，一句话概括，就是"以土官治土民"。明朝就已经开始酝酿取消土司制度，改为在少数民族地区设立府、厅、州、县等机构，派遣有一定任期的流官进行直接管理，这种方法被称为"改土归流"。清康雍乾盛世时期，国力强盛，中央政府已经有足够的力量加强对少数民族地区的统治。清雍正年间在西南一些少数民族地区废除土司制，实行流官制的政治改革。雍正四年（1726），鄂尔泰大力推行改土归流政策，即由中央政府选派有一定任期的流官直接管理少数民族地区的政务，"改流之法，计擒为上策，兵剿为下策，令其投献为上策，敕令投献为下策"。"制苗之法，固应恩威并用。"改土归流的地区，包括滇、黔、桂、川、湘、鄂六省。与此同时，中国历史上曾有过 10 次人口大迁移，对鄂西南地区来讲，明清时期"湖广填四川"的人口迁移，影响最为重大而深远。根据《中国人口志》记载，明朝洪武三年（1370）至永乐十五年（1417）年间全国人口发展不平衡，朱元璋实施大规模移民，将山西北部和内蒙古边民迁往凤阳，从山东、江西等地移民于凤阳，山西人口被迁往山东、河北、北京等地，江西百姓迁往湖北、湖南、安徽、四川、江苏北部。湖南、湖北、安徽、江西人口迁往四川。此时的军民移民总数达 1100 万人，史称"江西填湖广，湖广填四川"。清朝初年，康熙、雍正、乾隆年间，制定优惠政策，鼓励移民进入四川、恩施、贵州边地。当时的移民及其后裔迁移达到了 600 万人，占当地人口总数的 60% 以上。

据《晋书·地理志》载："吴、晋各有建平郡，太康元年合，统县八，户一万三千二百。"时含巫山、鹤峰、五峰及巴东部分地区的建始县，才八千人左右。又据《隋书·地理志》记载，"清江郡统五县，共户二千六百五十八"，根据《恩施州志》记载，改土归流前，清朝康雍年间，湘西、黔东北的苗民因起义失败遭到官兵血腥镇压，大量北迁，进入荆州、施州地区。此时的施州地区"土广人稀，荒山未辟"。据《湖北通志》记载，清乾嘉年间，巴东、建始山区"民淳朴，少争讼，急公役，甘俭约，习劳苦，务耕猎，腰刀持弩"。清朝乾隆年间，左都御史吴省钦《清江为禹贡荆之沱辨》载："自古巴入楚，避三峡之险，皆由此路。"此路，指夷水，即清江。

土司制度的实施和明末清初的人口大迁徙，使原有的地域文化发生根本性的改变。汉文化带来的影响是巨大的，表现在民居建筑中，是由过去的以"火塘为中心"的建筑格局转化为"以堂屋为中心"的建筑布局，并形成对称式格局。"鄂西传统民居同其他的民居形制一样，在平面的中轴线上设有堂屋，堂屋是整个住宅的中心，它既是起居会客的公共空间，又是家族祭祀祖先、举行重大活动的地方。"① 这种格局的变化首先表现在富裕人家和官宦人家的私房和家族祠堂的建设中（见图5-1-11a-c）。

图5-1-11a 李氏庄园祠堂（利川市白杨镇水井村）

图5-1-11b 观音堂（宣恩县高罗乡黄家河村）

图5-1-11c 严家祠堂（咸丰县尖山乡大水坪村）

① 胡平、黄宏霞：《礼制文化对鄂西传统民居聚落的影响——以利川市、咸丰县为例》，《绿色科技》2011年第8期。

鄂西南地区文化还与中原文化、楚文化产生了交流与融合。"大溪文化资料还显示，至迟从新石器时代中期大溪文化开始，三峡地区已经与中原同时期的仰韶文化有了密切联系。""从三峡地区西周时期遗址中出土遗物来看，大致上可以说是以巫峡为界，巫峡以东地区的西周晚期的文化遗存属于典型的楚文化系统，而巫峡以西（包括大宁河流域）至重庆地区的西周文化遗存属于典型的巴文化性质……而西周晚期以前，鄂西及西陵峡地区的西周文化遗存当属于这一地区土生土长的巴文化系统。"① 屈原《橘颂》中的"受命不迁，生南国兮，深固难徙，更壹志兮"是对巴蜀文化民族特性的深刻描绘。巴蜀文化还具有尚武特色以及男欢女爱、自由择偶的民族特点。前者表现在文化上是善于作战和能歌善舞，后者表现在被儒家文化描述为"士女杂坐，乱而不分"并认为是"荒淫之意"的表现。因此，改土归流和人口迁徙使得原有"文化的自由、独立性与中原文化的礼法正统性的结合""'宁卖祖宗田，不卖祖宗言'，顽强地沿用方言乡音，并按原乡的家族和宗族形式重新组织家族和宗族，民居建筑也仿效原乡的形式"②。"在中国，礼并不是社会强加给个人的外在的规章法则，而是全体社会成员自觉接受的行为规范。之所以会如此，根本原因是汉儒把'礼'同人情、人义逻辑地统一了起来，将'礼'阐发成为切合人的本质、人的本性的内在的情感满足方式。"③

（四）挪用西洋建筑样式的民居建筑

从20世纪80年代开始，新建住宅大量采用钢筋混凝土、机制砖为材料建造房屋，建筑样式也开始发生较大的变化。"火柴盒式"小洋房开始出现，但主要是在城郊和交通便利的地区，而建造传统木结构房屋、土墙屋的越来越少。到20世纪90年代后，钢筋混凝土洋房越来越多，逐步向农村集镇蔓延，最后到整个鄂西南地区深山峡谷（见图5-1-12a）；也有许多富裕起来的村民不断把旧房撤掉或者弃掉，迁移到公路沿线；传统聚落不断地消失。目前，以钢筋混凝土为材料的现代建筑在鄂西南地区约占总数的60%。④

① 杨华：《长江三峡地区考古文化综述》，《重庆师范大学学报》（哲学社会科学版）2006年第1期。
② 胡平、黄宏霞：《礼制文化对鄂西传统民居聚落的影响——以利川市、咸丰县为例》，《绿色科技》2011年第8期。
③ 李华：《浅谈"湖广填四川"对巴蜀地区的文化影响》，《湖北经济学院学报》（人文社会科学版）2008年第6期。
④ 李学敏、黄柏权：《土家族建筑形制变迁考察》，《长江师范学院学报》2014年第5期。

图 5 - 1 - 12a   "火柴盒式"的民居
（恩施市白果乡乌池坝村）

这种变化主要来自人们思想观念的改变和经济条件的不断改善，包产到户和外出务工成为鄂西南地区自 20 世纪 90 年代后家庭经济的主要经营方式。从国家层面和时间跨度来看：1982 年 1 月 1 日，中共中央批转《全国农村工作会议纪要》指出，农村实行的各种责任制，包括小段包工定额计酬，专业承包联产计酬，联产到劳，包产到户、到组，包干到户、到组等，都是社会主义集体经济的生产责任制；1983 年中央下发文件，指出联产承包制是在党的领导下我国农民的伟大创造，是马克思主义农业合作化理论在我国实践中的新发展；1991 年 11 月 25—29 日举行的党的十三届八中全会通过了《中共中央关于进一步加强农业和农村工作的决定》。《决定》提出把以家庭联产承包为主的责任制、统分结合的双层经营体制作为我国乡村集体经济组织的一项基本制度长期稳定下来，并不断充实完善。家庭联产承包责任制作为农村经济体制改革的第一步，突破了"一大二公""大锅饭"的旧体制。而且，随着承包制的推行，个人付出与收入挂钩，使农民生产的积极性大增，解放了农村生产力。从民众个人层面来看，责任制使他们的积极性、主动性得到最大限度的激发，而外出务工则开阔了原来"坐井观天"的狭窄视野，外面精彩的世界拓宽了人们对世界和生活本身的认知，并通过自己的辛勤劳动获得报酬，实现自己的人生价值，并以此获得经济收入，改善居住环境等生活条件。因此，家庭联产承包责任制改革对鄂西南地区及整个中国农业生产的影响是一次性的突发效应，到 1984 年全国范围内都实行家庭联产承包责任制以后，这种制度变迁的冲击已经释放完毕。另外，农业的发展和农村市场化政策的逐步实行，使得农村非农就业机会增加，劳动力加速从种植业向非农产业转移；1978—1984 年中国农产品产值以不变价格计算增长了 42.23%，其中

46.89%归功于家庭联产承包责任制取代集体耕作制度的体制改革。① 鄂西南地区也不例外，在这种体制下居民家庭经济得到改善，并不断地有盈余，改善了原有的吃、穿、住、行等生活条件。我们从国人"三大件"的演化可以看出民众生活改善的基本轨迹：20 世纪 70 年代为"手表、自行车和缝纫机"，80 年代为"冰箱、彩电、洗衣机"，90 年代为"空调、电脑、录像机"，21 世纪初为"房子、车子、票子"，2019 年的新三大件为"电子书、按摩仪、平衡车"。这一变化虽然以城市居民生活为幸福生活的标准，农村可能要晚 10 年。在这个过程中，鄂西南地区的民众始终将建造一栋或者购置一套房子作为一生追求幸福生活的重要目标，也是鄂西南地区自古以来民众生活目标继承与发展的结果。同时，联产承包后农民需要更多的房屋空间来晾晒、储藏粮食，摆放农具，并不断改善生活环境。

电视的普及和外出务工使得民众看到了"先进"的民居建筑材料和技术，因此，"洋房"成为这个时代许多人的生活追求。同时，也因为鄂西南地区木材的大量减少，不能完全支持本地传统民居建设的需要，特别是 20 世纪五六十年代"大办钢铁"对于鄂西南地区森林造成的极为严重的毁损加剧了木材的短缺；因此，民众对新材料的使用也顺理成章地出现。据匠人们的测算，如今农村修一栋地面面积 140 平方米、三层的"洋房"，包含装修在内的造价在 30 万—50 万元，

图 5 - 1 - 12b　新民居（恩施市白杨坪镇麂子渡村）

2000 年前后在 5 万—10 万元，90 年代前后则在 1 万—3 万元左右。而一栋木构建筑的房子的造价在今天在 60 万—100 万元；2000 年前后的造价也得在 30 万—60 万元。从经济学的角度来看，经济实惠的"洋房"当然成为民众的首选（见图 5 - 1 - 12b - c）。因此，民居建筑的"西化"成为这个时间段的主要取向。

（五）回归传统的东西融合新民居建筑

鄂西南民居的改变在某种程度上比中原地区、江浙地区以及北方地区要快捷迅猛得多，这些变化一方面来自民众自己对美好生活追求的主动反

---

① 萧浩辉主编：《决策科学辞典》，人民出版社 1995 年版。

图 5 - 1 - 12c　新民居（五峰土家族自治县采花乡白溢寨村）

应和对新鲜事物持有旺盛的兴趣度；另一方面，还来自国家和地方政府的政策导向，在民居方面主要受"社会主义新农村""武陵山经济协作区"和"精准扶贫"政策的影响。

2005 年 10 月 8 日，中国共产党第十六届五中全会通过《中共中央关于制定国民经济和社会发展第十一个五年规划的建议》，提出要按照"生产发展、生活宽裕、乡风文明、村容整洁、管理民主"的要求，扎实推进社会主义新农村建设。这一政策在根本上是要狠抓农村基础设施的改善，强化地域特色，再次强化"越是民族的就越是世界的"。明确目标为：一要因地制宜：全国现有村庄 320 多万个，自然条件、经济发展、生活习俗等情况千差万别，东、中、西部地区有差别，同一个地区也有较大差别，村庄整治需要因地制宜，不断创新和完善。立足已有条件开展村庄整治，凡是能用的或者经改造后能用的房屋和设施，都要加以充分利用。农民急需的是配套道路、供水、排水等设施，改变村容村貌。二要量力而行：农村居民收入水平不高，政府财力有限，尽管中央已经和正在采取一系列措施逐步增加财政向"三农"的投入，但短期内不可能大量增加投入，新农村建设只能立足已有的基础，解决农村发展中亟须解决的紧迫问题。三要突出特色：改善农村人居环境的同时，要把是否能尽量保留原有房屋、原有风格、原有绿化，突出农村特色，作为一项基本要求；民族的就是世界的，农村若是失去其特色，只会变成一个个微型城市，很难吸引到适合的投资与寻求差异化的城市游客。与此同时，2008 年 11 月湖北省委、省政府作出重大战略决策，在着力开展国家批准的"武汉城市圈"两型社会建设、长江中游城市群的同时，运用后现代理念，激活鄂西地区丰富的生态、文化等资源优势，破解交通、体制、机制等瓶颈障碍，协调组织建设"鄂西生态文化旅游圈"。使其成为国内著名、国际知名的旅游目的地，以推进鄂西地区经济社会更好更快地发展。这既是湖北从长远谋划区域统筹协调，创造性贯彻落实科学发展观的一项重大战略，也是湖北应对当时国际金融危机，确保经济平稳较快增长的一项重大举措。据统计，鄂西地区拥有 2 个世界文化遗产、1 个世界非物质文化遗产、9 个国家自然保护区、35 个国家非物质文化遗产、4 个国家级风景名胜区及 3 个国家地质公园。生态、文化旅游资源及旅游景区等占全省比例均在一半以上。鄂西南具有生态、历史文化、工程建设奇观、地域民俗、区位五大资源优势；集中了楚文化、三国文化、巴土文化和宗教文化等湖北五大文化体系中的四大文化，以及以土苗少数民族风情和武当山地区民间故事为代表的民俗文化。

另一个国家战略是提出了构建"武陵山经济协作区"的策略，根据国务院文件要求，协调渝鄂湘黔四省市毗邻地区发展，成立国家战略层面的"武陵山经济协作区"，加快推进以土家族、苗族、侗族等聚居主体的武陵山老、少、边、贫地区经济协作和功能互补的迫切需要。这是在新的起点上进一步实施西部大开发的重要举措，是促进我国东中西部地区协调发展的战略选择，也是低碳时代生态文明建设的重大任务。武陵山经济协作区，属于区域经济组织，系渝鄂湘黔四省市毗邻地区的三市州，区域包括湖南张家界市、怀化市，湘西自治州，湖北恩施自治州，重庆一区（黔江区）五县（武隆、石柱、彭水、秀山、酉阳），贵州铜仁市；国家从定位、布局等方面明确提出了要求。

在协作区定位上的设计：国际旅游胜地——旅游发展方式得到显著转变，旅游产业转型升级和提质增效取得突破性进展，形成旅游产品特色化、旅游服务国际化、旅客进出便利化、生态环境优质化的国际旅游胜地。中国生态绿心——武陵山地处中国地理版图的心脏位置，也是中国亚热带森林生态系统的核心区域，根据其良好的绿色植被资源，充分发挥水土保持、物种保育、水源涵养、气候调节等自然功能，培育中国生态"绿心"。城际中央公园——充分依托自然景观、人文风情的独特资源，激发优势潜能，深度融入成渝都市圈、长株潭城市群、武汉都市圈和珠三角都市圈，创建连接并服务大都市圈的巨型原生境中央公园。碳汇储备基地——探索大空间、多层面、跨行业的生态补偿与碳汇交易，建立域外横向支付的生态资源互换机制，成为以低碳发展、循环经济和生态文明为主要标志的国家示范性先导区。内陆和美新区——通过点轴开发，推进区域一体，实现设施共建，资源共享，市场共治，品牌共创，培育具有强势性后发竞争力的内陆腹地新兴增长极。

在战略布局上做出的安排：经济协作区以中心城市为依托，以交通干线为骨架，以资源环境承载能力好的地区为开发重点，沿路兴城、以点带线、以城带乡、城乡互动，加快形成以"一纵三横""丰"字形经济带为骨架，以怀化、吉首、张家界、黔江、恩施、铜仁等中心城市为支撑，以县（市）城为基本单元的空间发展格局。当地聚居的各族祖先在历史进程中共同创造了特色鲜明而神秘的武陵文化：一是以濮文化、巴文化、楚文化、苗文化、越文化为源头的原始文化；二是以土家、苗族和侗族文化为主体的民族文化；三是以民间信仰和儒道释融为一体为特征的宗教文化；四是以贺龙、周逸群、贺锦斋、袁任远、廖汉生为首创造的红色文化；五是以土家族、苗族、侗族、白族服饰为标志的服饰文化；六是以湘西北"湘菜"和渝东南"川菜"为特色的饮食文化；七是以转角楼、吊脚楼、鼓楼和"三房一照壁"为标志的建筑文化，是中华多民族民俗文化中一方色彩瑰丽的活化石。目前这一布局基本在鄂西南地区实现。

恩施州文化和旅游局发布 2018 年 1—9 月恩施州旅游经济形势分析主要工作成效：经济总量呈现"三增"态势。一是接待总量增势强劲。2018 年 1—9 月，全州累计接待游客和旅游综合收入均超过 2017 年全年指标数，其中接待游客 5438.66 万人次，同比增长 29.69%；实现旅游综合收入 387.28 亿元，同比增长 29.81%。二是核心景区增长迅猛。1—9月，恩施大峡谷、恩施土司城景区接待量超过 2017 年全年接待量，其中恩施大峡谷景区共接待游客 105.32 万人，同比增长 43%；综合收入 2.71亿元，同比增长 42%；恩施土司城接待 86.57 万人，实现收入 2634.8 万元，同比分别增长 33.13%、36.86%，年内实际售票数有望突破 100 万张；利川腾龙洞接待 51.48 万人，同比增长 18.2%，实现收入 5613.2 万元，同比增长 12.6%；建始石门河接待 26.3 万人，实现收入 2267.5 万元，同比均增长 2 倍以上。三是相关要素接待增长较快。1—9 月，全州新增旅行社 30 家，总数达到 107 家，同比增长 16.3%；新增宾馆酒店 43家，房间 2852 个，床位 4864 张；旅行社经营效益良好，星级宾馆接待一直保持高入住率，度假酒店、特色民宿消费持续火爆，旅行社接待总量同比增长 21.89%，星级宾馆接待总量同比增长 12.32%，非星级宾馆和民宿同比增长 58.1%。① 恩施州政府对 2018 年全年的旅游数据总体描述为：

---

① 资料来自《2018 年 1—9 月恩施州旅游经济形势分析，一步一步稳扎稳打！》，百度百家号，https://baijiahao.baidu.com/s? id = 1615276697637470074&wfr = spider&for = pc，2018 年 10 月 25 日。

全州旅游接待人数 6216.34 万人次，比上年增长 21.1%；旅游综合收入 455.4 亿元，比上年增长 23.9%；全州共 108 个旅行社，三星及以上饭店 48 个，五星级农家乐 14 个，金宿级民宿 3 个；全州 A 级景区达到 35 个，其中 4A 级以上景区达到 20 个。① 相关数据的猛增说明该地区在优势资源保护、运用、转化方面是很成功的。

图 5 - 1 - 13a　新农村建设民居（恩施市芭蕉侗族乡戽口村筒车坝）

这一系列的政策实施，使得传统文化包括传统的民居、特色村寨、历史文化村镇都被纳入了国家政策的保护，并得到了一定的经费支持，加上旅游开发所带来的经济收益以及外来游客对该地域独特的自然景观、人文风情的兴趣，使得民众深刻认识到之前的穷山恶水原来是"金山银山"、神秘的仪式与习俗成为独具特色的文化

图 5 - 1 - 13b　文旅融合新民居（宣恩县椒园镇黄坪村 209 国道边）

---

① 资料来自《2018 年恩施州国民经济和社会发展统计公报》，恩施土家族苗族自治州人民政府网，http://www.enshi.gov.cn/sj/qztjgb/201904/t20190422_346082.shtml，2019 年 4 月 22 日。

资源，民众的文化认同、文化自信和保护意识得到极大程度的提升。因此，传统民居以及传统文化的复兴也成为鄂西南地区民居文化再生的重要体现；大量民居得到了保护、修复、转化、开发，同时，还有部分民众因修建一栋吊脚楼或者老式的木构建筑、土墙建筑或者石墙建筑而引以为豪（见图 5 – 1 – 13a – c）。因为它既体现出拥有的经济实力，还表征着拥有的传统文化；更反映出人们对传统民居建筑价值和民居文化的重新认可。

图 5 – 1 – 13c　老屋整新民居（建始县官店镇陈子山村）

在建筑样式上逐步趋向将传统木构建筑、土石木建筑与钢筋水泥、机制砖、玻璃、铝材等相融，构造出一种土洋融合的建筑样式。这些融合在国家"新农村建设""精准扶贫""乡村振兴计划"的实施中进一步得到强化，并在全民旅游热的催化作用下，恩施新民居的建设出现大量回归传统的态势。

第二节　新农村建设中的鄂西南民居

新农村建设的完整描述为"建设社会主义新农村"，这不是一个新概念，自 20 世纪 50 年代以来曾多次出现过类似提法，但在新的历史背景下，党的十六届五中全会提出的建设社会主义新农村具有更为深远的意义和更加全面的要求。2005 年 10 月 8 日，中国共产党第十六届五中全会通过《中共中央关于制定国民经济和社会发展第十一个五年规划的建议》，提出要按照"生产发展、生活宽裕、乡风文明、村容整洁、管理民主"的要求，扎实推进社会主义新农村建设。特别提出"乡风文明，是农民素质的反映，体现农村精神文明建设的要求。村容整洁，是展现农村新貌的窗口，是实现人与环境和谐发展的必然要求。社会主义新农村呈现在人们眼前的，应该是脏乱差状况从根本上得到治理、人居环境明显改善、农民安居乐业的景象。这是新农村建设最直观的体现。管理民主，是新农村建设的政治保证，显示了对农民群众政治权利的尊重和维护。只有进一步扩大农村基层民主，完善村民自治制度，真正让农民群众当家做主，才能调动农民群众的积极性，真正建设好社会主义新农村"①。这一系列的要求，自然与农村农民的居住环境有着直接的关系。而这一政策的实施，还是得益于新中国改革开放的好决策，特别是对农村土地所有制的改革，使得农民的自主性、积极性和主动性得到最大限度的发挥，使得新民居建设得以有经济基础的支持，也得益于农民从土地上"走出去"以后的观念改变。鄂西南地区的农村从20世纪80年代开始，呈现出了慢慢转变的势头，随着改革开放的深入和新农村建设政策的实施，以及非物质遗产和物质文化遗产、生态保护策略的推广，鄂西南地区原本相对劣势的自然资源、人文环境和地理区位逐渐转化为一种优势资源，使得人们重新审视自己的行为模式和生活态度，对于自身长久居住的房子及其周边环境也产生了深度思考，并以参与者的角色发挥着重要的作用。

一 新农村民居的主要类型

相对于传统的民居而言，新农村建设中的鄂西南民居在很大程度上发生了变化，其变化不仅仅体现在民居建筑材料、技术、样式和空间布局上，更为重要的是随着生活水平和质量的不断提高，人们对生活的品质要求也更高。实现这一目标的基础还是经济基础，而在农村修建一套房子需要一笔不小的经济支出，虽然随着改革开放的深入，农民的经济条件得到了很大改善，但鄂西南地区相对于中国发达地区而言，仍然是属于贫困的。在485个国家级贫困县市的名单里，湖北省16个，大部分在鄂西地区，而鄂西南地区10个县市均为贫困县（长阳土家族自治县、五峰土家族自治县、恩施市、利川市、建始县、巴东县、咸丰县、宣恩县、来凤县、鹤峰县），属连片贫困区。2019年4月29日，湖北省人民政府发布《省人民政府关于批准阳新县等17个县（市、区）退出贫困县的通知》，经县级申请、市级初审、省级专项评估检查，宣恩县、来凤县、鹤峰县准予退出"贫困县"，宣布脱贫。自新中国成立以来，特别是改革开放以

---

① 《建设社会主义新农村》，新华网，http：//www.xinhuanet.com/politics/jsshzyxnc/。

来，国家对于鄂西南地区的支援和扶持是巨大的，也表现在民居建设和环境治理上。从经费来源的经济基础和民众自主性的角度来看，新农村建设中的民居类型主要是自主翻新型、政府资助自主翻新型、政策性保护特色民居型、精准扶贫易地搬迁型和商业运营旅游开发型。

1. 民众自主翻新型

民居的建造经费主要还是来自民众自己，因此，民众的经济收入状况直接影响其居住空间和居住环境的质量。改革开放以来，首先是农民对土地的自主经营与管理，在兼顾国家利益的同时，使得民众自身的利益得到最大限度的保护和支持，农民的腰包也逐渐鼓了起来，有了结余的资金来扩大生产，寻求更多的经济来源；同时，外出务工也成为20世纪90年代以来鄂西南地区农民的常态，由此带来的农村变化也是显著的。从外在形式上体现为民居的变化，一幢幢新民居在山间、路边、村镇旁树立起来，不仅仅使农民解决了吃饭、穿衣的温饱问题，也是朝美好生活迈进的最为直接的外在体现。

自20世纪90年代以来，鄂西南民居在翻修中主要是以砖混结构的普通平房为主，后来在新农村战略和非物质文化遗产保护的政策引导下，民居建筑在建筑空间布局和样式上有了很大的改观。主要体现在样式上将传统民居建筑的一些建筑元素和装饰图样使用起来，比如加上斜坡屋顶盖瓦、门窗用上传统的木格子窗花，有的还加上翘檐、吊瓜柱等鄂西南地区传统民居的元素符号（见图5-2-1）。在屋内引入自来水、加装卫生间、改善厨房设施、美化房前屋后环境等，同时，将猪栏牛圈从房屋中分离出来，使居住环境获得极大改善。

2. 政府资助自主翻新型

自新农村建设政策实施以来，政府在鄂西南地区改造提升民居建筑环境质量和民居文化复兴方面发挥的作用是不可低估的，一是国家政策给予的支持、鼓励和导向，使得民众有了比较明确的方向；二是政府给予一定的经费补助，用于改善和提升民众居住环境质量，特别是在国道线、高速路、铁路、旅游区等处于公众视线下的民居，在政府的支持下改善的速度、民居建设的质量和风格样式的选择都得到了很好的把控。即便是在偏远深山老区的民居，也随着近几年精准扶贫和美丽乡村建设的步伐加快，得到了最大限度的改善和提高。政府在推动引入自来水、加装卫生间、厨房设施改善以及房屋周边环境整治等民居卫生条件改善项目上都作出了积极努力。同时，农村电网升级改造使得村民生活用电得到保障。据调查，新农村建设中靠路边的民居需要翻新，在获得政府批地建造的基础上，还

图 5 - 2 - 1　自主翻新的民居（咸丰县小村乡小村村小腊壁）

能够得到 1 万—3 万元的经费补贴，这对于实施乡村民居改造具有很大的吸引力（见图 5 - 2 - 2）。

图 5 - 2 - 2　政府资助翻新的民居（宣恩县沙道沟镇两河口村汪家寨）

3. 政策性保护特色民居型

政策性保护的特色民居一般是指建造历史在 100 年以上、建筑样式和规模有特色且具有保存价值的民居建筑，包括民众居住的生活用房、祠堂、廊桥、戏楼和书院等。这些建筑大多被各级政府命名为文物或者保护对象的民居、特色村寨和历史文化名村（镇）。特别是近几年被命名的特色村寨和历史文化名村（镇），据 2017 年恩施新闻网的报道："全国 717 个村寨为第二批'中国少数民族特色村寨'，我省 28 个村入列，其中我州 23 个村上榜。此前，我州 15 个村寨上榜首批'中国少数民族特色村寨'。至此，我州共有'中国少数民族特色村寨'38 个。"① 其实还有宜昌地区长阳土家族自治县武落钟离山庄溪村、五峰县采花乡栗子坪村和长乐坪镇腰牌村 3 个也属于鄂西南地区。少数民族特色村寨所涉及的民居数量是较多的，对于国家和地方政府而言，这些都是应该被保护的物质文化，不过对于民众而言，有一种"食之无味，弃之可惜"的"鸡肋"感，他们更加羡慕那些建造了"洋房"的人。因此，这一类型的民居在目前遭遇到的最大困境是：一方面，国家政府有限的资金难以修复这些民居，使其在特色被明确地彰显出来的同时还能满足居住其中的民众的生活需要。另一方面，民居毕竟是人生活的空间，需要更新换代，当这种心理难以满足时，民众的内心会有一种纠结的情绪难以平复；这类民居在政府和民众之间都是一个两难的选择。这一类型的民居在当前要么垮掉，要么需要政府给予经费来维护和保障其特色；当然，还有一条路，就是旅游开发，但是也显得举步维艰。如恩施市的金龙坝、滚龙坝；利川沙溪张高寨、老屋基、鱼木寨，来凤舍米湖、杨梅古寨；咸丰刘家大院、蒋家屋场、严家祠堂，宣恩观音堂、野椒园，等等，要在有限的保护资金和办法下使这些民居焕发新的魅力，着实需要多方努力。因为这些民居中除了少量的近 200 年甚至 300 年的老房子，旅游开发的价值不大，因此保护起来是很难的。如咸丰的刘家大院最具价值的撮箕口形制的吊脚楼，正屋（200 年以上）于 2015 年冬笔者一行前往考察调研时已经全部坍塌（见图 5 - 2 - 3a）。也有年久失修垮塌朽掉后，政府再着力抢修的（见图 5 - 2 - 3b）。

4. 精准扶贫易地搬迁型

近几年来，在国家大力推动精准扶贫工作的过程中，由于一些建档立

---

① 《恩施州 23 个村上榜第二批"中国少数民族特色村寨"》，《恩施晚报》2017 年 3 月 29 日。

图5-2-3a　刘家大院（咸丰县高乐山镇梅坪村，2015年）

卡的贫困户存在居住条件差、交通不便、过于分散等问题，国家不仅仅从经费上予以大力支持，还为这一部分贫困户修建了人均面积40平方米的新房屋。其建造的方式主要有三种：一是就地翻修旧房，这一类主要适用于居住位置不错，周边有许多住户，但生活条件十分差的家庭。二是个别搬迁，居住较偏远的贫困户，将其搬迁至有多户人家居住且交通较为便利的地方，为其建造新的房屋。三是集中易地搬迁居住，对于较为偏远的多户人

图5-2-3b　两百余年观音堂（宣恩县高罗乡黄家河村）

家，或者一个村的多户偏远贫困户，将他们集中搬迁至一个地方，以建小区的方式，实施易地集中搬迁。例如恩施市三岔乡王家村就有近100户人家搬至新建在三岔中学附近的一个居住小区；再如宣恩椒园镇、桐子营乡、沙道沟镇松坪、咸丰丁寨太阳洼、建始县业州镇柳树淌、建始店子坪、利川市汪营镇兴盛、利川市团堡镇团山坝、来凤县旧司镇红沙田、巴东县信陵镇等；鄂西南地区各县各乡镇均建有易地集中搬迁的安置小区（见图5-2-4a-b）。

图5-2-4a　易地搬迁新民居（巴东县野三关镇穿心岩村）

图5-2-4b　易地搬迁新民居（五峰土家族自治县牛庄乡横茅湖村）

易地搬迁集中安置是鄂西南地区脱贫攻坚的重点任务之一，"目标——'十三五'时期，我州易地扶贫搬迁总规模达 7.24 万户 23.4 万人，计划分三年完成，其中 2016 年我州省定任务为 2.07 万户 6.87 万人。有目标、有共识，2016 年，我州大力实施易地扶贫搬迁工程，挪穷窝，换穷业，拔穷根，挂图作战，倒排工期，着力让困难群众喜圆'安居梦'"。"2016 年，全州 8 县市共设置集中安置点 525 个。到 12 月 31 日，我州能如期实现省定 2.07 万户 6.87 万人的'交钥匙'工程目标。截至 12 月中旬，8 县市已承接易地扶贫搬迁地方政府债券 24.67 亿元，中央预算内资金 4.8 亿元，地方长期贷款 23.8 亿元，根据工程实施进度，及时下拨易地扶贫搬迁工程建设资金 10 亿多元。"① 截至 2019 年 12 月，恩施州鹤峰、来凤和宣恩县已经宣布脱贫。

5. 商业运营旅游开发型

在政府资助之外，还有民众自主或企业投资的商住一体化民居，主要将居住生活与商业投资运营结合起来，开展民居的建设和改造。特别是在离城市不远的郊区、著名景区公路沿线、交通便利且环境特别幽静的场所，成为当下鄂西南地区民居建筑与商业运营紧密联系方案的重要选用范围。这类民居有两大功能，一是供自己居住生活，二是进行餐饮、民宿等商业化经营。如恩施大峡谷沿线路边，从大龙潭到屯堡再到沐抚镇沿公路两边的民居，绝大多数都是以这类方式建造翻新的民居洋楼或者是经典的吊脚楼。再如宣恩椒园的 209 国道边，很多民居也是如此建造起来的（见图 5-2-5）。再如利川市，即是以家庭为基本单元，开发出了许多可住可吃可游、可养生可乘凉的特色民宿，成为武汉、重庆等大城市市民夏天避暑的好去处。

这一类型的民居大都建成有特色民居样式，传统开放院落砖木构混合式建筑又盛行起来，如宣恩椒园的"玉龙山庄"、恩施龙凤坝"巴乡古寨"（见图 5-2-6）等。

这一类型中还包括对传统特色村寨的开发和利用，如来凤三胡的杨梅古寨，宣恩彭家寨、伍家台、利川鱼木寨、老屋基，恩施市夷水侗乡—枫香坡侗寨等（见图 5-2-7）。

截至 2017 年全恩施州共有民宿 2300 家，其中大多数分布在利川和恩施。恩施州把重点打造巴东民宿作为脱贫攻坚任务，"到 2020 年该县

---

① 《让困难群众喜圆"安居梦"——我州大力实施易地扶贫搬迁工程纪实》，《恩施日报》2016 年 12 月 26 日。

图 5 - 2 - 5　新式石墙建筑（宣恩县椒园镇黄坪村）

图 5 - 2 - 6　新民居巴乡古寨（恩施市龙凤镇三河村 209 国道边）

每个乡镇至少建设打造 1 个以上旅游民宿示范村。1 家'银宿级'以上民宿，该县'金宿级'民宿 3 个以上，精品民宿 100 家以上，民宿床位达到 500 张，带动 1000 多人脱贫致富。民宿旅游成为全域旅游的重要增长极"。

图 5 – 2 – 7 侗寨枫香坡（恩施市芭蕉侗族乡高拱桥村）

二 新农村建设中的民居特色

随着科学技术的不断进步带来的建筑材料和建筑技术的现代化，以及钢筋水泥、玻璃瓷砖、铝合金、不锈钢等新型材料的到来，鄂西南地区民居样式的变化是很明显的。改革开放以后，各地交通条件不断得到改善，材料运输问题得以解决，特别是新农村建设政策的实施，鄂西南地区民居文化发生了很大变化，这些变化主要呈现出以下特点。

（一）民居建筑材料和建造技术现代化

20 世纪 80 年代以来，随着农村责任制的实施，家庭经济条件不断获得改善，农民手上钱多了，在满足吃饱穿暖的基础上，首先需要解决的问题是改善自家的居住环境。因此，部分居住在公路边且手上有闲钱的农家，将原来的木板房翻新为钢筋水泥与耐火砖相结合的砖混民居，结合木质门窗加装玻璃的方式，开始了基于现代材料和技术的民居改造，饰面材料则以仿瓷涂料、工业油漆为主。2000 年以后，瓷砖、铝合金、玻璃、不锈钢、复合板材、实木板材、环保型水性墙涂料、成型门窗与定制等新型材料的不断丰富，使得民居建筑在材料和技术上得到改进。对现代材料和技术的广泛使用，使得民居建筑的成本大大减低，使用的寿命则延长，关键是钢筋水泥具有良好的防火防水功能，且不易被损坏。

　　这一变化也是渐次出现的，首先出现在交通条件好的公路边、城市郊区、村镇等位置（见图5－2－8），然后随着交通的改善，慢慢向乡村组渗透。特别是近几年国家实施"村村通"公路计划后，村镇一级的公路全部贯通，为老百姓购置建筑材料提供了方便，同时，民众自身也加强了对公路的建设，许多村组跨越艰险、自筹资金修路的比比皆是；精准扶贫更是将"打通最后一公里"作为改善农村基础条件的基本目标，因此，在鄂西南地区不管是高山还是峡谷、险滩还是高地都有公路通往该处，"无限风光在险峰"的景观处也屹立着现代化的民居。

图5－2－8　"童话小镇"（利川市汪营镇）

　　建筑材料和技术的现代化带来的问题也是明显的，即对传统建筑技术的挑战，木匠、石匠、瓦匠等工匠们失去了原有的技术优势，到了"英雄无用武之地"的境地；更带来了传统木构建筑、土墙建筑、石墙建筑的毁损，甚至是灭绝性的。因此，国家在2000年后逐步采取传统文化保护的策略，特别是物质文化和非物质文化保护政策的实施，为优秀的传统民居、特色村寨、历史文化名镇（村）保护带来了希望，使得一部分优质的民居建筑资源得以保存；并逐步唤醒了民众的文化自觉意识。

（二）民居样式上呈现"西洋"与"传统"互为依存，相互融合

新型的建筑材料给民居带来的另一个最大变化是民居建筑样式的改变。20世纪80年代的现代民居多是"平房"，因平顶易积水，导致水流不畅，长此以往，会出现屋顶漏水等问题。经过逐步改进，许多家庭采取加装传统的木构屋顶盖青瓦的方式，并引入"西洋别墅"样式，从空间布局到外观样式都逐渐地丰富起来。新农村建设政策实施以来，在政府的引导下，民众的地域文化意识逐步增强，开始结合本地特色传统民居包括吊脚楼样式，探索并实现传统民居样式与西洋建筑的融合。与此同时，还有少数家庭重新回归鄂西南地区民居建筑的传统，并加以改良，使得民居建筑功能现代化、空间合理化与多样化，装饰更加精致化。

这种外来模式与本地民居建筑的融合体现在两个方面：一是空间布局，平面空间处理在农村大多遵从鄂西南传统民居的三间正屋的地平面布局、堂屋居中的对称式布局，外加厨房，有的结合地形高低不平，采取用钢筋水泥的框架支撑，形成新的"吊脚楼"形制；立体空间上则发挥了西洋建筑的优势，在楼层高度上又比传统民居要高，一般至少修到三层，高的有修到七八层的。二是将传统民居的部分典型元素用到新民居建筑上来，如加装斜坡屋顶盖瓦、木柱木栏杆、传统窗花门框、马头墙等，使洋楼具有本地与本民族的"血脉"（见图5-2-9）。

图5-2-9　文旅融合新民居（五峰土家族自治县采花乡栗子坪村）

在农村还十分重视对传统老房屋的改造与改良，主要体现在卫生环境的优化上，比如移走原来的猪圈、牛圈，加装卫生间，改善厨房条件和改

进火塘取暖方式等。

（三）民居空间功能更加完善，设施更加齐全，环境更加优美

新民居因为材料和技术的改进，加之人们生活方式与观念的转变，在建筑空间的处理和功能的划分上出现了较大变化。首先是建筑材料更利于向高度空间展开，而横向空间相对减少，所以，房屋的楼层变化较大。此外，现代生活中水、电等带来的各类家具、生活用品的现代化，对建筑空间提出了新的要求，如电视机、沙发、冰箱等进入日常家庭，厨房用具至少增加了电饭煲、电磁炉等电器，有的甚至还用上了液化气、沼气等新型燃料，因此，建筑空间不再按照烧柴的需求来建设，柴火灶变为节能灶，火塘变为地窟窿或者节能电炉，卧室则加进了卫生间等设施，且各楼层相对独立。而猪圈牛栏远离人的生活区或者采取隔离措施，使得环境卫生也得到极大的改善；与此同时，家境好点的，还十分重视房屋周边环境的美化，场坝边沿建栏杆、花坛，有的还会建池塘等。

这一特征在精准扶贫易地安置点的建设上也体现得非常明显。易地扶贫搬迁的安置点，大多按照城市化的社区楼栋建设标准进行，单独户型的设计上也按照城市房屋的模式来设计和建设。环境建设也实现绿化，道路硬化、黑色化。

（四）民居文化认同感得到继承和发扬，民众生活幸福感获得感越来越强

在科学技术迅猛发展的今天，随着手机、电视等现代化设备的普及，鄂西南地区的民众与我国其他地区的民众在生活质量上的差距已经越来越小，甚至鄂西南独特的地理环境、生态气候、人文资源超过了许多其他地区，这在民众中间已经达成了共识，过去的穷山恶水，到今天已经是"金山银山"，这成为人们生活品质的重要标志。同时，民众更加认识到了自然资源、民俗文化在今天这个社会的价值，使得人们的幸福感、获得感得到提升；从而增强了人们保护生态环境、保护传统文化的意识，文化自信意识与认同感加强，并能够学会接受、容纳其他文化，从而有利于构建和谐社会。

在对传统民居文化的继承与创新方面，鄂西南地区拥有丰富的文化艺术资源，众多的特色村寨、民居，以及人们生活中仍在传播的民歌、民间舞蹈、戏曲等；前文所述的民居文化在物质、文本、仪式等方面的继承与创新也呈现出很好的势头。比如建房仍然有选地基的习俗，房子建好了，要举行"倒板封顶"的庆典仪式近似于原来的上梁习俗；结婚庆贺，生孩子"打三朝"，老人去世办"白喜送葬"、择期择地安葬，过社拦社等

习俗依然在民间流行。即便如今许多民居建成了"小洋楼"，也依然安放供奉着家神，家神的书写由原来的"天地君亲师位"改为了"天地国亲师位"，体现了鄂西南人民的家国情怀，有的还供奉关公、财神，有的还建有土地庙等。这些依存于民居的传统文化并没有随着建筑样式的消失而消失，人们也

图5－2－10　新巢居（建始县高坪镇地心谷景区）

并没有因为科技发展、经济腾飞而忘掉老祖宗传下来的文化，这是鄂西南地区人民的一份坚守、一份信念和一份责任的体现（见图5－2－10）。

总体而言，鄂西南民居在今天看来，是一个当代建筑形式与传统建筑样式（见图5－2－11）并存的局面，且在建筑样式上变得越来越丰富，空间功能越来越符合人们现代生活的需要，卫生条件、生态环境也越来越受到人们的重视，传统文化得到保护、继承、创新和发展，人们的生活正在朝着"美好生活"的目标迈进。

图5－2－11　崖居生活 吴邦桂（右）周用然在崖居里生火做饭（文林 摄）

第六章　鄂西南民居的文化阐释

> 社会通过构建一种回忆文化的方式，在想象中构架了自我形象，并在世代相传中延续了认同。

——扬·阿斯曼

据历史资料和考古发掘显示，鄂西南有建始人、长阳人等早期人类活动，且历史上曾分属于巴、楚、黔、吴等不同行政区划，在政治制度方面经历过早期的蛮夷部落时期，也有中央集权的封建统治羁縻政策，更有"统以土司，以夷制夷"土司制度。同时，近 30 个民族聚居于此，各民族文化既有各自的特色，又相互交融，互相影响；该地区特殊的地理位置、环境气候等因素，又使得这一地区的文化具有极强的多样性，是濮文化、巴文化、楚文化、蜀文化融合的结果，也深受传统汉文化的影响。与此同时，鄂西南地处北纬 30 度左右的大山深处，过去交通不便，信息闭塞，形成了文化尘封地带，人们的生活习俗、文化艺术得以保留、继承、发展并延续至今，成为保存传统文化的温床。被长时间尘封的文化场域使得居住其中的人们，形成了习以为常的惯性，以一种口传心授的不自觉行为，将传统文化一代一代地传承下来，且依然保留着多样文化的基因，在鄂西南大地上不断地生根、发芽、成长和结果，成为中华文化宝库中不可多得的一部分。这些文化是鄂西南人民的智慧在历史长河里的结晶，更是他们生活的写照、精神的表征和心理的隐射。

第一节　和谐共生的物质存在与精神寄寓

人类依赖于客观物质世界而获得生存保障，并在不断利用和改善物质条件的过程中得到精神的享受和心理满足。民居即是人们对客观物质世界运用的体现，更是个人、家族精神寄予的场所。而鄂西南地区的民居在利用客观物质世界资源的过程中，有着相对独特的表达方式。

一 物理存在与精神互为

民居是一种客观的物理存在，包括建筑材料、空间以及经受风霜雨雪洗礼后留下的时间痕迹。而鄂西南地区的人们在处理民居这些物理存在的各要素时，并不是将物质材料单纯地堆砌起来构造物理空间，满足居住的基本需要，而是对客观世界和物理存在寄予了许多精神意象，并在互动中生成具有互为关系的民居文化载体。

首先，表现在对客观物质世界的顺应和敬畏上。鄂西南地区的建筑并不追求奢华和富丽，而是简洁与质朴（见图6-1-1）。在空间的占有上，强调因地造房，不过于改造地形，比如吊脚楼的建造就是典型的因地造型的体现；就地取材、因材施技都体现了顺应自然的价值取向。此外，在向大自然索取物质材料时所表现出来的敬畏之心，还体现在建造程序的仪式之中，比如挖地基要祭祀土地神、进山砍树"伐青山"祭祀山神、杀猪过年祭祀泰山，等等，都表现出鄂西南地区民众在生活中感恩自然馈赠的情感和态度。这种索取和感恩应该是人类与自然和谐相处之道，也是中华传统文化"天人合一"观念的具体体现。

图6-1-1 大茅坡营（宣恩县高罗镇大茅坡营村）

其次，表现在运用材料构建建筑部件与空间形式时寄予的精神意象。

通过对材料的技术干预，建构具有特色的建筑部件和空间形式，同时，对材料的使用和空间建构有着自己严格的规定性，形成既有特色又有精神寄予的民居实体。鄂西南民居文化中在利用物质材料方面主要包含着三个内容①：一是建筑物本身，主要是指材料、结构与空间所构成的建筑物本体的物理属性。利用木材、泥土、石块等地域性材料构筑起建筑空间形式，更为重要的是利用技术构造出特殊的建筑部件和空间形式，比如板凳挑、将军柱、走马转角楼、龛子等独具特色的建筑部件，磨脚屋、龛子等特色空间，成为区别于他民族建筑样式的代表，这是鄂西南人民智慧的结晶。二是对于民居某些部位的建筑材料的选用有着自己严格的规定性。比如梁木、神壁、大门的用材，一般要使用杉木、榉木、柏树等挺拔、健硕的树；"梁木要选用一棵树的第二节材料，第一节用于做神壁木板、三、四节用作神壁的枋片"（余世军口述）。在掌墨师口述史中还有"脚不踏榉、椿不顶天"（余世军口述）的传授，表明榉木不可以用作楼板，椿木不宜用到屋顶上。同时，强调建筑部件实体所具有的象征性，如梁木、中柱、神壁、大门、房门、堂屋及火塘、三角、大门坎、神龛等；这些建筑部件既是民居建筑的本体存在，同时，它承载着鄂西南地区人民及掌墨师们的精神寄托和价值取向。三是吊脚楼营造工具与仪式中涉及的物品，包括掌墨师与工匠使用的各类工具，如五尺、门规尺、木马、墨斗（见图6－1－2）、斧子、锯子、刨子；掌墨师使用的五尺用材更是严苛，需要采伐深山里听不到狗叫声的桃木制作完成，五尺下部的铁件需要请专门的铁匠定做；做道场和主持丧葬的法师所用令牌与五尺的材料选用标准是一样的。而立扇与上梁时所用到的金带、法锤、红布，还包括学艺出师中用到的衣服、米饭、雄鸡、白酒、香蜡纸烛和整套工具等物品，都是人们寄予未来希望的象征性物质。再比如制作梁木开梁口时凿下的木屑，包梁时需要用到老皇历、墨块、

图6－1－2　墨斗 祭祀鲁班点墨斗 余世军主持（图片来自白果坝乡文化站修建施工现场）

---

① 参见石庆秘《土家族吊脚楼文化的群体记忆与精神符码》，《铜仁学院学报》2018年第7期。

毛笔、五谷杂粮、红布和铜线等物品；祭鲁班时必须用到的五尺、红布、雄鸡、白酒、香蜡纸烛、公鸡、鸡血、鸡毛等；还包括红白喜事中的各类物品，如腊猪蹄、糍粑、庚书、长命锁、旗锣鼓伞，等等。这些物件已经超越了它的物理属性和功能，也不是基于建造房屋结构样式的技术要求而来，而是鄂西南地区人们约定俗成的习俗与惯性，这些物质材料成了人们寄托精神的载体。

最后，人与物质世界的互动生成意义和价值。其实仔细品味上述物质材料，这其中包含着鄂西南民众对物质世界和材料属性本身意义的深刻理解和运用，歌德坚持认为，"具有象征性的物体并不是被观察者赋予了意义，而是自身来说就具有意义"①。鄂西南地区的民众对于客观世界和物质材料的运用正是这一观念的体现。如鄂西南民众有栽树和选择性砍树取石挖土的习惯，特别是砍过的大片树林或者取石的山林，一定会移栽幼苗，使其重生。砍树一般不会将一大片森林砍光，如果是建筑用材，则砍十年以上的树木，如果是生活用柴，则多取已经死去或将要死去的树枝或者树木，即便砍活的树木，也会砍掉不成材的，还会抽砍。与此同时，民众总是将自然物质世界的生命现象拟人化，将自然生命与人的生命同等看待，比如建房子选梁木要求树木生长茂盛且有很多抱孙的树，说明树很健康，繁殖能力很强，以此来寄托家族繁衍旺盛的希望。如建房择地和挑选墓地则需要与自然环境相协调，都体现出人们对于自然生命本体的深刻领悟，并以此来与人的生命本体相关联。"土地不仅是物质供应的基础，它本身还是文化记忆，主人公再次将自己与这种文化记忆联系起来。土地上面铺满了故事，主人公学会了把他自己的故事作为这些古老故事的一部分去阅读。"② 因此，在鄂西南民居文化中，建筑物、空间形态、工具、（见图6-1-3a-c）生活用品、法器（见图6-1-3d）等物品作为客观的物质存在，具有物质材料的物理属性和生命本质，使人们得以运用这些物质材料建构和传承民居建筑实体和生活物品，构成民众生活重要的物质保障条件之一；同时，这些物质材料的属性和生命载体本身所蕴含的意义和价值，又成为人们寄托精神的象征物，成为鄂西南民众的精神映射载体；两者促使民居文化形态成为鄂西南民众生活的基本要素，衍化为群体认同的精神符码，这是鄂西南民众在长期与自然相处过程中互动互生的结果。

① 参见［德］阿莱达·阿斯曼《回忆空间：文化记忆的形式和变迁》，潘璐译，北京大学出版社2016年版，第230页。
② ［德］阿莱达·阿斯曼：《回忆空间：文化记忆的形式和变迁》，潘璐译，北京大学出版社2016年版，第337页。

图6-1-3a 石匠工具（咸丰县肖传军师傅提供）

图6-1-3b "掌墨师"覃遵柱用一根有12个棱的木棒记录吊脚楼不同位置的柱子、木枋的大小（宣恩珠山镇上湖塘社区一吊脚楼修建现场）

图6-1-3c 响楼子（咸丰县黄金洞乡麻柳溪村）

图6-1-3d 做道场时的法器（恩施市白杨坪镇张家槽村）

二 数理关系与精神表达①

在鄂西南地区民居文化中，数据与空间、日期选择与愿景表达是掌墨师及其他文化持有者必须熟知的基本技能，这些数据与人们的心理诉求有着内在的联系，因此，民居文化中的数理关系有其特殊的价值。工匠、法师等文化持有者不仅仅要将这些数字运用到民居建造或者与之相关的习俗之中，而且需要知道它的根源和表述的意义，以适应大众对于数理的认知，这是鄂西南地区民居与习俗文化流传下来的一种非常重要的方式，它构成了鄂西南地区民居建筑文化的重要因素。数字"3""8""5"等是

---

① 参见石庆秘等《土家族吊脚楼营造核心技术及空间文化解读》，《前沿》2015年第6期。

鄂西南民居建造技术中使用最为频繁的、寓意最为深刻的数字，而1—9则是在民居文化中的说辞、十姊妹十弟兄歌中经常被用到；特别是在生活中，4、6、8等更加具有普遍的谐音寓意；偶数则因为"好事成双"的寓意也常被使用。

"3"：在鄂西南民居建筑技术文化中，除了作为建造的技术指标，与"升三""三天整酒"等寓意相关之外；祭祀仪式也会用到许多与"3"关联的事项。如修房造屋系金带的说辞常常将"3"置入其中："手拿金带软绵绵，黄龙背上缠三缠，左缠三转生贵子，右缠三转状元郎。"再如叩头或作揖一般要叩"三"下或者"三"叩九拜，一炷香要"三"根，做法事时法器一般会敲"三"下，等等。而且还有许多描述都是与"3"的倍数相关的数据，比如、6、9、36、72等。如赞梁时的说辞："……盘古三星，尧舜商汤，前朝后汉，一切不讲，我与主东，去上栋梁。脚踏金街地，三步进华堂……"（石定武口述）"……三十六人抬不起，七十二人抬不动，主东请了一班官家儿郎，轻吹细打，迎进华堂……""……带来三双六个蛋，抱出三双六只鸡……"（刘昌厚口述）踩财门时的说辞"……三十六步下天门，七十二步踩财门；旱路来有三十六个弯，水路而来七十二道滩……"这些出自不同文化持有者口述的说辞中，都采用了"3"以及与"3"相关的数字表述，是一个很有意思的文化现象。

"8"在民居建造中除了与建筑尺寸有关外（见前文），更为重要的是"8"与"发"谐音，隐喻"发家"——人丁兴旺，"发财"——金银满堂；同时"8"还是单数中除"9"以外的最大数，在封建社会，百姓不能用"9"而用"8"，这应该是封建社会的文化遗俗，被一以贯之地承袭下来。在民间习俗中的许多说辞中，会普遍使用"8"这个数来表达寓意和象征；如上云梯中上到第八步的说辞为"脚踏云梯八步，八仙寿长""上八步八大金刚"，赞梁中对梁木的尺度表述"张郎持斧来砍，李郎拿尺来量；大尺量来一丈八"。踩财门中对各星宿的生辰日期则多表述为与"8"相关的数，"财百星君己巳年，四月十八巳时生；文曲星君甲子年，五月十八子时生；紫薇星君丁卯年，三月十八卯时生"，等等。

"3"和"8"在掌墨师技艺传承中，认为是对木匠行业源头的一种解释，即"'3''8'代表东方、代表木，木匠干的是与木有关的活，木匠也视东为大"（谢明贤口述）。"3""8"也常常被关联起来使用，如在掌墨师的说辞里也会常常用到，开梁口时的说辞中有："……开口开起三分三，代代儿孙做高官，梁口开起三分八，开得家发人也发……"这里的"三分三"和"三分八"也不是梁口开出的实际尺寸。

"5"在鄂西南地区民居建造技艺中，除了作为门的尺度及其尺度尾数的表述外，还"暗含五方五味的关系，五方指东西南北中的地理方位"（万桃元口述），在一些仪式说辞中对"五"也有很好的表述（见图6-1-4a-e），比如抛梁粑："……一抛东，代代儿孙坐朝中；二抛南，代代儿孙点状元；三抛西，代代儿孙穿朝衣；四抛北，代代儿孙做侯爷；五抛中

图6-1-4a　严家祠堂大门门板上被铲掉的雕花（咸丰县尖山乡大水坪村）

**图6-1-4b　民居的大门（恩施市盛家坝乡
二官寨村小溪胡家）**

央戊己土，代代儿孙做知府。"抛"五"下，实则不止抛了五下，"五"在这里更多地表述方位，即东西南北中各个方位都抛到了，实际上还是祝福语。与此同时，当"5"与"4"搭配使用时，又成为一种禁忌，即有"四分五裂"的含义，特别是在民居的开间和扇架数量搭配中，表现得极为明

显。如建房子一般不会开间
为"4"间，因为"4"间房
需要"5"列扇架；在与民居
文化相关的习俗里，也有相
关禁忌，如老人去世后穿衣
服一般不穿"5"件，而以
"3"件或者"7"件居多。

图6-1-4c　富裕家庭的门装饰更为讲究
（利川市白杨镇水井村李氏庄园）

在鄂西南地区民居建造
中除了技艺中所蕴含的数理
关系，掌墨师认为这是"师
傅传下来的规矩"，不容更
改；除此之外，在掌墨师和其他与民居相关的文化中，数字"1—10"或
者"1—12"常常被使用，特别是"4""10""12"寓意更为清晰明了。
比如掌墨师在主持仪式中的说辞，上云梯时需要从上第一步开始说起，说
到第十步或者第十二步；其实，一架云梯也不一定都是十步，而房屋的实
际高度也不等于十步高。再如砍梁树时也需要先有一段说辞，里面会常常
使用"1—4"的数字："一砍天长地久，二砍地久天长，三砍荣华富贵，
四砍金银满堂。"而在陪十弟兄十姊妹的歌词中，也常常有"十唱""十
哭""十赞"等众多数字顺序的表述。"4""12"常被使用是因为该数字
与四季、一年有关，四季代表一年，一年为十二个月，而四季与十二个月
又是循环往复、周而复始的，因此，具有长久、恒常的寓意。"10"在民
间多与"十全十美""十全大美"有关，而寓意象征一切均好。

在鄂西南民居文化及其相关的习俗里，普遍使用数字，特别是在众
多的说辞中使用，其目的有三：一是念起来顺口，二是要尽可能将要说
的事项条理化，三是要尽量说全面，则用数字量化来表述。其实这些数
字后面所表述的内容，均是对主家的美好祝愿。因此，数理的使用成为
掌墨师、法师等文化持有者与民众被普遍认同的文化现象，至今在民间
流行。

三　非技术次序与精神映射①

在鄂西南地区民居建造中，技术与工序有严格的先后顺序之外，有些
先后顺序并不是以技术和工序为依据，而是与习俗直接有关。这些非技术

---

① 参见石庆秘等《土家族吊脚楼营造核心技术及空间文化解读》，《前沿》2015年第6期。

次序主要表现在三个方面。

图6-1-4d 民居耳门（宣恩县长潭河侗族乡杨柳池村）

一是强调东头为大的习俗，如立扇架，必须先"从堂屋的东头开始立，再立西头扇架"（万桃元、谢明贤、余世军、康纪中、夏国锋、龚伦会等掌墨师口述），接着立东头耳间扇架，再立西头耳间扇架；堂屋的梁木、檩子、楼枕等横向的建筑部件的安放必须是树蔸那头朝东（见图6-1-5）；做梁、开梁口、上梁等相关事项，均是东头为先，开梁口时一定是掌墨师站在东头，先说福事、动工具开口，二墨师站西头才可以接着说福事、动工具开口；房屋居住的尊卑长幼与东头有关，年长或者长子住房屋东头，"住家时一般也是父辈要住东头，或者长辈住

图6-1-4e 大门上方安装看梁（宣恩县长潭河侗族乡杨柳池村）

图6-1-5　强调非技术次序与用材顺头（恩施市盛家坝乡二官寨村
旧铺康家院子移迁老房施工现场）

东头，如果是分家居住，则长子住东头，小儿子或者女儿住西厢房或者吊脚楼上"（万桃元、谢明贤、余世军、康纪中、王青安等掌墨师口述）等。坐席时长者、长辈坐东头等。

二是遵从树、人以及自然生命的生长顺序，而非技术本身，以此暗喻人与人的关系。比如"装神壁必须从正中间一块板子开始，且该板必须都做公榫，接着装东头一块，再接西头一块，以此装完"（万桃元、谢明贤、余世军、夏国锋、龚伦会等掌墨师口述）。"同一节木料分开后用在对应的部位要树心相对，而不能相背，比如大门枋与神壁枋、床枋等。"（万桃元、谢明贤、余世军、夏国锋、龚伦会等掌墨师口述）

三是尊重约定俗成的习俗。在鄂西南地区民居文化中，过程中的技术和仪式关系是交叉互动的且有次序关系的。这些次序关系与技术没有本质关系，而是与人们的行为有关，进而形成习俗并传承下来；体现该地域人们对自然、对生命的尊重和敬畏。如在建造房屋的过程中，"开山动土""伐青山"前要祭山神，"上梁"前要祭鲁班和祖先等；匠人进屋要先"招呼"；结婚的头一天晚上要"陪十姊妹""陪十弟兄"；完婚了要"回门"等；老人去世入殓后要烧"落气钱、放落气炮"，入土后要"复山"

"祭头七"，新坟三年要"拦社"；等等。这些习俗不仅仅是掌墨师、法师等应该掌握的，在行业内也是被普遍认同的行业规矩；在民众中也有认同感。"土家族吊脚楼营造技艺"之所以成为国家级非物质文化遗产，这些非技术次序意识正是该文化内涵的核心之一，它映射出土家族人民对于这些次序的认同，对仪式的在意。

在鄂西南民居建造中，不管是吊脚楼，还是台基式民居建筑，不管是木构民居还是土石民居，在建筑文化及其习俗方面是一致的，只不过吊脚楼更能够代表鄂西南山区民居建筑的典型样式。与此同时，鄂西南地区民居建筑中这些非技术次序意识，既表现为对于建筑物件、生活物品的特殊要求，是由约定的习俗和传承观念所规定的，物件成为工匠与民众内心情感的象征物，衍化为精神符码植根于家庭、族群的记忆里；又反映了鄂西南地区民众在文化变迁中仍然坚守的文化特性，也折射出人们的情感价值和心理诉求。

四　空间处理与精神表征①

鄂西南地区主要以土家族、苗族、侗族等少数民族为主，这些少数民族在民居样式上表面看起来似乎没有太大的差别，在整体上以吊脚楼和台基式民居为主，具有很强的地域性特色，尤以独具特色的吊脚楼为代表。鄂西南民居在建筑空间处理上，有着自己独特的方式，其具体表现在三个层面。

第一个层面是建筑局部空间和建筑部件的特殊结构处理，特别是土家族吊脚楼又有明显区别于其他民族的特点，从建筑局部造型上表现为"将军柱""板凳挑""走马转角楼"和"翘檐"。这些部件有着复杂的结构，需要高超的技术支持才能解决结构和承重等难题，从技术面来讲，这些都是鄂西南地区掌墨师必须掌握的核心技术之一，是掌墨师能力的体现，也是土家族民居区别于其他民族民居的重要特色。"将军柱""板凳挑""走马转角楼""翘檐"等特殊结构和空间的设计，不仅作为民居的造型和样式存在，更为重要的是作为空间形式反映出人们在与自然相处中所形成的生态观念和审美追求；因地制宜，因材施技，使吊脚楼的思檐廊上、房间屋内，新鲜空气扑鼻而入，树木花草触手可及（见图6-1-6a-b）。

第二个层面体现在建筑本体空间的处理上，具有很强的文化规定

①　参见石庆秘等《土家族吊脚楼营造核心技术及空间文化解读》，《前沿》2015年第6期。

图6-1-6a　走马转角楼（恩施市白果乡两河口村双山寺）

图6-1-6b　回廊与翘檐的完美结合（来凤县百福司镇舍米湖村）

性，特别是火塘屋、堂屋、神壁、大门、房门等建筑空间的处理。火塘
与堂屋既是民居建筑空间的实体，更是家人日常生活、相聚交流的空间

存在，特别是"神壁"还是祖先神灵的安放之处，是现实的人与精神寄予的人之间互动交流的场所，成为家庭、家族精神外化的物质空间存在。而大门、房门、耳门等建筑空间，除了作为空间与空间相连的存在，从其建造中对于尺寸和形状大小的要求来看，诸如"房门应该上小下大""大门上大下小""耳门不宜对开"（万桃元、谢明贤、余世军、夏国锋、龚伦会等掌墨师口述）等规定性，它更是人们对于生命安全、家族兴盛、物质财富、未来发展等诸多精神寄予和期望表达。这种将建筑实体空间给予文化的规定性，使得建筑物理空间与人精神需要之间形成互动与融合。

第三个层面体现在建筑本体与环境空间的诉求上。民众对于居住场所的选择，既表现在阳宅，也表现在阴宅，强调人与自然和谐共生的整体生态观念。不管是"地有十三怕、二十四好"，还是"前朱雀、后玄武、左青龙、右白虎"对地形与屋基关系的表述，或还是"可许青龙高百丈，不许白虎抬头望"对地形的特殊要求上，这种对物理空间、建筑实体空间的整体要求，不是简单地以建筑空间和建筑功能为需求，而是要结合人的精神需要来有效选择物理空间，并建构符合居住需要的人居空间，同时又依存于自然空间整体，强化了自然的物理空间存在，人居空间仍然是自然空间的一部分。

总而言之，鄂西南地区民居既是一种客观物质与物理空间存在，更是鄂西南地区人们在与自然相处过程中生存经验的积累，更是人们精神的映射和心理表征。这种空间处理使建筑、技术、空间、仪式、文化、精神在民居这一载体中得到和谐统一，并延续发展至今。

第二节　主体自觉的文化传承与生态建构

文化是人建构起来的，因此，人在文化生发、演进和再生产过程中起着主导作用。人又是自然的一部分，文化建构既反映出人与自然相处的策略与方法，更反映出人的智慧，还折射出人作为群体存在对于文化的认同与扬弃；以及人与自然相处的观念存在。

一　传承主体的文化延续：从鲁班到出师

在民间学艺是一件十分艰辛的事情，一般至少要两年甚至更长的时间才能出师。鄂西南地区民居技艺与文化的传承方式主要是家族传承和师徒传承，当然也有"窃学"或者"参师"学艺的。但是，作为主持民居修建的掌墨师和主持法事仪式的掌坛师，一定都是有正式的师承，并且需要过职的。在民居建筑行业里的掌墨师以及包括石匠在内的匠人们，都以鲁班作为他们行业的始祖，尊奉鲁班为先师，且掌墨师或工匠以"五尺"或者"墨斗""木马""斧子"等物品作为鲁班先师在场的物质象征。而做道场或者主持丧葬仪式法事活动的掌坛师，则是尊奉太上老君为自己行业的祖师，有的也以傩公傩母为祖师；他们以手上令牌为最基本的传承法器，代表师承关系。因此，在这两大行业里，代表师祖和师承关系的"五尺"和"令牌"在制作时都是必须选听不到狗叫声的深山老林里的桃树来制作，且必须由师父亲自完成。五尺上须刻上"鲁班到此，诸神回避"和符咒（见图6-2-1a）；而掌坛师的令牌则需要在令牌上挖个洞，在洞内写上始祖和师父的姓名，再将洞口封上，外面用红色漆涂光亮（见图6-2-1b）。这些法器都必须在过职的仪式上由师父亲自授给徒弟，徒弟才算正式出师。这一规矩一直传承至今，几乎没有改变。他们分别尊崇自己行业的始祖约定，凡有祭祀活动，都需要将"五尺"或者"令牌"请到场，念动口诀，请先师到位。在鄂西南民间，不管是否出师，师父健在时凡遇到过年、

图6-2-1a　掌墨师余世军
五尺上的符咒

图6-2-1b　掌坛师的令牌 非遗代表性
传承人张茂明的法器（来凤县省级
非物质文化遗产项目《吹打乐》）

过寿等重要日子时，徒弟们都要带礼前往祝贺；如果是师父过世了，徒弟们要准备至少一个荤菜，几个素菜，点香烧纸，倒上白酒祭祀师祖师父。他们始终不忘记自己的这碗饭是先师和师父带给他们的。因此，民间技艺文化传承中的师承关系有着极为严格的程序和规定性，而且几乎保持着稳定的程序和仪式性，一直延续至今，这种尊师重道的精神，是我们今天值得推崇和发扬的。

鄂西南地区的民众十分尊重有着严格师承关系的这些掌墨师和掌坛师。他们普遍认为，只有经过正式的师徒传承才是有"哈数"的师傅，才能"招呼得住"。这个"哈数"和"招呼得住"其实不单单指所拥有的技术水平，而更多指师傅们对仪式主持中所需要用到的各类法术、符咒、说辞和仪式程序的掌握，这些才是体现师傅水平高低的重要因素，当然也包含高超的技术和聪敏的大脑、良好的口才等其他素养。这些对于民间文化的认同与师傅们所拥有的技艺和文化，自然构成了一种场域空间，在满足各自不同需要的过程中，形成了约定俗成的规矩和程式，并代代相传。

从历史的角度来看，鄂西南地区不论是在改土归流前还是改土归流后，其社会的基本形态还是乡民社会，即便是 1949 年以后到改革开放以前，乡民社会的文化惯性仍然在民间维系着人们的社会关系。由此可见，乡民社会所形成的文化生态，为个体生长和民众集体的自我建构提供了丰厚的土壤，成为鄂西南地区传统社会的价值尺度，反过来而言，一个区域或者一个民族的文化是集体经验积累和个人经验的叠加，"文化是依赖象征体系和个人的记忆而维护着的社会共同经验，这样说来，每个人的'当前'，不但包括他个人'过去'的投影，而且还是整个民族的'过去'的投影"①。鄂西南民居文化中的技艺传承、习俗仪式及其象征性，为民众和个体成长与自我建构提供了养料，正是浸润在这样的文化场域中的惯习养成，使鄂西南地区的民众对自身的文化有足够的认同；这样的文化土壤使文化传承成为一种自然的习性，使文化在潜移默化与无意识中被传承了下来。同时，又因为鄂西南地区与汉族地区毗邻，交流频繁，家国一体的认识得到加强，因此，鄂西南人民不仅仅认同自己的文化特性，对汉文化的吸纳与接受，表明他们是具有家国情怀的民族，也是开放的民族。从鄂西南地区民居神壁供奉家神的牌位即可见一斑，过去鄂西南地区的家神牌位书写的是"天地君亲师位"，而今绝大多数供奉家神的牌位上

---

① 费孝通：《乡土中国》，北京大学出版社 2012 年版，第 31 页。

写"天地国亲师位"。

对天地自然的崇拜仍然是鄂西南地区民众最为原始的信仰，对族亲以及师父（老师）的尊敬，体现了鄂西南传统民居文化里的宗亲意识和尊师重教的观念，从而集体建构起自我教育的文化生态。随着科学技术的不断进步、我国改革开放政策的不断深入，特别是近几年高铁、高速路的开通、旅游热的兴起，鄂西南民众走出大山，看到、学到了新的技术、新的文化和新的观念，对自身文化的改造甚至是扬弃，成为鄂西南民众和个体生存的文化选择；"物质文化和技术水平的变化竟然使这些记忆隐喻的意义发生了很大的变化"①。另外，鄂西南地区民众面对如此快速变化的文化渗入，也看到了自身文化的特性并渐渐地明晰起来，挖掘、整理和传承传统文化，并建构文化认同的生态环境，也成为鄂西南民众和个体建构自我的新契机。

近几年，不论是民间商业用房还是民众自建房屋，对传统民居文化的回归是最好的体现，特别是随着新农村建设、乡村振兴计划、文旅融合战略的实施，显现出来的文化回归现象极为明显，且逐渐演化为新一轮传统民居文化复兴热潮。当然在这样的契机下，需要对民居文化中的精神符码进一步深入挖掘与解读，并释放出来，以此建构新时代传统民居文化的精神内核，重组当下的文化样态，以形成新的文化生态，更好地传承鄂西南民居文化，重塑民众和个体的记忆。"记忆不断经历着重构。""记忆不仅重构着过去，而且组织着当下和未来的经验。"②

鄂西南地区民众对生命的热爱和对美好生活的向往，使

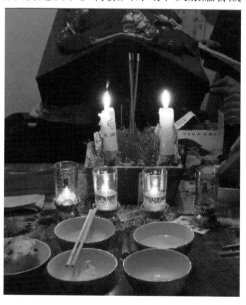

图6－2－2a　老人去世出柩前的祭祀仪式
（恩施市芭蕉侗族乡朱砂溪村）

---

① ［德］阿莱达·阿斯曼：《回忆空间：文化记忆的形式和变迁》，潘璐译，北京大学出版社2016年版，第197页。

② ［德］扬·阿斯曼：《文化记忆：早期高级文化中的文字、回忆和政治身份》，金寿福、黄晓晨译，北京大学出版社2015年版，第35页。

图6-2-2b　修房屋祭祀鲁班（卢瑞生摄）

他们在当下的生活里仍然保留诸多的原始信仰（见图6-2-2a-b），其基本的诉求是对人自身生命情结的终极关怀，"土家族在现实生活中，之所以还保留着远古的原始宗教的多神崇拜，实际上是现实生活中祈福禳灾的一种精神需求，只要人们不放弃对美好生活的追求和对天灾人祸的畏惧，人们就难以放弃宗教这种对人类终极关怀的精神诉求"①。"在土家族原始宗教文化中，从生殖、生存、生死意义上都表现出了强烈的生命意识。"② 这也成为鄂西南地区传统文化具有神秘性的体现，也是鄂西南地区民众内在精神的映射。③

由此可见，鄂西南地区民居文化的传承，在行业内部形成的规定性、程序性和仪式性文化内核，构成了工匠们尊师重道的基本职业素养和精神表征，以此传承至今；而民众对民居文化的高度认同，使得这一文化惯性得到加强，与技艺构成了良性互动的文化生态；并能跟随时代的步伐，不断调整对待传统文化的态度，使民居传统文化得以传承、发展与创新。

二　民居空间的功能融合：从火塘到堂屋

在鄂西南地区，民众对于居家空间的布局和使用，有着自己相对独特的处理方式和文化惯性。对于民居建筑空间的布局处理，不仅表现在因地造房、因材施艺地对地形地势和材料进行有效利用，以及民居建筑样式的呈现上，更表现在人们对于空间的功能划分和人的精神诉求的有效融合上。对于空间功能的划分，一方面要满足人们日常生活的基本需要，另一方面表现在对空间精神需求的功能融合上，并以此形成既定的文化约定。从鄂西南地区民居的空间布局来看，一个家庭建筑里兼具多重功能的空间主要包括火塘、堂屋、灶屋和夫妻的卧室（鄂西南俗称为"房屋"）。

---

① 郑英杰：《土家族原始宗教文化的生命意识及其现代启示》，《宗教学研究》2008年第4期。

② 郑英杰、郑迅：《湘西少数民族原始宗教伦理的现代审视》，《伦理学研究》2008年第6期。

③ 参见石庆秘《土家族吊脚楼文化的群体记忆与精神符码》，《铜仁学院学报》2018年第7期。

　　鄂西南地区的民众对火有着独特的情感，无论在火塘还是灶屋，都有神位供奉。一般家庭的居住空间里必须有火塘，而且火塘位置一般居于建筑的东头（在土家族地区东头为大），火塘中的铁三角、梭筒钩是神圣的代表，而且有"搬家先搬火"的说法，"搬火"就是搬铁三角、梭筒钩和火种。在平民家里，火塘既是烤火休闲、做饭聚餐的生活空间，也是接待客人、供奉神灵的场所，它还是作为鄂西南地区民众精神价值指向的空间，这种空间形式至今还在恩施市的盛家坝、咸丰县麻柳溪、活龙坪、尖山、丁寨等地存在着。

　　鄂西南地区民众修房必须有火塘屋。一是火塘用于煮饭聚餐和烤火取暖，以及满足接待亲朋好友的客观生活需要，具有极为重要的实用价值。二是火塘作为神性和家族观念的精神空间存在。人们将火塘当作列祖列宗和各路神仙的神位，表达对逝去亲人的追思和纪念，寄予朴素的生灵崇拜和美好愿景表达。三是火塘成为鄂西南地区民众内心精神追求的价值尺度。一个家庭里如果没有火塘，就感觉缺少生活的气息、生命的味道，没有"起达"，有一盆火就会聚人气、有生气，而且成为族群的群体认同。"铁三脚"作为鄂西南民众生活的必备用品，主要是便于烧柴时搁置炊具，铁三脚架于火上，铁三脚上再搁顶罐、铁锅之类用于煮饭烧菜的用具，不用时则搁置在火塘旁边。鄂西南地区民众对铁三脚有许多禁忌：不允许任何人用脚踩踏，或者是坐在屁股底下，更不得有任何污秽之物搁置其上。在鄂西南地区，火塘是改土归流前神

图6-2-3a　土家火塘（文林摄 恩施市金龙坝村）

圣的建筑空间之一,"火塘是土家族建筑的核心,对于土家族人来说,火塘意味着一个家庭的精神,火塘终年不灭则家庭可始终团聚,所以不管是建于哪个时期的房屋,家家户户必须要修建一个或者两个火塘屋,可以说火塘的精神象征意义远大于其实际功能"①。改土归流后,受汉文化影响,鄂西南民居的神性空间在保留火塘的同时,堂屋(见图6-2-3a-b)、神壁、家神、大门以及堂屋内的耳门、堂屋的梁木、中柱都成了具有精神寄托的物质载体。"耳门不宜对开"是为了避免家人间出现经常拌嘴的现象;大门坎不得随意踩踏,妇人不能坐在大门坎上,制作梁木时人不得从梁木上面跨过去,表达出鄂西南地区各族群在精神上的敬畏心理。这些文化现象和认同从根本上体现出这些族群的集体身份认同,哈布瓦赫认为:"集体记忆保障了一个团体的特点和持续性",诺拉更是表明:"团体的记忆后面既不是集体灵魂也不是客观精神,而是带有其不同标志和符号的社会;通过共同的符号,个人分享一个共同的记忆和一个共同的身份认同。"显然,作为建筑空间形式存在的火塘和堂屋,已经超越了它作为物质存在和生活使用的空间含义,它是一个家庭存在的社会活动"基地",物质存在、精神诉求、家族小社会演化通过火塘这一空间获得价值。②

图6-2-3b 民居大门(长阳土家族自治县鸭子口镇古坪村)

---

① 黄鹭:《土家吊脚楼聚落自我更新研究——以恩施宣恩彭家寨为例》,《中国民族建筑研究会第二十届学术年会论文特辑》2017年第11期。
② 参见石庆秘《土家族吊脚楼文化的群体记忆与精神符码》,《铜仁学院学报》2018年第7期。

三　仪式场域的惯习生成：从技术到文化

鄂西南地区的民居建筑，首先应该表现为一种技术的存在，诸如穿斗式结构技术、挑檐、讨退、起高杆、算水面、做榫打孔、刨板垒石、夯墙筑土、造门做窗等，均需要木匠、石匠、泥瓦匠的熟练技术才能完成，需要时间和精力来学习、钻研和传承。同时，技术也是一种文化存在，我们称之为"非物质文化—民间技艺类"，依靠这些技艺所生产出来的民居建筑实体，即建筑样式、结构关系、空间形态以及营造建筑环境等存在也是一种物质文化。但是作为技艺和物质存在的文化，在本质上体现出人们对于精神价值的追求和内心愿景的表达，因此，鄂西南地区的民众在历史的长河里，对建筑的技艺和建筑实体形成的空间作出了人为的规定："三山六水一分""檐口要跑马，屋脊要梭瓦""四角八扎"等口述技术文本，既是对建筑本体的构造，也是文化传承的程式体现，更为重要的是对建筑空间尺寸在数字、非技术次序的规定性和各类仪式、说辞、法事活动等文化的介入，使得建筑本身和建筑空间的意义和价值得以最大限度地体现人的存在和生命生活的意义。因此，民居不再是单一的技术性的物质存在，还是人们精神寄托和愿景表达的存在，更是一种在历史长河里生成、发展、延续和传承、创新的文化存在。这种文化既是物质的，也是精神的，还是艺术的。它既是掌墨师这类匠人的，也是掌坛师这类文化持有者的，更是民众认可并遵循坚守的。如果失去了民众的认同和坚守，掌墨师和掌坛师也就失去了他们赖以生存的基础，技术和仪式也就成为空壳。因此，鄂西南地区的民居文化仅仅有这些技术文化还不能够满足人们内心的诉求和精神需要，民居建造中的各类仪式活动，以及仪式活动所构成的文化习俗是民居技艺传承发展的内核，是鄂西南民居建筑师和文化持有者们赖以生存的坚实基础。如果修造民居建筑掌墨师进屋没有"招呼"（"安煞"等祭祀活动）、修房子没有"上梁仪式"，会被认为不吉利，会造成主人内心的心理障碍，人们认为会给自己的生活带来困境甚至是灾难；即便是到了信息化时代的今天，鄂西南地区的民众修造"小洋楼"，还是要请阴阳先生择地，请匠人"招呼"，将"上梁仪式"改为"倒板封顶"，宴请亲属朋友来庆祝，以讨吉利，这样的场合人们仍然忌讳说不吉利的话。因此，鄂西南民居建造技艺中所展现的各类仪式、说辞、法事等文化事象和习俗，在一定意义上构成了民居建筑文化的内核，也成为民居建筑营造技艺与文化传承和发展生态链的关键环节。

鄂西南地区民居营造技术、仪式、说辞、咒符、法事等构成了民居文化的基本形态，而掌墨师、掌坛师等文化持有者和民众的认同与互动，才是鄂西南民居建筑文化得以生成、发展、延续和传承至今的核心所在。

四　材料技术的生态观念：从祭祀到敬畏

鄂西南地区传统民居建筑的用材特征主要体现在就地取材和因材施艺。特别是木材、泥土和石材的运用，一般都在建房距离的 5 公里之内，绝大多数在 3 公里以内寻找材料，多为自家的自留山、自留地或责任田。就地取材和因材施艺主要还体现在所修建房屋周边环境与材料情况，来选择是建木质房子，还是建土墙或者石墙房子。如鄂西南北部地区，更倾向于用石头和泥土作为墙体材料，而西南地区则更多地用木材建造房子，所以，鄂西南南部的来凤、宣恩、鹤峰以及恩施南部的盛家坝、芭蕉和利川南部沙溪、文斗、忠路等地区以木质建筑为主，也成为吊脚楼的主要聚集地；木构建筑的掌墨师特别是拥有"五尺"的掌墨师也基本上集中在该区域内。在建造技术上更倾向于将传统技艺以纯正的方式得以传承，比如"升三""四角八扎""讨退"以及特殊结构部件"将军柱""板凳挑""翘檐""走马转角楼"等均出现在鄂西南的南部地区。

鄂西南地区的工匠们和民众在就地取材时，并非强取豪夺的蛮横行为，而是用一种十分谨慎的态度对待大自然养育十几年甚至更长时间的树木、石头、泥土。所以，建房之初的"伐青山"或者"开山炸石""动土取泥"之前，都要举行"祭山神""祭土地神"的仪式，以感谢上苍的赐予。在取掉木材、石材或者泥土后，对伤害了的山林、土地，人们也会以栽树、植草等方式对大自然予以修复，以确保自然生态的完整性，同时，也为后代子孙们储备建筑用材。这种生态观念成为鄂西南地区人们的自觉行为，才有我们今天看到的鄂西南地区森林覆盖率平均在 60% 以上的良好生态环境。

与此同时，掌墨师对民居建筑次序感的把握和非技术次序感的遵守，都反映出作为技术学习和运用的客观性，而且掌墨师们都会坚守这些次序感、非次序感以及各类仪式，对师父所传授的"五尺""墨斗"及其建造中所使用的各类法器、法术与禁忌，包括师父授徒出师时所赐封的"奉赠话"，都会严格坚守，并相信那是很灵验的，并需要向下一代徒弟传承。掌墨师们对于"五尺""祭鲁班"的仪式、师父的"奉赠话"特别在意，在他们看来"五尺"即鲁班，"奉赠话"即师父，所以祭祀鲁班时，一定会将"五尺"插于香案之上，拜五尺即是祭鲁班，见五尺即见鲁班，念咒语时自然会想起师父传授时的姿态和场景。在木匠行业，鲁班先师的神圣性和师父在场的心理暗示是不容亵渎的。而对于建房的主人和普通人来讲，对这些顺序和仪式也是很在意的，一旦掌墨师对顺序有乱用现象，主人家会很不高兴，认为掌墨师在"整人"，颠倒次序或者去掉某些仪式会认为不吉利，或者会造成心理障碍，认为会给自己今后的生活带来麻烦和困惑。①

在掌坛师和其他文化持有者中，这种对祖师的敬奉、对师父在场的记忆，是他们普遍采用的行为方式和约定俗成的规矩，并需要在过职、学艺的过程中接受这些规矩；一旦具备带徒弟的资格，还需要将这些规矩继续传给徒子徒孙们。在民众中间，人们也会尊重这些规矩，并对这些代表神圣性的法器物件，持有一种神秘而敬畏的心理，一般人不会轻易去动用掌墨师或者掌坛师们的"五尺""令牌"等法器。

由此可见，鄂西南地区不论是工匠还是建房主人以及百姓，对木匠祖师、对师父、对自然都怀有浓浓的敬畏心理，这种敬畏心理通过祭祀仪式、法器物件、行为方式和语言表述等形式表现出来，尊重仪式和器物以及这种敬畏心理造就了他们朴素而原始的信仰，成为他们生活和精神的内核，激活了他们生命本体的内在动力，成为他们生活的日常。

第三节 齐家爱国的民族情怀与心理认同

鄂西南地区因其特殊的地理位置，历来与中央政府和中原地区保持着紧密的联系与沟通，因此，在历史文化的演进中，确立起来的文化样态就是多样融合的，既有地域优势与民族特色，又具有中华民族大家庭的现实情怀，这些依然可以在鄂西南民居文化中找寻到踪迹。

一 文化历史建构：从文化单体到文化共同体

现有考古和文献资料显示，鄂西南地区很早就有人类祖先活动的遗迹。"在湖北长阳、巴东、建始、利川、秭归，重庆巫山、奉节等地海拔为700—1000米的半高山地带一些发育较好的溶洞里，常有巨猿和各类动物化石出土。……20世纪60年代以来，在巴东、建始、巫山等地已发现'巨猿化石'共300余枚。……巴东、建始'巨猿化石'可能是猿类系统的一个旁支，其生存时期从第三纪上新世经更新世早期到

① 参见石庆秘等《土家族吊脚楼营造核心技术及空间文化解读》，《前沿》2015年第6期。

更新世中期。"① 鄂西南地区的文化基因在大多数学者看来，最早的文化还是濮文化和巴文化，"西周晚期以前，鄂西及西陵峡地区的西周文化遗存当属于这一地区土生土长的巴文化系统"。而更早时期则应该归于蛮濮土著民的生存阶段，考古文献描述足以说明鄂西南地区的早期文化主要是由当时生存其中的蛮夷土著民所创造的濮文化与巴文化。其他文化的融入在西周以后，"经对东部地区一些西周时期遗址地层中出土遗物进行仔细比较分析后得出，大约从西周晚期开始，楚文化就发展到了这一地区（三峡地区）"②。随着社会的不断演进，特别是自秦朝统一中国以后，文化的融合变得更加快捷，但因鄂西南特殊的地理位置，其文化即便到两汉时期，仍然以原有的土著文化为主。"尽管此时北方先进的秦文化大量输入巴、蜀和三峡地区，但本地传统的土著文化因素仍占主导。"③ 中原文化对鄂西南地区的影响在隋唐以后较为明显。"隋唐时期是我国封建社会的鼎盛时期；三峡地区也不例外……考古发掘证实：旧县坪遗址（巴东）的文化内涵十分丰富，包含了从商周到明清各时期的文化堆积……除大量的本地产品外，另还有北方钧窑、汝窑、定窑、磁州窑、耀州窑的产品；

也还有南方建德窑、景德镇窑、龙泉窑、湖泗窑的产品。"④ 可见文化呈现出东西南北交融的复杂多样局面。而鄂西南地区的文化变化转折最重要的还是土司时期，一方面，封建王朝对鄂西南蛮夷之地实施土司制度"以夷制夷"

图6-3-1a　唐崖土司城址考古挖掘现场

① 杨华：《长江三峡地区考古文化综述》，《重庆师范大学学报》（哲学社会科学版）2006年第1期。
② 杨华：《长江三峡地区考古文化综述》，《重庆师范大学学报》（哲学社会科学版）2006年第1期。
③ 杨华：《长江三峡地区考古文化综述》，《重庆师范大学学报》（哲学社会科学版）2006年第1期。
④ 杨华：《长江三峡地区考古文化综述》，《重庆师范大学学报》（哲学社会科学版）2006年第1期。

的政策，加封重要地方官员职位并世袭，采取自治政策；另一方面，大多土司头目其实都是有功于朝廷、祖籍是外地，因封官晋爵迁徙过来的名门望族，如唐崖土司覃氏（见图 6 - 3 - 1a - b），据唐崖《覃氏族谱》载，覃氏始祖为元朝宗籍铁木易儿，"授平肩王。生颜柏铁儿，生文珠海牙，生脱音铁木儿，授宣慰使司之职"。虽然土家族学者王平在《覃氏族源考》一文中就对唐崖覃氏的族源给出了合理论述："湖北咸丰境内唐崖土司的覃氏，是当地土家族吸收元代中期铁木乃耳后裔率领的一支蒙古族逐步演变而来，与鄂西土著覃氏同源异

图 6 - 3 - 1b　唐崖土司城遗址中的石牌坊

流，在民族源流上有远源和近源之分：其远源是廪君蛮'五姓'之一的'瞫'姓演变而来的土家族强宗大姓'覃'氏，近源是元代中期铁木乃耳后裔率领的一支蒙古族。"王平的这一论述，说明了现今覃氏的族源，而唐崖土司执政覃氏仍然是蒙古族。与此同时，湘西永顺的彭氏土司也是从江西迁来的望族人家；据史料记载：五代后晋天福五年（940）楚王马希范与溪州刺史彭士愁在交战以后议和，立溪州铜柱为誓，从此彭氏世袭其职、世管其地；彭士愁执政下辖二十州，范围涉及湘鄂川黔渝滇等土家族聚集的省市边区，史有"北江诸蛮，彭氏为长"的美誉；彭士愁虽被土家族尊奉为先祖，但其族源却为江西庐陵（今江西吉水）。元代至元三十年（1293），永顺路彭世疆等九十人进贡，授予蛮夷官，赐以玺书；至正十一年（1351），升为永顺宣抚司。彭氏家族遍及湘西北、鄂西南的许多地区，如宣恩彭家寨、咸丰王母洞均为彭氏后人，其建筑样式至今保留原本样貌。即便是土生土长的容美土司田氏家族，也是因为他们在主政期间，一方面与中央政权保持着紧密联系（如与中央军一同抗击倭寇），另

一方面又有着极为开放的思想，极为重视对外来文化的学习。相关文献记载：嘉靖年间宣抚使田世爵率领族人前往东南随胡宗宪抗击倭寇，战术上得到历练，文化上受到洗礼，从此在文治武功上走向鼎盛。从明嘉靖元年（1522）至清顺治三年（1646），汉语、汉文化得到极大的推广和普及，儒、道、佛学说逐步深入。……历代司主运用各种"合法"手段，如进贡、赏赐、求学、征调等和"非法"手段如派出间谍、坐探等，冲破中央王朝的重重封锁，走向开放，学习、推广、普及汉语、汉文，制定诸多条款，吸引外地文人墨客，技艺商贾，百工之人，进司讲学、传道、游历、经商，而且"官给衣食，去则给引"；愿留者即"分田授室；久居者许以女优相陪"等，因而出现了"出山人少进山多"的良好局面。① 土司时期的自治政策下，都有如此开放的思想，使得鄂西南地区的文化发展得到很大的突破，更不用说改土归流之后的中央管辖制度下的文化融合了。至此，我们可以看出，鄂西南地区早先的濮巴文化逐渐融入了楚文化、汉文化，最终形成了一个文化共同体，既保留了自己的特色，也包容了其他文化；最终构成了中华文化的重要组成部分。而这一时期鄂西南北部地区的巴东、建始、恩施基本上属于汉族地区管辖，因此，文化上更多地与汉文化融合。

鄂西南地区文化的发展从相对单一的濮巴文化演化为集濮巴文化、楚文化、汉文化于一体的多样形式，成为中华文化共同体的一部分，其变迁与融合也体现在民居文化上。干栏式建筑是源自西南地区的民居样式，在向北、向东发展的过程中，明显地呈现出与汉族中原、江南建筑的融合趋势，吊脚楼即是典型的代表。"鄂西地区是中原住屋文化与西南住屋文化的聚集地，土家吊脚楼是华夏建筑与西南少数民族建筑融合得最彻底的典范。"② 这一变化最为明显的是在土司制度实施以后，"此时（土司时期）的土家民居建筑逐步演化成具有民族特征的木楞式、土垒式、干栏式建筑形式，实现了土家民居发展演变的又一个新阶段，而汉族的哲学思想也开始对土家民居的建造形成影响……清朝'改土归流'之前，土家人一直保持着原始的宗教信仰，只祭祀氏族部落祖先神灵和始祖神灵，并无祭祀家庭宗族神灵的习俗。自'改土归流'以后，在汉儒文化的影响与封建政府的明令推行后才逐渐开始祭祀家祖，到清中叶已蔚然成风，民居中普

① 参见百度百科"容美土司"词条，https：//baike. baidu. com/item/% E5% AE% B9% E7% BE% 8E% E5% 9C% 9F% E5% 8F% B8。
② 参见百度百科"容美土司"词条，https：//baike. baidu. com/item/% E5% AE% B9% E7% BE% 8E% E5% 9C% 9F% E5% 8F% B8。

遍设立堂屋"①。因此，我们今天见到的鄂西南传统民居样式和空间功能划分，是本土文化与汉文化高度融合的产物，还包括与民居文化相关的婚俗、丧俗等生活习俗，特别是像社节、端午节、中秋节、过年等节日，基本上都是以汉族文化为主要元素；同时，也融合与保留了原有濮巴文化的某些要素。新中国成立以后，特别是改革开放以来，民居文化更是以开放的态度，接纳来自各个方面的文化元素，变得更加地丰富多彩。既有吊脚楼、台基式建筑、石头建筑、土墙建筑等传统样式，也有平房、小洋楼、别墅等西洋建筑；还有将西洋建筑与本地传统建筑结合在一起的新式建筑样式，甚至还引入了蒙古包等其他少数民族民居样式，更有新式的树屋，形成了一个民居建筑的"博物馆"。

二 民族历史认同：从个体生存到族群身份

鄂西南地区包括 10 个县市，总人口 464 余万人，从目前官方网站公布的数据来看，民族分布格局大致为：汉族分布于鄂西南地区各个县市，但北部地区的巴东县、建始县、恩施市明显高于南部其他县市，比例最大的为建始县汉族人口占全县总人口的 63.7%，其次是恩施市，占全市总人口的 59.34%，巴东的汉族人口占总人口的 49.5%，其他县市则以少数民族居多。而少数民族占比较大的是咸丰、五峰、鹤峰、宣恩、长阳。少数民族占比最高的为咸丰县，占 84.94%；其次为五峰 84.8% 和鹤峰 74.7%。苗族集中分布的来凤、宣恩、咸丰三个县，分别占比为 20%、10.2%、7.6%。从民族聚居的角度来看，土家族主要分布在清江以南，历史上属湖广土司域内，即五峰、鹤峰、宣恩、咸丰、来凤以及长阳、恩施、利川、巴东清江流域以南和西水流域；苗族则集中分布于靠近湘西、贵州的鄂西南南部区域；侗族主要集中在恩施、宣恩两县市，分别有恩施市芭蕉侗族乡（见图 6-3-2）和宣恩长潭河侗族乡、晓关侗族乡；其他各少数民族分别散居于各个县市，所占比例较小且不等。

从历史的角度来看，土家族的族源有多种说法，学界普遍认为巴人是其祖先，主要以清江下游长阳境内"廪君"（见图 6-3-3a-c）为祖先的西迁所发展起来的族群和以长江上游的重庆及乌江流域的板楯蛮为源头的巴人为祖先者居多。廪君说的证据大多来自文献《后汉书·巴郡南郡蛮传》记载："巴郡南郡蛮，本有五姓：巴氏、樊氏、瞫氏、相氏、郑

---

① 李雪松：《南北文化影响下的鄂西民居类型》，《湖北工学院学报》2000 年第 4 期。

图6-3-2 夷水侗乡（恩施市芭蕉侗族乡高拱桥村林博园）

图6-3-3a 廪君殿（恩施市土司路138号土司城内）

图6-3-3b 廪君文化发祥地香炉石遗址
（长阳土家族自治县渔峡口镇香炉石）

氏，皆出于武落钟离山。其山有赤、黑二穴，巴氏子生于赤穴，四姓之子皆生黑穴。未有君长，俱事鬼神。乃共掷剑于石穴，约能中者，奉以为君。巴氏子务相乃独中之，众皆叹。又令各乘土船，约能浮者，当以为君。余姓皆沉，唯务相独浮。因共立之，是为廪君。乃乘土船，从夷水至盐阳。盐水有神女，谓廪君曰：'此地广大，鱼盐所出，愿留共居。'廪君不许。盐神暮则来取宿，旦即化为虫，与诸虫群飞，掩蔽日光，天地晦冥。积十余日，廪君伺其便，因射杀之，天乃开明。廪君于是君乎夷城。"
以巴人作为土家族族源的说
法，认为巴人源自板凳蛮和五
溪蛮，关于巴人源流这一说法
颇具争议；但大多文献依据来
自《山海经·海内经》记载：
"西南有巴国（今重庆全境）。
太皞生咸鸟，咸鸟生乘釐，乘
釐生后照，后照是始为巴国。
苗族多从贵州经湘西迁徙而
来。"《华阳国志·巴志·洛
书》曰："人皇始出，继地皇
之后，兄弟九人分理九州，人
皇居中州，制八辅。华阳之
壤，梁岷之域，是其一囿，囿
中之国则巴（今中国重庆）、
蜀（今四川成都）矣。"事实
上目前清江流域的土家族多以
廪君为祖先，而西水流域则以
彭士愁为其祖先者居多。

图6-3-3c 廪君曾经过之地——盐井
（孙红雨摄，图片来自搜狐网）

苗族的历史相对比较复
杂，但是苗族对自身的认同感比较强烈。相关文献研究表明，苗族在
历史上曾经有过五次大迁徙，苗族有众多的分支。而迁入武陵山地区
的苗族是"被放逐到崇山的一支（欢兜），都是近距离的迁移，即由
崇山往东，曾达到今湖南常德一带，又沿水达到洞庭、彭蠡之间，后
来周王朝视为隐患，宣王'乃命方叔南伐蛮方'。到战国时吴起发武
力'南并蛮、越'，占有洞庭、苍梧等蛮、越之地。这支苗人被迫逃
进武陵山区，刚发展强大一点，又遭到东汉王朝的一再进剿，又被迫
'朝着太阳落坡的地方'逃迁，最后达到今湘西、黔东北、川东南和
鄂西南一带"[1]。苗族在鄂西南地区也主要集中分布在来凤、宣恩和咸
丰等靠近湘西的区域；宣恩的小茅坡营和大茅坡营是苗族聚居的代表
（见图6-3-4）。

---

[1] 参见百度百科"苗族"词条，https：//baike. baidu. com/item/苗族/130741？fr=aladdin。

图6-3-4　小茅坡营（宣恩县高罗镇小茅坡营村）

侗族的族源在学界大多认为是古代百越中的一支发展而来的土著民；侗族形成单一的民族大概在隋唐时期。其他少数民族大多为古代百越、百濮、南蛮等各群体的分化，或者是由战争而逃荒避难或者人口大迁徙而进入鄂西南地区的。汉族人进入鄂西地区是因封建王朝的管理需要派驻的官员以及经商和人口迁徙，而人口迁徙应该是汉民族进入鄂西南最为主要的途径。据相关史料显示，中国历史上有过六次人口大迁徙，一是东汉末年北方战乱使许多汉族人向长江中游的南方迁移；第二次在唐代的安史之乱时期，大量北方汉族人迁往南方。第三次因为南宋政权迁往南方，大量人员随迁到南方。第四次为明初山西大移民，也包括大量人员被强制迁往西南地区，"据《简明中国移民史》记载，明代初年，长江流域移民700万，华北地区移民490万，西北、东北和西南边疆也有150万，合计1340万，几乎占到当时全国总人口的两成"。第五次为湖广填四川，康熙二年（1663），顺天府尹张德地被擢升为四川巡抚，当时的四川，地广人稀，老虎横行，因此，张德地多次上书请求移民四川："四川自张献忠乱后，地旷人稀，请招民承垦。"康熙七年（1668），又再提移民之事。当时的四川包括今天的重庆在内，湖南湖北江西福建广东向西迁徙的人最多，因迁徙路经鄂西南，因此，现在许多鄂西南的居民便是在那个时期迁徙而来的。第六次为清末民国初期迁徙，则主要是闯关东、走西口和下南洋，对鄂西南地区的人口影响不大。

人口迁徙与流动带来的不仅仅是人口数量的变化，更重要的是带来了不同的生产技术、生活习俗、文化样式和精神信仰，使得鄂西南地区在汉族文化、楚文化的影响下，文化的多样丰富性越来越明显。体现在民居文化上的样貌变化是汉族的四合院、江南地区的木构建筑样式以及成都平原的民居样式带来的影响，同时，西南地区的干栏式建筑结构和样式也不断地向东、向北传播，本地和外来的汉族民居样式融合。在民居空间的处理上表现为座子屋的对称布局与堂屋功能的建立，同时，将"将军柱""板凳挑""走马转角楼"和"龛子"融合在一起,以达到因地造房、因材施艺的目的。这一融合后的典型代表则是鄂西南地区的吊脚楼建筑和台基式木构建筑。而在与民居相关的其他生活习俗中,则是婚姻习俗、丧葬习俗以及节日的变化,婚俗的变化由原来的"指婚""调换亲"转变为"说媒""花轿迎亲""异姓通婚"等众多习俗和仪式性环节;丧俗主要体现在由鄂西南原来的"崖葬"(见图6-3-5a-c)或"悬棺葬"转变为土葬,其他的生活习俗如过年、过社、端午、中秋等基本来自汉族文化;在精神信仰和思想领域的变化则主要是来自汉族的儒、道、释思想以及外来的佛教、基督教的影响。同时,家族祠堂的建设,使得汉文化的宗族意识在这里得以确立,并形成强烈的宗族观念,祭祖成为鄂西南地区的生活习俗之一;这种观念具体表现在民居营造、结婚仪式、丧葬习俗、打三朝等众多的文化事象里。汉族文化的输入,大大增强了诸多的礼仪性环节,使得"蛮夷"思想得以慢慢改变,逐步演化为现代文明,与中华文化协同发展。

图6-3-5a 七孔子崖葬(利川市　　　图6-3-5b 仙人洞崖葬(来凤县百福
　　　　建南镇茶园村)　　　　　　　　　司镇卵洞上方,图片来自恩施新闻网)

图6-3-5c 建始头堰坝崖葬群（图片来自《恩施日报》）

在这一系列的生活习俗、文化样态和精神信仰的变化中，其核心是人的认知方式和思想观念的变化，也与整个社会生态有着密不可分的关系。从总体而言，鄂西南地区的社会演化和族群变迁的历史告诉我们：融合是一种历史和事物的趋势。鄂西南地区的民族由早期有"蛮夷"之称的单一族群，逐步演化为巴人的多支共存，再到今天的汉土苗侗等二十多个民族聚居和谐共处的生活样态和社会结构，也使得鄂西南地区的文化呈现出形式多样、循节重礼的特点，又同时保留着"蛮夷""濮巴"文化的原始古朴、粗犷神秘的基本面貌。这种融合在根本上体现为鄂西南地区民众在历史演进中对自身身份的认同与自信，也表现出他们开放包容的处事态度，使得社会文化的变迁在个体生命与群体互动的过程中，不断地将社会文化向多元共融的层面推进，构建出和谐共处、有礼有节的社会运行生态，同时，又适度地保持着族群自身文化特性的生存策略，为中华文化共同体呈现多样性做出了贡献。"一种文化上的认同会符合、巩固而且最重要的是再生产一个文化形态，通过文化形态这一媒介，集体的认同得以构建并且世代相传。"① 这些文化在某种意义上构成了鄂西南民众文化的"集体共同记忆"，"集体共同记忆"在本质上，体现出他们对自身的认

---

① ［德］扬·阿斯曼：《文化记忆：早期高级文化中的文字、回忆和政治身份》，金寿福、黄晓晨译，北京大学出版社2015年版，第145页。

同，对国家的支持，亦如"可靠的记忆之事，是一个建立身份认同、支持国家，对共同的来历和过去的回忆"①（斯宾塞语）。民族认同是一种对民族集体记忆的再生产过程，而不仅仅是对历史事实的描述；"集体记忆是一个团体的特点和持续性，而历史记忆没有保障身份认同的作用"②。当历史事实在传承中演化为一种神话传说时，族群的记忆得以升华并具备传承的更优策略；"被回忆的过去永远掺杂着对身份认同的设计，对当下的解释，以及对有效性的诉求"③。鄂西南民居建筑本身的历史演化，也证明了这种被设计、被重新解释和功能实用性的改造，以适应人的生活需求和社会变化的需要。

三　民族精神映射：从生存需求到艺术审美

作为建筑的民居，在本质上是人生存生活的需要，即满足住、吃、睡、生育、交流等生活的基本需要，鄂西南地区的民居建筑同样具备这些最为基本的功能。这些功能是在材料和技术的支持下，通过人的劳动建构起来的，因此，在建筑空间的处理上，首先是满足人的基本尺度，即现代意义上的人体工程学原理。即便是早期的巢居、穴居等居住空间，还是基于这个最为基本的原理来选择自然空间，并借助一定的技术来实现对空间的改造，以适应人生活的最基本需求；遮风避雨、架火烧饭、铺床睡觉应该是人类最早解决基本生活的三大要事，也应该是民居最基本的功能需求。不管民居建筑的技术、样式和文化发生怎样的变化，这三大功能永远应该被传承。只是在不同的世代、不同的地域甚至不同的民族，对其处理的方式不同而已。然而，人毕竟是具有反思性的生物，因此，他们的生活总是在实践中不断地改进，以提高生活质量，追求艺术化的生活方式。生活质量的改变在吃、穿、行上的体现是显而易见的，居住条件的改善也是人们生活质量提高的重要指标。

从鄂西南民居建筑的历史演化来看，从巢居到吊脚楼、从窝棚到台基建筑、从穴居到小洋楼的变化，可以看到人们对于建筑空间的改造所体现出来的智慧和审美趣味。这在鄂西南地区的民居建筑里体现为以下三个层面。

---

① ［德］阿莱达·阿斯曼：《回忆空间：文化记忆的形式和变迁》，潘璐译，北京大学出版社 2016 年版，第 53 页。
② ［德］阿莱达·阿斯曼：《回忆空间：文化记忆的形式和变迁》，潘璐译，北京大学出版社 2016 年版，第 144 页。
③ ［德］阿莱达·阿斯曼：《回忆空间：文化记忆的形式和变迁》，潘璐译，北京大学出版社 2016 年版，第 85 页。

首先，对空间的巧妙设计和运用。这主要表现在"将军柱""板凳挑"和"思檐"的设计和空间运用上。在鄂西南地区的民居建筑里，"将军柱"承担着来自六个方向的力量——正屋和厢房的屋梁、地脚枋、楼枕、川枋、屋顶檩子以及转角龙骨；柱子和川枋的连接似伞把和伞骨结构，因此土家族人形象地称该柱子为"伞把柱"。"将军柱"的使用使得屋内空间极少有柱头落地，因此，楼枕以下可以灵活安排其空间结构，既可以使抹角屋成为一间屋，也可以将抹角屋分为两部分、三部分甚至是四部分；在空间处理与运用上使抹角屋空间最大化。"板凳挑"既扩大地面实用空间，又解决屋檐承重问题，同时，"板凳挑"还有装饰作用（见图6-3-6a-b）。张良皋先生对"板凳挑"做如是描述："在咸丰，板凳挑极为普遍，而且可以找到其来源的构造序列——它是从龛子外的挑瓜柱，到檐下的'燕子楼'挑瓜柱，演变成为板凳挑的。""板凳挑"解决了前檐柱缩短以使地面空间无阻挡而更实用，同时，承担柱子与檐口和挑枋的重力。"思檐"则使吊脚楼的山头变得实用，上面的歇山顶既挡雨又美化山头，走廊既贯通了屋前屋后，又连接了屋内屋外，还是休闲纳凉观景的好去处。

图6-3-6a　板凳挑（来凤县百福司镇兴安村田氏老宅）

其次，"升三""讨退"和"四脚八扎"的技术美学。这三个关键技术弥补了建筑材料和视觉误差的不足，使得民居建筑更加稳固和好看。"升三"一是解决了屋顶因檩子两头大小不一而需要保持水平的技术误差；二是解决了屋顶水流和檐口水流问题；三是矫正了屋顶因远看造成的视觉误差，形成山头屋檐好看的视觉美感。"讨退"使得扇架与枋片在连接上更具稳固性；"四脚八扎"更是从整体上将整栋房屋构建成一个近似于椎梯形状，使得房屋的抗倒性得到大大的加强，这一结构远比今天建造的"四方盒"建筑的稳固性强许多。在技术处理上，还包括大门修造成"上大下小"的门洞，其实也矫正了人站在门前观看门洞的视觉误差。因为一般民居大门都很高，快进门时，多采用仰视；而房门造成"上小下大"是因为房门的高度与人的高度差不多，一般进门会成俯视状，因此，均采

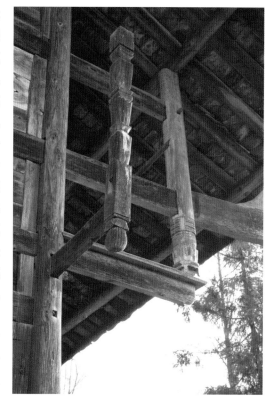

图6-3-6b　板凳挑（宣恩县长潭河
侗族乡杨柳池村）

用了将"近大远小"的透视原理，通过"近小远大"来使人感觉到门洞上下是一样的视觉美感。"翘檐"则更多地体现出视觉飞升的审美表达。

最后，民居空间的精神性诉求与表达。鄂西南地区的民居在历史变迁中，在满足精神诉求的空间功能、仪式说辞、文化样态等方面是有变化的；但是，他们对生存生活需要的心理诉求和精神追求却一直没有变化，最为朴素的家族兴盛、财源广博、幸福美满、子女高升、祛灾祈福等美好愿景的表达，始终与民居文化发生着千丝万缕的联系。这些美好愿景和诉求既体现在建筑空间的处理上，也表现在建筑过程的仪式中，还体现在工匠施工的步骤上，更体现在民众生活的日常里，并在生活中常态化、仪式化和艺术化。

由此可见，鄂西南地区民居在技术处理上所解决的建筑难题，不只是对物理空间和建筑结构的思考，更重要的是对建筑的稳固性、抗倒性和抗震性等安全问题的深度思考，审视基于人的视觉观看和心理诉求的美学观

照；体现了鄂西南地区民众的智慧，已然形成了人们评判这一文化现象的基本准则，且已传承至今。"这标准化的身体上的习惯或风俗，亦即机体上较巩固的修正，实在是精神文化最基本的要素，和一个机器物或一种人工改造过的环境是文化的基本要素一样，器物和习惯形成了文化的两大方面——物质的和精神的。"[①] 他们使得民居建筑在成为物质空间和建筑实体的同时，也转向了审美的艺术表达，使得人们在满足生存生活需要的同时，获得心灵的归属和审美的享受，最终，使得民居记忆和民居文化成为民众的集体记忆。"技艺帮助记忆保持活力，它作为一种支持技术，服务于记忆，使记忆的开发得以优化，并且保障记忆具有可靠的支配性。""艺术成了一个已经消亡了的记忆的世界中最优秀的和最后的记忆媒介。"[②] 在如此迅速的时代变化中，鄂西南传统民居文化与艺术但愿能够焕发出新的光芒和活力（见图6-3-7）。

图6-3-7　龙马风情小镇（恩施市龙凤镇龙马村）

---

① 费孝通：《文化与文化自觉》，群言出版社2016年版，第17页。
② ［德］阿莱达·阿斯曼：《回忆空间：文化记忆的形式和变迁》，潘璐译，北京大学出版社2016年版，第416—417页。

四　家国情怀反映：从祖先崇拜到国家认同

我们从鄂西南地区的地名或者寨子名称诸如彭家寨、苏家寨、王家村、李家坝等就可以看出，该地区的人口和民居在空间分布上大多是以姓氏为聚居状态的村落或者村寨。这一社会结构形式应该与早期蛮夷、濮巴部落社会结构有着一定的关系，也与该地区早期的婚姻制度有关。在汉文化全面进入鄂西南地区的改土归流之前，从氏族部落社会到自秦汉隋唐实施的羁縻政策，以及宋元明和清初实施的土司制度时期，虽采取的是以夷制夷政策，但根本上还是封建主制度，绝大多数民众无土地支配权，普通民众处在饥饿与贫困当中；因此，民众的婚姻多为近亲婚或者调换亲，民居以茅草杉树皮盖屋为主；民间信仰则以自然、祖神为崇拜对象。改土归流以后，随着汉文化的全面融入，民居中宗祠的出现使得家族观念意识得以加强，尊重祖先和尊师重教等礼仪得到广泛推广，表现在民居建筑上最直接的是家族祠堂和民居堂屋的形成，以及堂屋神壁供奉家神，并将"天地君亲师位"的神位和家族堂口置于神龛之上，以此训诫和教育族人，知道自己家族的源头，并建立基本的君臣父子观念和礼仪礼节。以此形成了敬奉祖先和先师的社会习俗，将祖宗和自己以及儿孙后代串联起来，使其成为一种文化不断地往下传承。"在这种秩序（封建秩序）里，单个的人并不把自己看作个人，而是看作一个姓氏的承载者，一个链条中的一环。他从全体那里得到他的身份认同，也是全体的一部分。个人是转瞬即逝的，而家族流传的血脉和姓氏却是永生不死的。"[1] 费孝通先生也常常说："我常讲中国人是一个上有祖宗、下有子孙的社会，个人生命只是长江中的一滴水，一个人的生命总是要结束的，但有一个不死的东西，那就是人们共同创造的人文世界，而且这个世界是不断发展的。"[2] 而人文世界是由人类祖先开始一代一代积攒并传下来的，所以"祖宗和子孙之间是一个文化流，人的繁殖指的不仅是生物体的繁殖，也是文化的继替"[3]。

不管是祖神崇拜还是对祖先的敬奉与崇拜，在本质上是对逝去之人的追忆，这种追忆不是对物质和仪式本身的追求，即神壁、神龛和坟墓、墓碑等各类具有追忆祖先的物质，既是一种象征性（见图6-3-8a-b），在本质上又是一种亲情、爱和亲密感的享受，虽然"悼念死者是文化记忆

---

①　［德］阿莱达·阿斯曼：《回忆空间：文化记忆的形式和变迁》，潘璐译，北京大学出版社2016年版，第79页。

②　费孝通：《文化与文化自觉》，群言出版社2016年版，第216页。

③　费孝通：《文化与文化自觉》，群言出版社2016年版，第434页。

图6-3-8a 祖宗牌位（咸丰县
尖山乡大水坪村严家祠堂）　　　　图6-3-8b 向梓墓碑（清代）
　　　　　　　　　　　　　　　　　　（利川市鱼木寨村）

最原始和最普遍的形式"①，但仍如歌德《亲和力》中所言："拥抱一个
亲爱的、逝去的东西，拥抱躺在坟墓里的比拥抱纪念碑中的要亲密得
多。"② 鄂西南地区的祖先崇拜在对房屋选址的描述上就可见一斑，有
"山管人，水管财"的说法，在民居建造过程中的众多说辞清晰地表述了
对祖先的敬奉和对子孙后代的美好祝愿。而在与民居文化相关的婚俗、葬
俗和节日祭祀中，均表现出强烈的祖先崇拜和家族意识。作为祖先存在的
各类象征物则是文化呈现的外在形式，这些文化的积蓄成为一个家族的能
量储备器，"在瓦尔堡那里，象征表现为一种文化集体记忆的'能量储
备'"③。对在世的人们具有某种感召力和影响力，也成为一个族群和区域
民众的精神反应堆。

　　鄂西南地区的民间信仰也在时代的演进中获得了再生，特别是家国情怀

①　［德］扬·阿斯曼：《文化记忆：早期高级文化中的文字、回忆和政治身份》，金寿福、
　　黄晓晨译，北京大学出版社2015年版，第26页。
②　［德］阿莱达·阿斯曼：《回忆空间：文化记忆的形式和变迁》，潘璐译，北京大学出版
　　社2016年版，第379页。
③　［德］阿莱达·阿斯曼：《回忆空间：文化记忆的形式和变迁》，潘璐译，北京大学出版
　　社2016年版，第433页。

的加深表现得较为明显，这种表现首先就体现在民居家神的书写上，特别是1949年新中国成立后，民众将"天地君亲师位"的家神牌位改写为"天地国亲师位"。虽然只是一字之差，却表明了鄂西南地区民众对国家特别是新中国的高度认同。同时，去除了封建糟粕的君臣等级观念和三从四德的封建思想，表明了他们与时俱进的文化选择态度，并最终以集体记忆方式被物化为象征性的家神牌位。以此不断地追忆历史，从而获得在新时代里个人、族群的身份认同，"历史回忆成为民族国家身份认同建立的手段。……历史的回忆成为集体身份认同的源头"①，并最终实现对国家的认同。

　　总之，鄂西南地区民居文化呈现出来的历史脉络，足以让我们重新审视鄂西南民居文化的深层价值和现实意义，无论是对外来文化的接纳融入、对自身民族的身份建构和认同，对个体精神和族群记忆的符号表征和对家对国所呈现的现时情怀，还是对祖先的敬奉、对自然的崇拜以及对未来的美好寄托，都是鄂西南地区民众的精神追求和价值体现，更是家国一体中华文化多样性的区域表征（见图6-3-9）。所以"人并不是经过深

图6-3-9　人居与自然景观（宣恩县椒园镇水田坝"千户土家"）

①　［德］阿莱达·阿斯曼：《回忆空间：文化记忆的形式和变迁》，潘璐译，北京大学出版社2016年版，第80页。

思熟虑后选择了文化摒弃了野蛮，而是因为人是依赖于文化而存在的，所以文化变成了人的（第二）天性"①。

第四节　互动融合的意义生成与整体记忆

> 中国社会的活力在什么地方，中国文化的活力我想在世代之间。一个人不觉得自己多么重要，要紧的是光宗耀祖，是传宗接代，养育出色的孩子。把这样的社会事实充分地调查清楚，研究透彻，并用现代的话说出来，这是我们的责任。②
>
> ——费孝通

鄂西南地区民居文化是中华文明的重要组成部分，它是中华文化多样性的具体体现，鄂西南民居文化在历史的演进中既保持了作为文化特性要素的传承与发展，也吸收了其他各民族文化的养分，促成了鄂西南民居文化应有的样貌；这些样貌既表现在民居建筑文化的实体物化与文本存在，又体现在民居建筑文化中的仪式呈现与生活常态，还融合在民居建筑文化里的精神寄托与符码记忆。

20 世纪的一百年里，我们对于中国传统文化的态度是多变的，很多时候是否定的和批判的，当然，也包括鄂西南地区的民居建筑文化在内。19 世纪中期以来，遭受了西方列强欺凌的中国民众、知识分子和各级政府，都在对中国几千年来的社会发展和文化演化进行着深刻的反思；20 世纪 50 年代前，国民希望找到一个拯救民族于危难、图强国家于欺辱的现实困境里的方法，科学技术和西方文明成为我们可资借鉴的基本路径；20 世纪后半叶即新中国成立以后，真正开启了发奋图强增强国力的序幕。至此，我们坚信科学技术在 20 世纪带给我们的巨大变化是不言而喻的，西方文明带给我们的启示似乎还需要深度反思。科学技术在建筑文化上体现得最为明显的是钢筋、水泥等建筑材料以及各类建造工具的发明与使用，这使得我们今天可以建造大跨度、高空间的建筑实体，以改善我们的生活。然而，钢筋水泥建筑带给我们人类的困境

---

① ［德］扬·阿斯曼：《文化记忆：早期高级文化中的文字、回忆和政治身份》，金寿福、黄晓晨译，北京大学出版社 2015 年版，第 141 页。
② 费孝通：《文化与文化自觉》，群言出版社 2016 年版，第 236 页。

似乎也是显而易见的：建筑废弃的垃圾和 100 年后的建筑遗迹、高楼大厦带来的城市空间的挤压、钢筋水泥材质缺失的温度和人为划分的空间隔离与人们的精神需要之间有着某种难以逾越的障碍；这种难题在如今的鄂西南地区的民居建筑中也初显端倪（见图 6-4-1），科学并不能完全解决我们生活中的许多难题。由此，我们反观鄂西南地区的传统民居建筑文化中具有科学性的思维和非科学性的思维方式，对于今天的我们来讲有许多启迪意义。这种观念并非今天才出现，"正是这种不是真正的科学思维，以'模糊的直觉取代逻辑理性思维方式'（涂尔干语）使它能够用来维持人类的生存和行动"[1]。因为，科学也是自然规律，是人类在不断前行过程中对自然规律的发现和运用，但是它终究只是局部的、片段式的自然规律。"科学是片段的、不完整的，它虽然在不断进步，却很缓慢，而且永无止境，可是生活却等不及了。'注定要用来维持人类生存和行动的理论总是要超出科学，过早的完成——只要我们模糊地感受到迫切的现实和紧要的生活，便有可能将思维向前推进一步，超出科学所能确定的范围。'（涂尔干语）"[2] 鄂西南地区民居建筑中的非科学非技术的文化，诸如风水、仪式、符咒、祭祀等自然观和生活观在今天高度物质化、科学化的社会中，或许能焕发出新的能量，为构建和谐社会起到积极的作用。

图 6-4-1 城市化进程中的自然景观（恩施市金龙大道施工现场，2016 年 3 月）

---

① 王铭铭主编：《西方人类学名著提要》，江西人民出版社 2004 年版，第 103 页。
② 王铭铭主编：《西方人类学名著提要》，江西人民出版社 2004 年版，第 103 页。

一　场所与风水：空间里的意义生成

现代建筑的理念源自 19 世纪以来科学技术的进步，特别是钢筋水泥的发明与使用，也源自西方文明的意识与物质的二分法，强调人类对客观自然的改造，强化建筑的空间与功能的设计与运用，忽略建筑与环境、人文、社会以及居住者的精神与心理需要等各层关系。"众所周知，西方现代主义建筑运动是人类建筑发展史上的一次飞跃，对于全球范围建筑的进步，具有不可估量的伟大作用。但是，这个运动表现在它的理论上和实践上，从建筑学基础理论的高度看，它所存在的问题和缺陷也是明显的。"① 20 世纪 60 年代前后，西方建筑学界对此做出了深刻反思，提出了各种建筑学理论，诸如建筑场所理论、生态建筑学理论、景观建筑学理论等，即便在今天，这些建筑理论仍然在发挥着作用。西方建筑学界 20 世纪后半叶发生的这些变化，来自 20 世纪的实证主义、结构主义哲学思想和现象学哲学思想的影响，因此，在建筑学界也出现了功能—结构主义学派和环境心理学建筑学派。功能—结构主义建筑学的主要代表人物是荷兰的赫兹伯格，以及勒柯布西耶、路易斯·康、丹下健三等建筑师，在他们的作品中，也可看到某种程度的结构主义倾向。环境心理学建筑学派最具代表性的是挪威建筑理论家诺伯格·舒尔茨（Norberg-Schulz）。

诺伯格·舒尔茨所倡导的场所理论"将海德格尔关于人与世界'境域'式的存在方式的理论运用到建筑设计之中，即把一种通常被认为观察主体（人）与被观察对象（建筑物）之间是单纯的线性关系的这种观念，转变为人与建筑物是处于同一个境域中，这个境域不但是由观察主体的人与被观察对象的建筑物构成，而且也包括人和建筑物之间的共同参与和相入相出的关系。这个境域被诺伯格·舒尔茨定义为"场所"②。诺伯格·舒尔茨提出的场所精神"是对建筑本意的一种回归，场所是以人的感觉为出发点研究的空间。建筑创作追求的是塑造有意的空间，创造出环境的意义，其目的是创造出人的归宿感和认同感。但由于主体的差异性，同样的空间会有不同的感觉和记忆"③。"场所是具有特定意义的空间，是空间这个'形式'背后的'内容'，使用者对场所的体验和理解则

---

① 李行：《建筑与城市——漫谈有关的建筑学基础理论问题》，《新建筑》1993 年第 2 期。
② 王亚红：《试论场所理论》，《美术观察》2008 年第 12 期。
③ 蔡国刚、彭小娟：《Norberg-schulz 场所理论的现象学分析》，《山西建筑》2008 年第 6 期。

构成所谓的'场所精神'，它是场所被人所感知而投射于人知觉上的内容，也是空间成为场所的目的。作为空间使用者的人具有多元的审美情绪和价值取向，因此相同场所对不同个体所投射的意义不同，由此构成场所和场所精神的复杂内容。"①

生态建筑学是美籍意大利建筑师帕欧罗·索列瑞（Paelo Soleri）1956年在他任科桑蒂（Cosanti）基金会主席时提出的概念，他强调"在已经改革的条件下争取对自然界的最优化关系，以一种新的形式即人、建筑（城市）、自然和社会协调发展，利用改造自然环境，顺应和保护自然界的和谐，维护生态平衡，创造适宜于人们生存与行为发展的各种生态建筑环境"②。

其实不管是"场所理论"，还是"生态建筑学"和"景观建筑学"，其核心都是让建筑的空间构造与整个环境相协调，并要考察空间的细分与居住其中的人的感受且与他们的文化背景相关联。这些建筑观念和空间处理意识，在中国传统的建筑中，特别是在民居建筑中已经体现得淋漓尽致；理论层面则是中国传统的风水学说所倡导的"天人合一"的整体自然观。今天的鄂西南地区的民居建筑仍然在遵循这一基本法则，即便是用钢筋水泥来建房，从选址到空间划分、从建造仪式和封顶盖板程序、从堂屋功能到家神安放，都仍然遵循着传统价值的基本要义来考察房屋与周边环境的关系，空间设置与人的生活、精神和心理需要的内在联系。民居建筑的看地，不是迷信，而是考察空间与人的关系、考察人气与自然之气的融通，考察人的需要与自然资源的最佳相处方式；更是中华传统风水文化在鄂西南民间以一种生活常态化的方式传承至今的体现（见图6-4-2a~c）。"在风水理论看来，宅的经营，无论其座向方位，规模大小高卑，内外空间的界合与流通，都要同自然环境相称，通过对'生气'的迎、纳、聚、藏等等细腻处理，来接受自然环境的影响，使之参与到宅中，进而使它的人工生态系统同自然生态系统有效协同地运作。"③民居建筑对于中国传统文化的继承和发展，远远胜过了今天城市建筑的样态；要探寻中国传统建筑文化的基本面貌，它在民间更具生命力。"我国劳动人民在长期的生活实践中，充分顺应和利用地理条件、自然资源和地方材料，并融合了习

①　张建、阮智杰：《基于场所理论的豫南传统村落保护方法探索》，《共享与品质——2018中国城市规划年会论文集》（18 乡村规划）。
②　荆其敏：《生态建筑学》，《建筑学报》2000 年第 7 期。
③　刘婷：《传统风水理论与景观建筑学、建筑生态学之关系》，《艺术与设计（理论）》2007 年第 5 期。

图 6 - 4 - 2a　民居风水与场所（恩施市屯堡乡马者村全貌）

图 6 - 4 - 2b　民居风水与场所（利川市谋道镇上磁村磁洞沟）

俗、爱好和审美，改造环境，建设自己的家园，形成了各具特色的自然村落和传统民居。"① 所以，西方建筑文化的进入，使得城市建筑景观偏离了中国传统建筑文化的方向，致使我国今天的城市建筑呈现千篇一律和众多危难的发生，"水涝""高温""眩光""拥堵"等在城市中始终是难以解决的难题，与此同时，乡村城镇化似乎也需要警惕此类现象的出现。如何发掘传统建筑风水学在当代建筑中的价值，是一个值得深度思考的问题。我们可以从西方建筑学家们的反思里，感受到传统风水文化学的魅力和价值，"当率先研究生态建筑学的西方人，偶尔把目光投向东方文化时惊讶地发现：发展了几千年的中国传统风水文化理论，竟与当代生态建筑学的新思潮理论不谋而合"②。"众多西方当代学者对风水理论以积极的评价，从本质来说，植根中国传统文化深厚

①　荆其敏：《生态建筑学》，《建筑学报》2000 年第 7 期。
②　席晖：《生态建筑与中国传统风水理论》，《建筑》2004 年第 12 期。

图 6 - 4 - 2c　民居风水与场所（五峰土家族自治县采花乡栗子坪村）

土壤中的风水理论饱含着历史真知，饱含着同当代景观建筑学和建筑学基本取向、原则与方法相吻合的内容。在一定意义上说，当代景观建筑学、建筑生态学，实际上正是中国传统风水理论追求人与自然和谐精神的回归和新的升华。"①

中国学界对于中国传统风水理论的理解也存在多种解释，比如"风水理论思想把环境作为一个整体系统，这个系统以人为中心，包括天地万物"②。——然而这种认知观念，与中国传统风水的主张是不一致的，诸多文献可以证明。《周易·大壮卦》提出："适形而止。"《黄帝宅经》主张"以形势为身体，以泉水为血脉，以土地为皮肤，以草木为毛发，以舍屋为衣服，以门户为冠带，若得如斯，是事严雅，乃为上吉"。"经之阴者，生化物情之母也；阳者，生化物情之父也。作天地之祖，为孕育之尊。顺之则亨，逆之则否……"清代姚廷銮在《阳宅集成》卷一《丹经口诀》中强调整体功能性，主张"阴宅须择好地形，背山面水称人心，山有来龙昂秀发，水须围抱作环形，明堂宽大为有福，水口收藏积万金，关煞二方无障碍，光明正大旺门庭"。由此可见，传统风水学的核心在于人对自然的顺应选择和适度改造，寻求最佳的天人合一境地，以符合自然

①　刘婷：《传统风水理论与景观建筑学、建筑生态学之关系》，《艺术与设计（理论）》2007 年第 5 期。

②　席晖：《生态建筑与中国传统风水理论》，《建筑》2004 年第 12 期。

的基本运行规律与法则，因此，它是以自然景观和自然运行基本规律为中心，而不是以人为中心。人和建筑置于该境地时强调要与自然相协调，也就是人与建筑只是自然环境的一部分。"天人合一"实际上是中国传统文化中的"道""太极"，是阴与阳的统一，五行相生相克的辩证和谐。鄂西南地区民居建筑中对于选址、祭祀等仪式性活动的重视，体现出民众在尽可能寻求符合天地运行之道，和谐共处之理，敬畏自然之心。因此，吊脚楼的出现是人对自然因地制宜的主动选择，《旧唐书·南蛮传》曰："山有毒草，虺腹蛇，人并楼居，登梯而上，号为干栏。"

　　鄂西南地区民居建筑和墓葬的择地，首先体现在对自然环境优势的选择和利用，即尽可能寻找理想的自然生境，足见对自然条件的识别和选择是人们在实践中的主动性体现。如前文提到的万桃元先生祖传《杨公秘籍》择地要诀"地有十三怕，有二十二好"，《杨公秘籍》载地有十三怕："再记寻龙十三怕，最同明师与君话：一怕空亡二怕宠（充），三怕斜飞四怕插（叉），五怕气泄，六怕水牵，七怕明堂水不合，八怕凹风九怕逼，十怕前面枪头直，十一怕孤单十二怕小，十三更怕气脉斜。"（见图6-4-3a）

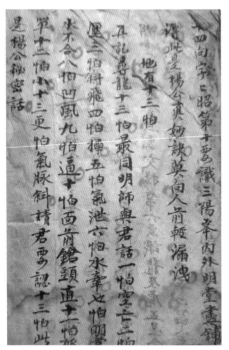 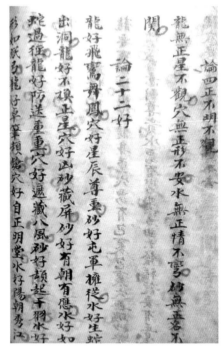

图6-4-3a　地有十三怕　掌墨师祖传地理书（来自万桃元）

图6-4-3b　地有二十二好　掌墨师祖传地理书（来自万桃元）

论二十二好指：

> 龙好飞鸾舞风，穴好星辰尊重，砂好屯军拥从，水好生蛇出洞；龙好不换正星，穴好凶砂藏屏，砂好有朝有应，水好如蛇过径；龙好防送重重，穴好遮藏八风，砂好顿起千羽，水好形如眠弓；龙好卓笔顿枪，穴好自正明堂，水好阳朝秀江；龙好僧道坐禅，砂好如人卓拳，水好如弓上弦；龙好有盖有座，穴好有包有裹，砂好有堆有垛，水好有关有锁。

还有论四正不明不观：

> 龙无正星不观，穴无正形不安，水无正情不弯，砂无正名不关。

均是经验总结出来的，有些地方是不适合建房供人居住的（见图 6 - 4 - 3b）。如石定武手持古籍本风水地理书《新编历法便览象吉修要通书·卷之二十一》首页"阳宅秘论"所述：

> 阳宅阴坟龙无异，但有穴法分险易；阴穴小巧亦可托，阳宅须用宽平势；明堂直须容万马，厅堂门廊先立位，东厢西孰人庖厨，庭院楼台园圃地，三十六条分屋春，三百六十定磉位，或从山居分等级，或是广坂得平地。水木金土四星龙，作此住基终吉利；惟有火星甚不宜，只可剪裁作阴地。仍听尖曜无所用，不此坟墓求秀气。惟有草笔及牙旗，耸在外阳方无忌；更需水口收拾紧，不宜太迫成小器……

均是阳宅选地对环境的要求。再如对水质的选择原则在风水经典《博山篇》主张：

> 寻龙认气，认气尝水。其色碧，其味甘，其气香，主上贵。其色白，其味清，其气温，主中贵，不足论。

但是自然的景观并不是每一处都很符合"地理书"所描述的"好地"标准，如果实在找不到理想之地，人可以根据"好地"的标准来对自然景观做出适度的改造。这些改造是强调以自然之物来弥补地形的不足，而不是像今天用机器挖掉大量的山体、树木，用钢筋水泥封住。传统的风水理论中，对于山水景观的改造一般是以栽树、填土、砌坎、挖塘、引水、开沟等多种形式来弥补地形的不足，使地之脉气相接；或者隐藏、遮掉不好的部分，以使景观符合好地的标准，并遵循自然运行的规律。当然，有些改造是基于居住功能和安全防护的需要，这也需要在自然之道的原理之中来寻求。

不管是中国传统的风水理论还是西方的现代建筑生态学、场所理论，都是在尊重客观自然环境本身的前提下，从人的生活和精神心理需要出发，对建筑及其周边环境的选择与优化，包括屋基大小、周边生态环境、土质、水文、道路、空气流通、温度气候等都需要做出较为深入的考察和辨识，以使建筑和人能够与自然融合。

二 技术与技艺：生活中的审美建构

著名文化符号学家米哈伊尔·洛特曼说过："被建筑者所抛弃的那块石头最重要。"[1] 梁思成先生曾说："建筑之始，产生于实际需要，受制于自然物理，非着意创制形式，更无所谓派别。"[2] 民居建筑更是如此，也毫不例外地表现为借助技术的空间构造，以满足人的基本生活需要。民居营造技术的演进成为民居样式变化极为重要的因素。鄂西南地区的民居建筑技术发展到今天，仍然以传统建筑营造技术为主，而受科学技术特别是现代科学技术的影响并不是很大。即便是 20 世纪 80 年代以后，小洋房修造使用的钢筋水泥，也没有像城市建筑那样具有很高的科技含量，主要是材料的改变而带来的技术变化。因此，鄂西南民居建筑技术主要是延续了干栏式建筑和台基式夯砌技术两种传统的技术路线。

"干栏"式建筑技术是基于木质材料和鄂西南地区地形特点的建筑技术，也是西南地区特有建筑技术发明和传承至今的民居建造技艺。追溯干栏式建筑技术史，最早是采用搭接、捆扎技术，将木棒搭接、捆扎在树上，并借助树本身的枝干建构房屋的基本框架，形成空间，再用树叶、茅草之类覆盖屋顶，并困扎成型，即"巢居"阶段。穿斗式榫卯技术在鄂西南地区应该是在土司制度期间，从汉族地区引进和传播而来（见图 6 - 4 - 4）。而这一技术在汉族地区已经很早就成熟了，"两汉时期，木构建筑更加成熟，奠定了以后木架构主要形式：井干式、穿斗式和抬梁式的基础"[3]。这一技术传入鄂西南地区的路径主要有三个，一是自江汉平原沿清江而上

① 康澄：《文本——洛特曼文化符号学的核心概念》，《当代外国文学》2005 年第 4 期。
② 梁思成：《中国建筑史》，百花文艺出版社 2005 年版，第 11 页。
③ 段步军：《谈中国建筑发展史》，《山西建筑》2014 年第 24 期。

图6-4-4　穿斗式结构（恩施土司城九进堂）

的清江流域；二是经洞庭湖沿酉水到湘西再进入鄂西南地区；三是由成都平原经川盐古道而进入鄂西南地区。榫卯技术进入西南地区与本地域的民居样式的融合，成为今天我们仍然可见的鄂西南地区的吊脚楼木构建筑样式。

台基式"夯砌"技术是早期穴居的发展和演化，三峡地区及鄂西南地区有极为丰富的喀斯特地貌形成的溶洞和茂密的森林，为早期人类遮风避雨奠定了天然基础。溶洞成为早期人类聚居的最主要去处，据考古资料显示，中国境内最早的人类活动遗址在今巫山县龙骨坡的"巫山人"（距今214万—201万年）和位于恩施州建始县境内的"建始直立人"（距今215万—195万年），从这一考古文献资料显示，三峡地区及鄂西南地区应该是最早的直立人活动区域之一。这与长江和清江流域的地理、气候、生态有着直接的关系：溶洞与森林密布，地处北纬30度左右，气候冬暖夏凉，山区不宜受到风暴袭击，这些应该为早期人类的生存和发展提供了重要的基础。即便到了21世纪初期，在鄂西南地区的利川东北部地区仍然有居住在山洞里的人家，这应该是人类"穴居"历史的最好见证。夯筑和砌筑技术是基于穴居生活需要的发明：垒砌灶台、夯筑地基和墙体可以阻挡生物侵袭和遮风；后来逐渐演化为墙板夯筑和砌筑技术，并与木构建筑融合来建造土石木屋。在鄂西南地区的东北、北部、西北部地区的民居建筑，至今仍然有大量的民众建造土墙屋和石墙屋（见图6-4-5a-b）。如果考古文献显示的建始直立人活动在该地区成立的话，云南的"元谋人"（距今约170万年）、陕西的"蓝田人"（距今约115万年）、郧县的"郧县人"（距今约100万年）、清江下游的"长阳人"（距今约19.5万年）以及北京的"山顶洞人"（距今约50万年）都应该比"巫山人"和"建始人"要晚。因此，鄂西南地区的人类早期居住空间选择和改造是否会从该地域向外扩散和迁移，并逐步与其他地域资源结合，发展出其他的民居样式，这一问题虽有待考证，但是该地域的早期直立人对自然环境的有效利用与改造，显示出他们

图6-4-5a 土石木混合的台基式民居（巴东县金果坪乡
下村湾村100余年的秦氏老宅）

图6-4-5b 土墙民居（建始县高坪镇
岔子口村石门河）

的智慧。在中原地区
"夏商周时期，建筑上
出现了夯筑技术，夯筑
建成的居住地防潮、耐
磨损，而且可修整为陡
壁……随着夯筑技术的
日趋成熟，开始实行模
具标准化的版筑技术，
中间设木柱加固，为建
筑向高大发展创造了技
术 条 件"①。到 汉 代
"已经出现了砖瓦的生
产技术，砌筑技术逐步

提高，形成了我国古建筑台基、屋身和屋顶三段式高台建筑的特色"②。
由此，"建筑活动也从纯实用逐渐转向对艺术审美的追求"③。这些建筑技
术和审美变化，又反过来影响三峡地区和鄂西南地区的民居建筑，使得鄂

① 段步军：《谈中国建筑发展史》，《山西建筑》2014年第24期。
② 段步军：《谈中国建筑发展史》，《山西建筑》2014年第24期。
③ 转引自段步军《谈中国建筑发展史》，《山西建筑》2014年第24期。

西南地区的民居建筑技术逐步演化为一种具有极强文化寓意表征的民居建筑文化，并传承发展至今。中华民居文化基于居住需要，使得建筑技术与审美在传播交流中得以融合与提升。"马林诺夫斯基在《文化动态论》中得出一个值得我们反思的结论：'人类必须有一个共同的一致的利益，文化才能从交流而融合。'"① 技术到技艺的变化，不仅仅体现在民居建筑的样式和审美上，更多地体现在仪式、说辞、信仰等精神层面上，并形成了民众共识。同时，鄂西南地区原住民属于无文字社会，因此，民居文化还承担着教育民众和传承文化的责任。"对于口述文化中的作者来说，传统绝不是'外在的'东西，可以说传统浸染了他全身，而且是从心里向外喷涌。"②

鄂西南地区的民居建筑审美追求和变化，并非按照王公贵族的建筑路数向前迈进；而是在建筑技术上始终保持木构榫卯结构和土石夯砌技术来建造房子，在功能上以满足自己生活的基本需要为主要诉求，这与民众的经济基础直接相关。因此，在审美追求上以适宜自然的造型、材质和朴实的技术运用来表达自己的审美趣味和追求，在对空间利用的最大化和结构关系的合理性上展现自己的聪明才智。同时，将生活仪式、精神信仰和心理期盼融入民居建筑的营造技艺中，显现自己对美好生活的追求。即便在今天的鄂西南地区，民居仍然以实用、朴实的样态呈现为主，当然，随着社会的不断演进，特别是国家实施改革开放、社会主义新农村建设以及精准扶贫、美丽乡村建设等政策，鄂西南地区的民居在样式和功能方面更加趋向多元化、合理化和审美化。这正体现了中华文化在不断的传播交融中获得一种内生力和聚合力，使得各民族各地域的民居文化既具有特色、又有文化内聚力的心理认同，继而转化为人们的文化样态，展现在他们的生活里。正如费孝通先生所言："把这样众多的人口，在这样长的时期内形成一个基本上一致的中华传统文化，必然还有一种力量，一种容忍的同化力，也可叫它凝聚力。这种使我们这个民族几千年来一直能够维持延续下来的力量就是包含在传统文化里的这股相容和融合的凝聚力。这种精神力量是隐藏在群众的生活里的人生态度，也可以叫心态。"③ 民居建造技术到技艺的变化，说明鄂西南地区民居文化里的事象既是民众生活的反映，更是他们生活心态的写照。

① 费孝通：《文化与文化自觉》，群言出版社2016年版，第229页。
② ［德］扬·阿斯曼：《文化记忆：早期高级文化中的文字、回忆和政治身份》，金寿福、黄晓晨译，北京大学出版社2015年版，第98页。
③ 费孝通：《文化与文化自觉》，群言出版社2016年版，第133页。

三 场域与阴阳：仪式中的权力融合

鄂西南地区民居建筑在本质上超越了技术依存的建筑实体存在，而成为一种地域文化和民族文化的载体，它将建筑技艺、程序、仪式、说辞、符咒、信仰和生活日常融为一体，构建鄂西南民居文化的内涵。而在这一系列的文化事象中，仪式及其场域成为展现所有其他文化要素的最主要载体，成为文化意义生成的场所。这些仪式以不断在生活中重复出现的方式，使得民居文化的寓意和象征得以不断地强化，并鲜活地一代代传下来，"借助仪式加以重复，其根本目的在于意义，因为意义保存在仪式中并借此得到再现。仪式的作用就是促使人们想起相关的意义……意义只有通过传承才能保持其鲜活性"①。这表明民居建筑既是人们生活必需之物，更是仪式文化的呈现方式，如上梁仪式活动，既包含着梁树的制作技艺、坐鲁班席、祭鲁班、开梁口、升梁、踩梁、抛梁粑等一系列活动，还包括掌墨师的说辞、祭祀仪式中的雄鸡、工具等，当然，更离不开参与上梁仪式的帮忙人员和族亲朋友的积极参与。实际上鄂西南地区民居建筑中的仪式活动，成为掌墨师展示技艺、能力和水平的场所，也成为族亲民众聚居的重要方式，还是人们在日常生活中得以抒发性灵和交流感情的绝佳时机，因此，仪式实际上成为文化场域，人们长期生活、参与其中，建构起固定的行为模式和生活习性，并一以贯之地延续下来。仪式场域使得人们无序和杂乱的生活变得规整起来，"为了对抗日常生活中表现出来的无秩序和可能发生蜕变的趋势，就必须要用仪式的方式使秩序保持在活跃状态并且得到再生成"②。而且这些仪式总是会将现在与过去，甚至未来关联起来，比如祭鲁班、祭祖先、安家神是对过去，特别是对祖师先人的祭拜，以这样的方式来保持和祖师先人的联系，正如"他们的文化都是与地点相联系的，并且保持着与他们的死者的联系。祖先的灵魂是不能移动的"③。而开梁口、上梁、踩梁、踩财门等则是将对现在和未来的期许和厚望；将房屋建筑和生活习俗的特殊地点与自己的家、家族兴衰紧密相连，这种"赋予某些地点一种特殊记忆力的首先是它们与家族历史的固

---

① ［德］扬·阿斯曼：《文化记忆：早期高级文化中的文字、回忆和政治身份》，金寿福、黄晓晨译，北京大学出版社 2015 年版，第 89 页。

② ［德］扬·阿斯曼：《文化记忆：早期高级文化中的文字、回忆和政治身份》，金寿福、黄晓晨译，北京大学出版社 2015 年版，第 149 页。

③ ［德］阿莱达·阿斯曼：《回忆空间：文化记忆的形式和变迁》，潘璐译，北京大学出版社 2016 年版，第 346—348 页。

定和长期的联系"。彰显出鄂西南地区民众对于美好生活的期盼,不仅仅是在物质层面的享受,更体现在精神和心理的深层与生活的日常。建造房屋中的各类仪式特别是上梁仪式很隆重,"主要也是为家族、亲戚、邻里相聚提供了物理空间和契机,让大家在一起交流感情,增进彼此了解,释放内心情怀。这种仪式中所彰显的人文关怀,成为一种被既定的方式不断地向下遗传和演进,由此构建出土家族人民对于自己情感交流和心理认同的空间形式,使吊脚楼建造中的各种仪式成为土家族的一种文化现象,这种文化现象展现出土家族人对于自己的民族文化的彻底认同,也是对自己民族的认同"①。

鄂西南地区民居建筑还表现为家庭社会关系的确立,"鄂西南地区民居建造中的仪式场域成为土家族人展示其生活状态、经济实力、社会地位、社会能力和家族意识的空间,由此构建出土家人的生活惯习,造房修屋的各种仪式成为推动和表达个人精神与物质追求的重要组成部分……建造房屋在某种程度上既是个人物质追求、情感需要的反映,也是一个家庭的社会关系的全面展示"②。对于一般家庭来说,能够建造属于自己的一栋房屋,也表示自己的社会地位和社会身份的正式确立,显示出自己的现实生活达到了有老婆、有孩子、有房子的状态,经济实力和社会关系基本确立起来,并成为一个独立的家庭单元面向族亲和社会,承担起应有的家庭责任和社会责任。

从鄂西南地区民居建筑中的仪式我们也能看到文化所构成的场域关系,人们延续传承的建筑习俗与行业规矩,祖师、掌墨师和徒弟、民众各自的权力分配,多重要素组成的仪式场域在整个民居建筑及其相关活动中被充分展现出来(见图 6-4-6a-b)。比如,徒弟出师的过职仪式,代表师祖的法器(五尺或者令牌)必须在场,师父在祖师和徒弟之间起着重要的关联作用,并通过仪式行使自己的权力:孝敬师祖鲁班或者台上老君、敬奉祖先,教授技艺和传授行规之道、教育徒弟做人,制作整套工具,为徒弟未来发展说奉赠话,接受徒弟叩拜和各类礼节性礼品奉赠等;而徒弟必须履行的义务是:敬奉祖师、祖先和师父,为师父准备一套衣服,祭祀师祖、祖先的祭品和香蜡纸烛,一餐丰盛的招待餐等,各自的权力和义务显得十分明了。过职仪式的完成也表示着师父的部分权力已经移

---

① 石庆秘等:《仪式场域与惯习:土家族吊脚楼营造技艺传承的生态空间》,《民族论坛》2015 年第 6 期。
② 石庆秘等:《仪式场域与惯习:土家族吊脚楼营造技艺传承的生态空间》,《民族论坛》2015 年第 6 期。

图 6-4-6a 房屋上梁抢梁粑（宣恩
沙道沟镇老岔村 文林摄）

交到徒弟身上，徒弟在很多方面不再受师父的管教和干涉，也在该领域和师徒授艺方面具备了和师父同等的权力和义务。在这一仪式中，具有最高权力的是师祖鲁班或者太上老君，其次是师父，徒弟相对来讲其权力较小，旁观者则都只是见证人和看热闹的。在各类仪式中，人们因为身份不同而具备各自不同的权力，这些权力的形成成为民居建筑这一文化事象的生态互动关系；而且这些权力随着时代的发展而发生着变化。比如整个民居建造中，早期民居建筑活动中的权力分配为：主家是建房的主体权力，在决定修或者不修、修成什么样，负责工匠与帮忙人员生活、负责准备材料和请帮忙人员等事务上具有绝对的权

图 6-4-6b 土家族流水席（恩施市芭蕉侗族乡朱砂溪锁王城老人去世葬礼宴）

力，因为它是使用者和出资方。掌墨师则具有建议权和主导整栋房屋修建的技术处理、安全防范、仪式说辞、法事主持等事务的权力。而族亲、邻居则具有还活路、帮忙、凑热闹甚至凑份子人情的权力而不取报酬，成为互帮互助的劳力和人情交换，正所谓"礼尚往来"。这些权力在 20 世纪 90 年代以后，则发生了很大的变化，这一变化随着民居建筑材料、技术以及人们观念的变化而改变，变化最大的是修房造屋的主人只需要出钱和做好监工即可，有的还管一餐午饭，其他事情可以不用管。整栋房子的建设包括材料在内的事情，均由专门的建筑班子以承包的方式来完成；主持建筑的人不一定是掌墨师，而是包工头，掌墨师仅负责技术和仪式说辞等业务。族亲朋友不再非要去帮忙还活路，只需要凑热闹和凑份子钱就可以了。这些变化是鄂西南地区民居建筑文化自身适应时代变迁的结果，也证明了民居文化是互动的、良性的、有生命力的。"文化是活的，从旧的当中诞生新的。我们越是能更好地了解过去，新的诞生就越可靠。这也是对无回应的、无生命的过去的尊重。"①

由此我们看到，鄂西南地区民居建筑所构建出来的文化场域，使得人们的生活建构出样态的习俗，延续发展为一种习惯向后衍生。而场域的构建实则是民居建筑文化的多重要素组合，这实际上与鄂西南民居建筑文化中的阴阳平衡理论、天人合一观念等是一致的。如民居建筑的选址、择日、仪式活动等都强调金木水火土的选择和巧妙利用，《新编历法便览象吉修要通书·卷之二十一》首页"阳宅秘论"所述："水木金土四星龙，作此住基终吉利；惟有火星甚不宜，只可剪裁作阴地。"因此，坐地朝向属火则与建筑本身相克，不用。择地还需要与主家的生辰八字相合，如属鸡的人不宜坐虎型地等禁忌，均表现出一种阴阳平衡的基本理论和心理诉求。在民居文化相关的生活仪式文化事象中，阴阳平衡理论仍然占有重要的地位，比如传统男女婚配也强调十二生肖的属相吻合；敬奉土地、山神等更是将自然与人的平衡理论化为一种朴素的信仰来服务于自己的生活；祭祀祖先和师祖则强化了人伦、社会规则与道德品格和谐的建构。而这些思想观念在鄂西南地区的民间仍然有着深厚的民众基础，并在时代的演进中坚守着、影响着一代代鄂西南地区的民众。"我们的思想，我们的价值，我们的行动，甚至于我们的情感，像我们的神经系统自身一样，都是

---

① 转引自康澄《文本——洛特曼文化符号学的核心概念》，《当代外国文学》2005 年第 4 期。

文化的产物。"① 文化传统是彰显地域和民族特色的主要事项，而对地域文化和民族文化的尊重则是中国不断延续发展和强盛的重要根基。"文化的表现不仅仅是一种形式，更为重要的是它具有的内核，是一个民族族群的生活、情感、心理需求的基本反映，国家对于这些民族文化的尊重是构成国家认同的重要基础，近几年来，国家推出的各类文化保护政策、措施、办法等显示出国家对于各民族文化的态度，各民族地区的人民也普遍感受到自己文化的重要性，这样的良性互动成为人民安居、社会和谐、国家安定的基础。"② 正如费孝通先生所倡导的社会"各美其美，美人之美，美美与共，天下大同"③。

四　个体与群体：生活里的身份认同

鄂西南地区居住的各民族主要是聚家族而居的散居形式，即便是汉族人在该地区也大多是聚族而居的散居状态，因此，民居建筑多以单家独户建一栋房，单栋房聚合而成为村寨、聚落或村镇。从建造房屋的主体来看，鄂西南地区的民居基本是以独立家庭为建房出资者，即便有族亲的辅助，在经济上仍是处于独立的；在社会责任和职能上，家庭也是独立的社会单元。家族是同姓血缘关系的组合，而鄂西南地区的村寨或者聚落主要以同姓同族、同一民族构成以及杂居民族融合构成，现代意义上的村组关系，则更多体现为多姓多族多民族融合的散居杂居关系。群体融合既表现为对各自身份的独立认同，又表现为尊重彼此文化习俗的聚合认同，还表现为彼此共同居住文化习俗的交融认同。

鄂西南地区聚居的传统家庭父母与孩子的关系，多遵循"树大分权、人大分家"的惯例，一般孩子长大结婚以后，大多都会独立门户，即按照政府规定的独立户口含义，建立自己的社会身份，承担独立的家庭责任和社会责任，为独立家庭规划未来并努力实现（见图 6 - 4 - 7a - b）。家庭独立预示着要有独立的居住空间和承担独立的社会责任：拥有或者建造属于自己的房子、抚养教育孩子、赡养父母、酬谢族亲乡邻和处理家庭及其社会事务等。这种尽早让孩子独立并承担社会责任的方式，首先体现在居住空间的处理上，即分家首先是对居住空间的分隔。而独立的居住空间，至少要满足三个空间存在：一是住宿的空间，即夫妻睡觉以

---

① 费孝通：《文化与文化自觉》，群言出版社 2016 年版，第 172 页。
② 石庆秘：《仪式场域与惯习：土家族吊脚楼营造技艺传承的生态空间》，《民族论坛》2015 年第 6 期。
③ 费孝通：《文化与文化自觉》，群言出版社 2016 年版，第 172 页。

**图6-4-7a　家族式民居聚落（恩施市崔家坝镇滚龙坝村
向氏家族历代建造的房屋群落）**

**图6-4-7b　家族式民居聚落（恩施市盛家坝二官寨康氏家族
历代建造形成的房屋聚落）**

及孕育下一代的私密空间，本地人所称的"房屋"，现代意义上的卧室；二是做饭烧菜的灶屋，即现代意义的厨房；三是会客及活动空间，包括传统意义的火塘屋或者堂屋；这一空间在没有自己独立的房子时，可以与父母共享，而前两类空间是必需的。如果独立出来的家庭要建造属于自己的房屋，至少要具备六大空间：一是夫妻睡觉的房间；二是做饭吃饭、取暖的空间；三是孩子的居住空间及客房，包括男孩女孩的居住空间；四是堆放粮食、农具与生活用品等的空间；五是喂养家禽牲畜的空间；六是用于晾晒粮食、衣物等的空间。这六大空间是一个独立家庭生活的基本需要。而一个家族能够连接起来的共同空间主要是家族祠堂和祖坟地，各个家庭的堂屋也是各族亲聚集之地，还是安放祖先神灵的位置。

鄂西南地区民居空间的构造虽建立在生活的基本需要之上，但是民众对于构造空间的仪式和程序，以及精神性空间的界定上，则具有群体的一致性，这种群体性的认知是通过建房过程和空间使用体现出来的。精神性空间的构造在一定意义上，与掌墨师技艺传承的规定性有直接的关系，即掌墨师们在一直默默坚守其技艺的同时，更将程序、数字、仪式、说辞、祭祀活动等带有强烈文化属性的内容，以几乎一成不变的方式传承至今，他们的坚守使得需要建房的民众不得不遵守这些既有的约定，从而建构起文化生成、继承、发展的场域环境和惯性习俗。民居文化的生成还是从个体开始，逐步演化为群体的认同与传承，因此，文化即源自生活的基本需要，同时，又会最终以集体认同的方式来约定俗成地影响人们的生活。"只有生活，才是最真实的文化，它不需要任何的虚构、伪装和强加！不同的条件，产生不同的生活；不同的生活，产生不同的文化。我们的建筑，只能按生活本身所要求的面貌来塑造。"① 即便这些民居文化看起来如此粗糙和朴实，但它是生活其中的人们的共同需要和群体记忆，并以此建立起具有符码特性的文化标志符号。这不仅是个体的认同，更是群体力量的表征，"集体意识是精神生活的最高形式，它是各种意识的意识……不管集体表现在刚刚形成的时候有多么的粗糙，但实际上正因为有了集体表现，全新的心态才开始萌芽；而单靠个体的力量无论如何也不可能把自身提高到如此程度；正是借助集体表现，人类才能够开辟出通向稳定的、非个人的和有组织的道路"②。

与此同时，我们也应该看到，鄂西南地区的民居文化对于精神性空间的构造，则与其他民族文化的交流有着极大的关系，如堂屋、家神和祠堂的建造与使用，则明显与汉族文化的传入有着直接的关系；结婚、丧葬等礼仪也与汉文化的传播有着深刻的渊源（见图 6 - 4 - 8a - b）。汉族文化所携带的精神价值弥补了鄂西南地区原住民在面对恶劣自然环境时所呈现的精神贫乏，使得鄂西南地区原有的文化在一定意义上获得发展和提升，并得到普遍的认同，最终融合在一起，因此，"身份认同的支撑不是建立在权力之上，而是建立在意义之上"③。这一文化特性也是汉文化本身所具有的包容性的直接体现；"融合升级之后的文化形态，对内通过其融合

---

① 李行：《建筑与城市——漫谈有关的建筑学基础理论问题》，《新建筑》1993 年第 2 期。
② 王铭铭主编：《西方人类学名著提要》，江西人民出版社 2004 年版，第 107 页。
③ ［德］阿莱达·阿斯曼：《回忆空间：文化记忆的形式和变迁》，潘璐译，北京大学出版社 2016 年版，第 340 页。

性力量将一个帝国黏合在一起，同时在对外时，它也致力于发展出一种强大的对他者进行强化的力量"①。

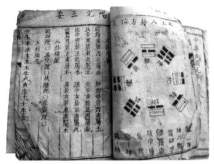 

图6-4-8a　清代留存至今的
古版书（来自作者家藏）

图6-4-8b　清代留存至今的
古版书（来自作者家藏）

五　符码与记忆：文化中的惯习养成

德国著名社会学家、哲学家马克斯·韦伯说："人是悬挂在自己编织的意义之网上的动物。"② 俄罗斯当代符号学研究领域大名鼎鼎的"塔尔图—莫斯科学派"领袖洛特曼认为："文化是'集体记忆'，因为人类的生活经验是体现为文化的，文化存在的本身就意味着符号系统的建构以及把直接经验转换为文本的规则。"③ 不管是"意义之网"还是"集体记忆"都从文化的角度既阐述了人作为群体是文化建构的主体，又表明文化对人具有潜移默化的作用，人和文化具有密不可分的内在互生关系。在人类历史上，人在寻求基本的生存生活需要的同时，也在尽可能地去寻找精神和心理的寄托和满足，因此，物质文化和精神文化总是相伴而生，也相伴而行，它们与人也相伴而行，前行的过程中因为地域差异和民族特性而创造出来的文化呈现出多样性和特色。鄂西南地区不论是在湖北还是全国，甚至世界范围来看，其特殊的地理位置和人类活动的历史，都可以见证其独有的物质基础和文化特性。在民居文化史上，"穴居"和"巢居"均是该区域最早的人类文化样态，这即是区域位置的自然资源和气候影响

① ［德］扬·阿斯曼：《文化记忆：早期高级文化中的文字、回忆和政治身份》，金寿福、黄晓晨译，北京大学出版社2015年版，第157页。
② 王铭铭主编：《西方人类学名著提要》，江西人民出版社2004年版，第461页。
③ 赵爱国：《洛特曼的文化符号学理论体系》，《广东外语外贸大学学报》2008年第4期。

下的产物，也是早期人类生存智慧的体现，并在漫长的历史演进中，不断地改进和发展民居的样式，最终演化为今天我们可见的"吊脚楼"和

图6-4-9a　鹤峰铁炉乡渔泉村
农民索道出山（文林摄）

图6-4-9b　特色村寨之恩施市龙凤镇青堡村

"台基式"土石木屋。特别是吊脚楼已然成为鄂西南地区民居文化的代表，并被命名为"国家级非物质文化遗产"加以保护、推广和创新发展。与此同时，由各类民居组成的特色村寨也遍布鄂西南大地，目前已被国家民委和住建部命名的少数民族特色村寨和历史文化名村（镇）就多达40余个（见图6-4-9a-c）。鄂西南地区民居及其文化丰富多样，有被建筑学家张良皋先生誉为"土家族吊脚楼博物馆"的民居建筑群"彭家寨"；还有早期的人类"建始直立人"和"长阳人"考古遗址；有享誉海内外的世界文化遗产"唐崖土司"、民歌

"龙船调"；还有"土家族萨伊尔嗬""土家族摆手舞""傩戏""薅草锣鼓""土家族打溜子"等15项国家级非物质文化遗产和60余项省级非物质文化遗产名录。除此之外，还有自然景观"恩施大峡谷""利川腾龙洞""巴东神龙溪""咸丰坪坝营"等。特别是鄂西南地区丰富的物质文化遗产与非物质文化遗产，成为该区域人们建构文化并传承、发展和创新文化的最好见证（见图6-4-10a-c）。反过来，也使得这里的人们在文化的演进中自然形成了对于这些文化的认同，并不断延续至今。

在汉字没有全面进入鄂西南地区之前，该区域基本上是处在"无文字"社会，语言也主要是以土家语、苗语等为主，文化传承主要依靠各

图6-4-9c　五峰土家族自治县长乐坪镇腰牌村

类文化事象得以延续和发展，因此，物质的和非物质的技艺、仪式、舞蹈、戏曲以及节日等文化形态成为文化传承的基本手段和方式。当然，这些也成为教化人伦、规制社会的基本策略，"在无文字文化中，文化记忆并不是单一地附着在文本上，而是还可以附着在舞蹈、竞赛、仪式、面具、图像、韵律、乐曲、饮食、空间和地点、服饰装扮、文身、饰物、武器等之上，这些形式以更密集的方式出现在群体对自我认知进行现时化和确认时所举

图6-4-10a　恩施连珠塔

图6-4-10b　恩施市龙马区茶山洞乡
农民抬猪出山（文林摄）

行的仪式庆典中"①。这些直观的文化形态更加能够使文化保持其一致性和延续性，"节庆和仪式仍然构成了保持文化一致性的核心"②。因此，人们对于这些文化的认同是基于个人、家庭、社会发展与成长的需要而逐步建构起来的。民居文化和各类其他文化的交互融合，构成该地域文化的基本框架，在不断地重复中演化为文化场域和惯习，并得以再生产。"节日和仪式定期重复，保证了巩固认同的知识的传达和传承，并由此保证了文化意义上的认同的再生产。仪式性的重复在空间和时间上保证了群体的聚合性。"③ 这一场域和惯习又并没有因为汉字文化的进入而减弱，反而促进了这些文化的记录、交流与传播，汉字文本成为人们记录、交流和传播的又一个更为有效的手段和方法。这些文本主要体现在两个方面，一是汉族地区的诸多雕版印刷书籍的直接进入，使得该地区的人们有了学习汉文化的途径；如前文提到修房择地书籍《新编历法便览象吉修要通书卷》《新刻杨救贫秘传阴阳二宅便用统览》《星命万年历》等；二是技艺文化需要者在学艺从艺的过程与活动中以手抄文本的方式，记录咒语、说辞、法事、符咒等，以便于随时可学、可记、可用、可传。当然，在民居建筑文化及其相关行业里，口述文本仍然是极为流行的一种传承方式，特别是一些法术咒语和祭祀符码。在民居建筑技艺和样式上，汉族地区民居文化特别是中原地区的四合院建筑样式、江南地区的木构建筑装饰对鄂西南地区的民居建筑有着深刻的影响。同时，汉文化的礼制教育使得鄂西南地区的人们在文明礼仪上获得极大的改善，逐步摆脱了"蛮夷"的"野蛮"面孔，并在科学文化教育之

① ［德］扬·阿斯曼：《文化记忆：早期高级文化中的文字、回忆和政治身份》，金寿福、黄晓晨译，北京大学出版社2015年版，第54页。
② ［德］扬·阿斯曼：《文化记忆：早期高级文化中的文字、回忆和政治身份》，金寿福、黄晓晨译，北京大学出版社2015年版，第92页。
③ ［德］扬·阿斯曼：《文化记忆：早期高级文化中的文字、回忆和政治身份》，金寿福、黄晓晨译，北京大学出版社2015年版，第52页。

下，实现与现代文明接轨。

鄂西南地区建筑及其相关文化所形成的场域与惯习，在历史发展中同样面临着重要时代变革的深刻影响。这些影响一方面大大促进了文化的交融、传播和发展，但也使原有文化样态发生了改变，甚至面临消失的危险，特别是一些物质文化形态在社会变革中受到的负面影响更为明显。而在民间应对这些困境时，人们的态度和处理方式远比我们想象的要智慧得多。这在一定层面表现出政治权力、民间智慧在资源运用构成的博弈空间里，呈现出来的场域空间状态，各自会从自身的利益或者需求出发给出不同的态度与应对方式，正如"作为

图 6 - 4 - 10c　文旅融合中的恩施女儿会
（文林摄 恩施市龙马旅游小镇）

包含各种隐而未发的力量和正在活动的力量的空间，场域同时也是一个争夺的空间，这些争夺旨在继续或变更场域中这些力量的构型……他们的策略还取决于他们所具有的对场域的认知，而后者又依赖于他们对场域所采取的观点，即从场域中某个位置点出发所采纳的视角"①。民间对于文化的态度主要取决于生活本身的需要，包括物质需要和精神心理需要，这种需要也会随着时代的变化而变化。而政治权力的干预所涉及的范围会更加宽泛，或是权力的体现，或是统一思想，或是抢救文化等，政策带来的导向与民间态度有一种内在的抗衡和顺应的过程。

从民居文化这一领域来看，对于民居修造技艺和民居样式的修正，更

---

① 转引自毕天云《布迪厄的"场域—惯习"论》，《学术探索》2004 年第 1 期；[法] 皮埃尔·布迪厄、[美] 华康德：《实践与反思：反思社会学导引》，李猛、李康译，中央编译出版社 1998 年版，第 134、155、139—140 页。

图6-4-11a　20世纪70年代的白溢寨大队部
（五峰土家族自治县采花乡白溢寨村）

多取决于民间自身的力量，即掌握技艺的工匠们的智慧和发明创造。不管是干栏式建筑还是四合院建筑，不论是抬梁式结构还是穿斗式结构，抑或是将军柱、板凳挑还是斗拱与歇山顶，都是工匠在建造过程中不断总结经验并适应人的需要而建构起来的。而民居建造技艺的传播与交流，仍然是通过民间工匠或者民众自身的学习借鉴而发生。政府的政策干预主要是对人员流动和人们的观念产生影响，如在封建制度下的"改土归流""湖广填四川"等政策实施对鄂西南地区的民居文化产生重要影响；新中国成立以后的"破四旧""文化大革命"等运动，给鄂西南民居带来的影响也是可见的（见图6-4-11a-b）。大量的传统建筑特别

图6-4-11b　建于清代末年的利川谋道镇谢家老屋

是寺庙、塔楼、祠堂以及过去大户人家建造的房子，留下时代的印记，我们今天还能看见的诸如咸丰县的唐崖土司遗址中的张飞庙、牌坊和土司墓，利川大水井李氏庄园，咸丰县甲马池新场的蒋家屋场以及咸丰县严家祠堂，宣恩县的观音堂等诸多民居建筑，都可见证（见图 6-4-12a-b）。再如恩施老城在 20 世纪初期有寺庙 48 座，如今仅剩下"白衣庵"。这一时期也包括对民间习俗、老旧书籍等东西的摧毁，当然国家政策的实施主要是破除迷信思想和封建残余，因此，"积极分子们"将这些精神寄予的物质外化的寺庙、风水书、地主富农居住的房子等都

图 6-4-12a　建于清代末年的利川谋道镇
谢家老屋被铲坏的装饰图案

图 6-4-12b　唐崖土司墓（咸丰县尖山乡
唐崖土司遗址）

认为是封建残余予以清除。不过在民间则有他们处理这些物化形态的一些方式，比如将建筑精美的装饰图案用泥巴敷上，使别人看不见其内容，或者拆解后封存在家里隐蔽之处（苕窖、山洞等），甚至掩埋在土里；特别是一些重要的书籍、手抄本，大多采用了掩埋土中和藏在屋檐下的方法，尽可能保存。而口述性的文本则可以闭口不谈，仪式性的事项则不举行。

随着中国改革开放政策的实施，特别是国家非物质文化和物质文化保护、新农村建设政策实施以来，鄂西南地区的传统文化开始复苏，并逐渐得到重视。包括前文提到的各级各类非物质文化遗产及其传承人、少数民

族特色村寨和历史文化名村（镇）的命名，促成了鄂西南地区大量的传统民居文化重现在民众的生活里；有的则转化为旅游资源和文化产业。但是，对于传统民居和特色村寨的保护仍然存在两难境地，民众需要重新建造属于自己的新房子，不愿意守住这些老旧的、破损的、功能不全的老建筑，它们与现代生活很难接轨；而国家和政府层面总是希望能够将这些传统民居文化得到保护、传承和利用，因此，政府参与进来的结果是大多停留在外表形式的保留，或者是政府出资修缮保护，或者是以文化作为资源开发旅游。比如被誉为"土家族吊脚楼博物馆"的彭家寨就已经开始了"泛生态博物馆"建设和旅游景观打造；"利川大水井""唐崖土司遗址"已经变成了收费的旅游景观。这些方式在一定程度上解决了民居维护和保存的经费来源，但完全改变了民居本来具有的功能；这也许是民居建筑文化的宿命吧。"杨梅古寨""鱼木寨""野椒园""小溪古村落""旧铺康家古宅""老屋基"等特色村寨，也在朝乡村旅游和民俗旅游方向发展，以激活民居文化和乡村文化的内在活力。不过，还有许多不成规模和交通很不便的村落和古宅民居，在一定的层面无法实现新的转型和开发利用。与此同时，还有诸多群体性的文化事象，在国家级非物质文化遗产传承人助力之下，带来的问题也是存在的，比如土家族吊脚楼营造技艺传承人在鄂西南地区被命名的目前仅有两人，实则活动在民间的掌墨师是一大群默默的坚守者。还有许多大型群众性活动，在传统中实行轮流主持方式的，在非遗保护政策下，变成了一个人或者几个人的事情，这项活动的群体性基础则随着传承人的确立而消失。因此，这些问题也是需要直接面对的。

　　国家政策在近几年重新激活了民间文化再生产的内在活力，在总体上正向良性互动的文化生态机制和场域迈进，相信在一段时间后，人们对于传统的民居文化以及本地域本民族文化的自信会重新建立起来，不断促成鄂西南地区新的民居文化和民族民间文化场域的形成，并富有创新性地传承发展下去，为中华文化注入新的活力，增添新的光彩（见图 6 - 4 - 13a - b）。不过传统的民居文化以及

图 6 - 4 - 13a　硒茶产业与乡村振兴融合下的新民居（恩施市芭蕉侗族乡黄连溪）

图6-4-13b　红色文化与乡村振兴融合新民居（建始县官店镇照京坪村红色旅游区）

传统的民族民间文化的复兴并不是回归原有的文化样态，而是适应时代地对传统文化进行再生产再创造，特别是要对自身文化的历史、发展和未来有一个明晰的认知，以此建立自己的文化理想，获得文化自信。正如"文化自觉只是指生活在一定文化中的人对其文化有'自知之明'，明白它的来历，形成过程，所具的特色和它发展的趋向，不带任何'文化回归'的意思。……自知之明是为了加强对文化转型的自主能力，取得决定适应新环境、新时代时文化选择的自主权"①。因此要理解鄂西南地区民居文化的历史发展脉络，并与民众的现实生活关联起来，才能够在新的时代找到民居文化发展的方向，民间文化终究是要回归生活的常态，昭示其生活中的样态，才是保持地域特色和民族民间文化特色的最好方式，"理解一个民族的文化，即是在不削弱其特殊性的情况下，昭示出其常态。把他们置于他们自己的日常系统中，就会使他们变得可以理解"②。更为重要的是民间文化彰显的精神内核和心理诉求应该得到重视和发扬，而不只是实现物质形态和物质追求欲望，"我总希望人类能够从物欲的贪婪中挣脱出来，远离拜物主义的泥坑，更多地追求一种精神性的需求"③。因此，民众基于美好愿景表达的诸多仪式性的朴素信仰、生活习俗理应成为民众生活的常态化表现；这也是中华文化具有包容性的具体体现。

①　费孝通：《文化与文化自觉》，群言出版社2016年版，第195页。

②　[美]克利福德·格尔茨：《文化的解释》，韩莉译，译林出版社2014年版，第18页。

③　费孝通：《文化与文化自觉》，群言出版社2016年版，第353页。

综上所述，鄂西南地区民居文化在历史的演化中不断丰富起来，在工匠的技术支持下，用地域性的材料建构出符合本地域地理环境和气候特征并满足人们居住需求的建筑空间形式，将民众的个人情感、家族希望通过仪式、说辞、祭祀等活动，在掌墨师或法师的主持下，通过互动形成一种具有生活诗性的文化样态，在区域范围内逐步演化为一种集体的、族群的文化记忆符码，并接受、吸纳、融合其他民族文化，不断地发展而成为今天的模样。在这一发展过程中，我们看到了技术与样式的变迁，触碰到了人们精神心理的物质外化形态和生活常态，感受到了民众、技艺拥有者、政府彼此之间的互动与博弈，体验到了权力、资源、消费之间内在关系的社会化显现，经历了文化产生、发展、融合并再生产、再创造的过程与结果。所有这一切，都体现出人与自然相处过程中和谐共生的积极意义，也彰显了人的主动性、积极性和群体性价值。

结　　论

通过对鄂西南地区 10 个县市特别是南部地区和湘西、重庆、贵州相邻近土家族地区的吊脚楼营造技艺、吊脚楼形成的特色村寨做出深度田野调查，以文化自在者的身份，运用文本记录、拍摄照片与视频、收集实物、采访掌墨师与民间艺人、民间文化持有者和研究者等多种方式，访谈了 4 位国家级、省级吊脚楼营造技艺代表性传承人和 20 余名民居建造的掌墨师和工匠，以鄂西南地区民居营造技艺、空间、仪式与文化为研究内容，结合文化记忆理论、文化生态学理论和文化空间理念，将鄂西南民居的建造技艺、空间形式、仪式说辞和文化象征加以综合性地整体研究；记录、分析和归纳鄂西南民居文化的核心技术、空间形式和仪式习俗，探究其历史发展、空间构成和仪式文化的生成因由，阐释作为该地域具有代表性的民居文化事象与各少数民族和汉族之间文化交流互融的关系；以此勾勒出鄂西南地区民居文化的样貌和特色，呈现中华文化多样性融合的局部状况。

鄂西南地区民居文化是基于该地域特殊的地形地貌、气候特征、自然资源和人文风俗，在历史的长河里，逐步发展演化而来的民居建筑类型，具有较强的地域性特征；吊脚楼与台基式民居既是鄂西南地区具有典型性和代表性的民居建筑样式，呈现出"南吊北台"样式和"南木北石土"材料运用特征；吊脚楼成为中国民居文化具有代表性的建筑类型之一。

鄂西南地区民居文化是以本地域的物质材料和技术，在掌墨师和工匠、民众的劳作中生成的建筑实体空间形式，既包含满足人们生活基本需要的物理空间存在，也包含着人们精神寄托的空间营造，还受到本地域生活习俗、仪式惯习和民众审美的深刻影响，使得鄂西南地区民居文化集物质材料与技术、空间形式与样貌、仪式习俗与审美、文化场域与惯习于一体的复合型民居建筑文化；且相互影响，良性互动。

鄂西南民居文化中所体现的地域性、综合性和复合型，集中反映了该地域文化承继了巴濮文化的原生性，又接纳并融合了汉文化、楚文化等中华优秀传统文化的基因。鄂西南民居火塘屋到堂屋的空间功能转换，祭祀祖先自然神灵到祭祀祖宗家先的信仰变化，到祠堂的建造与使用以及过年、端午、中秋等习俗的形成，便是巴濮汉楚文化融合的见证；同时，继续传承着火塘屋、板凳挑、将军柱、走马转角楼等民居特殊空间和结构，至今仍流行于现实生活中的女儿会、拦社、跳萨伊尔嗬等习俗，又彰显其独特的面貌。

鄂西南民居文化所蕴含的精神寓意和心理诉求，既是本地域民众与自然和谐共生的结果，也是中华文化共同体相互影响与融合的体现，在本质上彰显了中华传统文化尊重自然、崇敬生命、敬畏自然的生态观，重视人与自然、人与人、人与社会和谐相处的人文观。深层揭示鄂西南地区各族人民对待自然的敬畏之心和感谢自然馈赠的感恩之情，因地建房、因材施技和就地取材的建房理念；强调人与房屋、与自然相和谐，将人、建筑纳入自然整体运行的基本框架内予以思考，并以此建构民居文化、生活习俗、技艺传承和文化交流的生态空间，形成了良性互动的文化场域和惯习，延续传承至今。

鄂西南地区民居文化在巴濮文化基础上，受汉文化、楚文化的影响极大，并最终形成了具有多元多样性的文化样貌，构成中华文化共同体的重要内容。鄂西南地区民居的物质存在、空间形式、文本符号、仪式习俗和文化寓意的整体地域民居的文化样貌，以自在者的身份来叙述文化的生成、发展和变迁的基本状况，考察鄂西南地区民居文化的特色，捋清该地域民居文化的生态关系和良性互动的运行机制，体现中华文化整体多样性融合与构成的局部样态，以此窥见中华文化共同体的凝聚力和向心力。

俗语注释

[1] 讨退：传统大木作专业术语。传统木构房屋做法中，画川枋墨线时要用"讨退"的方法，用一种叫作"抽扳"或者"角尺"工具——量出每个枋子所在对应柱头枋子位置的宽窄、深浅尺寸，即所谓"讨"出每个枋子口的实际尺寸，然后"退"到枋子所在柱头的榫上，以保证每根枋子与柱头都能交接严密。操作时，每个枋子头要做一块"抽扳"或者独立丈量柱头榫孔的宽窄与深浅尺寸，在板的上面写清位置，同时分清上下面与正反面，即所谓"上清下白"。

[2] 帮忙活路：鄂西南地区在 20 世纪 90 年代以前，人们以互相帮忙不收取劳务费的形式开展生产劳动，因此，一般某家人有事，就会请自家的族人或者亲戚、邻居村民等来帮助把生产任务完成，遇到他家有事时，就会希望有机会将活路还回，以此互相帮助而不取报酬，故称帮忙活路。所以，一般情况下，别人家有事请你帮忙是不会推托的，因为一旦自家有事时，才会有人来还活路。这也是一个家庭人际关系好坏的标志之一。20世纪 90 年代以后，随着经济条件的改善，特别是外出务工的人员越来越多，留在家干活的男性劳力以及青年妇女越来越少，一些重要的生产劳动逐步实行了经济包干到专业班子来做的另一种生产模式了，帮忙活路就越来越少了；但在今天的鄂西南地区丧葬活动中，仍然普遍流行着这一做法。

[3] 高杆、起高杆：高杆，鄂西南民居建筑中的专业术语，即用于丈量整栋房屋的柱头、川枋等位置与尺寸的木杆或者竹竿，其高度与该栋房屋最高的柱头一致。起高杆即是在一根与房屋等高的竹竿或者木杆上计算出整栋房屋川枋、楼枕、檩子等建筑部件的位置与尺寸关系，并做出具体的记号，以在裁料、画墨线、做榫口或者榫头时使用；高杆相当于今天的建筑图纸，集中在一根竹竿或者木杆上。木匠只有具备起高杆的能力，才能建设一栋房子，也才能出师，并独立承接建筑工程。

[4] 伐青山：鄂西南民居建筑专业术语，即民居开始建设时，第一次上山砍树，即为伐青山，需要举行祭山神仪式，以感谢大自然的馈赠，

并祈愿祖宗神灵护佑上山伐木以及加工、运输过程的安全，需携带五尺、斧子等工具。

[5] 割斗：也称角斗。系指房屋立扇架前，在地基上确定房屋准确朝向和各房间的大小、位置，核查准确并定位，矫正水平，安装好磉墩和地脚枋的过程，即为割斗。

[6] 矮人子：在割斗完成后，需要在所有落磉柱头的磉墩上与地脚枋交接的位置，安装一个比地脚枋片约矮三分之一的木墩，并绑定，以便立扇架时不至于将柱头脚的榫口开裂，也方便立扇架；木墩即为矮人子。

[7] 法锤、箭杆、金带：均为民居建造过程中用来上梁的主要工具材料。法锤即是木头做锤头，竹块做锤柄的一种捶打工具，用于排扇时敲打柱头或者枋片，不至于伤害木料；箭杆是立扇用来支撑扇架较粗的木杆或者竹竿，需要一头捆绑在扇架上，另一头支撑在地上，由人慢慢移动渐渐撑起扇架；立扇时掌墨师将法锤在扇架上敲打三下，用来统一发号施令，三声锤响，一声"起"，所有人一起用力将扇架用箭杆撑起，慢慢立起来。金带即绳索，用来上梁时拉升梁木的绳索；传统中大多用草与篾条混合编织而成。

[8] 印门：鄂西南地区俗语，对门开关形式的称呼；即门板外口尺寸与门框内空尺寸基本一致，合拢时刚好形成门面板与门框齐平吻合的状态；民居中还有一种门为板门，即门板的外口尺寸大于门框内空尺寸，门板合拢到门框时，门板在门框的后面。

[9] 吃亏：鄂西南俗语，该处系指跨过去时很费力费劲费神。

[10] 升三、冲脊、翘檐：鄂西南民居建筑专业术语，指山头扇架高度或檐口或屋脊在计算的平均水面基础上，升高三寸或者一定高度，称为升三，一般是指山头扇架升高为升三，除堂屋扇架高度不变外，耳间向山头的扇架要在堂屋扇架高度基础上依次升高；屋脊升高即为"冲脊"，檐口升三即为"翘檐"。

[11] 倒倒屋：鄂西南民居俗语，也称磨角屋；一般在正屋与厢房的转角处，或者是堂屋或其他正房的后面的一间小屋。

[12] 马子：鄂西南民间习俗，民间技艺拥有者在施工或者做法事时，将画有符咒的香纸包裹好或者用麻绳捆住，安放在较为隐蔽的位置，用以祭祀和防止安全事故的发生；事情过后，再将其去掉并烧毁。

[13] 刀头：鄂西南地区口语，即四方的一块五花肉或者连皮带肥肉的一块煮熟的猪肉，主要用作各类祭祀仪式中的供品。

[14] "好口风"：鄂西南地区方言，是指别人说出好听的话，主要是

吉祥如意、发家致富、人丁兴旺等祝福性的语言，也称"奉赠话""奉承话"，有的也称"口水话"；在很多仪式活动和场合都会有类似的话语表述。

［15］头头、二头、三头：鄂西南地方方言，意为将树依次从树蔸往树巅分为第一、二、三节，第一节即头头，第二节为二头，第三节为三头。这里只是一种顺口的说法，实际上用于梁木的多为第二节木料；第一节和第三节用来做神壁的中心板材和旁边的站枋。

［16］云梯：民居建筑中的专有术语，即梯子，上梁用来登上屋顶的木梯子，称为云梯。

［17］捞：鄂西南方言，此处意为碰。

［18］踩财门：鄂西南民居建筑中的最后一道仪式性程序。即装好大门后举行的开门仪式，俗称踩财门。一般掌墨师在大门内，家族亲戚中德高望重会说的长者在门外，门外人先放鞭炮，说福事，门内掌墨师则发问，外面人回答，一问一答多次后，掌墨师打开大门，踩财门结束。踩财门时主人家一般会在门缝处放置两个红包，开门时由掌墨师和长者分享主人家新屋落成的喜悦。

［19］炪（pa）：鄂西南方言，意为软，特别是在炖煮食物中，常用此语。

［20］舀学：鄂西南地区俗语，民间技艺学习的一种方式，即"偷学"，指技艺学习过程中，在师傅施艺时现场偷看偷记技术要领，回家后靠目视心记复原技术与结构的自学自研学艺方式。

［21］招呼：鄂西南方言，指在具有仪式性的场景事项中，祈愿祖先与神灵护佑仪式活动安全、有效的祭祀性活动。一般情况下需要仪式主持者默念咒语、画符或者实施某些规定性的动作关系；隆重的则需要摆设香案，供奉祭祀用品，烧香礼拜；在民间该项活动的主持人须具有较为严格的师承关系，才具备主持该项活动的权力。

［22］五尺：鄂西南地区建筑俗语，也是大木作行业术语；一种具有法力和象征性的木工工具，它既是一种丈量尺寸的工作，还是鲁班在此的象征，也是学成出师的象征。在鄂西南地区，具有严格师承关系或者祖传关系的大木作师傅，在出师时由师父亲手制作五尺，在出师仪式上（茅山传法）由师父亲手交给徒弟；制作五尺的材料必须是在深山听不到狗叫声的桃木，且制作完成后需要在五尺上刻画咒符，并敕封。

［23］察相：鄂西南地区民间婚俗习语，即男方家备礼到女方家认亲，讨要女孩的生辰八字，以用于择定婚期。

[24] 过礼：鄂西南地区婚俗习语，指正式结婚前一天，男方将准备好的各类彩礼、物品一起送到女方家的仪式性活动。传统婚俗中，这一天送去的主要物品是新娘的衣物鞋袜等，还有猪肉、大米、白酒等物品以及大小不等的各类红包，红包主要给女方家厨师、所有帮忙人员的喜钱，厨师的喜钱一般在80—120元不等，帮忙人员的喜钱不多，一般为一两元不等。当然最大的红包是给新娘及其父母的彩礼钱，这些喜钱的数额是由男女双方协商好的，均需在这一天备齐送至女方家，俗称过礼。

[25] 团客：鄂西南地区婚俗习语，即传统婚俗中，结婚日子的前一天为团客日，该日主人家与新郎或者新娘的至亲（舅舅舅母、姑爷姐丈、姻亲等）均需备礼到家祝贺，且一般要留宿三天。女方家则要提前一天。

[26] 路客总：鄂西南婚俗习语，即结婚仪式中，迎娶新娘过程中，负责沟通与协调两家关系，并保障迎亲路途安全的负责人，一般由新郎的姑爷或者姐夫担任。

[27] 高亲：鄂西南婚俗习语，指新娘的哥哥嫂嫂或者弟妹，或者叔叔婶婶，传统婚俗有送亲的习俗，新娘的哥哥嫂嫂或者叔叔婶婶在结婚当日送新娘到婆家，并在新郎家住一晚，第二天随新郎新娘一起回门。高亲在传统婚俗中具有至高无上的地位，新郎家要款待周到，并安排有专人接待，陪玩乐吃饭；在新郎家高亲要履行娘家人的职责，在餐间或者闹新房中分发喜糖、瓜子、水果等礼品，为客人奉烟；及时处理突发事件等。

[28] 落气钱：鄂西南丧葬习俗语，指老人停止心跳、断气后，马上由孝子在其脚前烧纸钱，俗称烧落气钱。烧的纸钱灰需要用布袋包裹起来，到入材时将落气钱放在棺材内亡人的手边，或者安葬时置于棺材外靠近亡人手边的位置。

[29] 入材：鄂西南丧葬习俗语，指新逝亡人由孝男孝女净身，穿戴好衣服鞋帽后，放入棺材的一系列活动过程，俗称入材。在民间入材是很讲究而神圣的事情，万不得已，不得由外人操持，需要及时处理，不得让新逝亡人长久待在棺材外面。入材完毕，需要放鞭炮向全村人告知家中有人亡故，家族及村里人便会自觉地到家里探望，一般探望者进屋时也会放一挂鞭炮。

[30] 号丧棒：鄂西南丧葬习俗语，即孝子手持的棒子，一般会根据亡者的性别而采用不同的材料制作，男性用金竹，女性用泡桐树枝，长度为孝子手握六把长，依据"生老病死苦生"每字一把计算长度裁剪好后，外面需要将白纸剪成碎花状，包裹粘贴上去。号丧棒一般有两根，由正孝子执掌使用，孝子接送锣鼓、迎接客人礼拜亡人，均需持号丧棒跪接。在

鄂西南民间丧葬习俗中，有兄弟多人的，正孝子由老大和老幺承担。

[31] 奠酒：鄂西南丧葬习俗语，指新逝亡人出殡前，所有戴孝的人员需要在灵前行叩拜辞别之礼，这一仪式活动称为奠酒。

[32] 封紫口：鄂西南丧葬习俗语，指新逝亡人棺材出殡前，需要将棺材盖与棺材身之间的缝隙口用糨糊与皮纸封闭，称为封紫口。

[33] 衣禄米（饭）：鄂西南习俗语，一般指丧葬仪式中，在新逝亡人上山，棺材掩埋好后，主持葬礼仪式的人，在坟头向孝子抛撒的大米，孝子跪在坟前要用衣服反身接住；包回家中存放，或者做饭吃，称为衣禄饭。技艺传承过职仪式中，师父会盛一碗饭，烧点纸钱在上面后，自己先吃两口，然后交给徒弟吃完，也称为吃衣禄饭。

[34] 复山：鄂西南丧葬习俗语，指新逝亡人下葬后第三天，需要到坟前祭拜和烧香烧纸钱，并向坟头添加泥土，俗称复山。

[35] 头七：鄂西南丧葬习俗语，指新逝亡人去世的第七天，需要举行祭拜活动，俗称头七，依次往后，还有二七、三七，一直到七七。

[36] 放（送）亮：鄂西南习俗语，指过年期间，特别是大年三十和正月十五元宵节，前往祖坟烧香燃烛的行为活动，称为放亮或者送亮。

[37] 磨杆哒：鄂西南地区民间俗语，意指某物件经常被人用手摩擦，致使其形状变小，且表面光滑。

[38] 倒号：鄂西南地区民间俗语，指被杀的动物，血流完，掉气了，已经没有了生命体征的状态。

[39] 吹口：早期民间杀猪需要将杀死的猪，吹胀后去毛。即猪杀死后，在猪的某一只后蹄靠近蹄花的位置，切一个口，用梃杖从切口猪皮下梃进，将梃杖通至猪身前部各部位，取出梃杖后，由屠夫用嘴从吹口处向猪身体内吹气，使猪身膨胀起来，切开吹起的口子即为吹口。

[40] 叫饭：鄂西南习俗语，指用餐前，在饭桌上祭祀先祖亡灵的仪式性活动。叫饭一般将酒杯与饭碗置于饭桌的上下席位，酒与饭均只需少许，先敬酒，将筷子放在倒好酒的酒杯上，停留一会儿，再将筷子移至饭碗上，静置一会儿取下，燃烧一些纸钱，最后将酒杯里的酒洒在地上，倒点茶水，即告结束。

[41] 东头：方位俗语，是人立在中堂内，面朝神壁方向，右边为东；如果是面朝大门的方向，则是左手为东。

[42] 哈数：鄂西南地区俗语，指一个人做事、处世有能力，有方法，且出众，超越于常人。

[43] 起达：鄂西南地区俗语，意指有生气、活力。

参考文献

北京大学聚落研究小组等：《恩施民居》，中国建筑工业出版社 2011
    年版。

费孝通：《乡土中国》，北京大学出版社 2012 年版。

费孝通：《文化与文化自觉》，群言出版社 2016 年版。

房厚泽编著：《凝固的历史：中国建筑故事》，北京出版社 2007 年版。

梁思成：《中国建筑史》，百花文艺出版社 2005 年版。

（宋）李诫撰：《营造法式》，方木鱼译注，重庆出版集团、重庆出版社
    2018 年版。

李心峰选编：《国外现代艺术学新视界》，广西教育出版社 1997 年版。

林耀华主编：《民族学通论》（修订本），中央民族大学出版社 1997 年版。

马炳坚：《中国古建筑木作营造技术》，科学出版社 2003 年版。

纳日碧力戈、杨正文、彭文斌主编：《西南地区多民族和谐共生关系研究
    论文集》，贵州大学出版社 2012 年版。

石拓：《中国南方干栏及其变迁》，华南理工大学出版社 2016 年版。

王铭铭主编：《西方人类学名著提要》，江西人民出版社 2004 年版。

吴良镛：《中国人居史》，中国建筑工业出版社 2014 年版。

朱世学：《鄂西古建筑文化研究》，新华出版社 2004 年版。

中国科学院自然科学史研究所编：《中国古代建筑技术史》（上、下卷），
    中国建筑工业出版社 2016 年版。

中国城市科学研究会等编写：《中国传统建筑的绿色技术与人文理念》，
    中国建筑工业出版社 2017 年版。

［德］阿莱达·阿斯曼：《回忆空间：文化记忆的形式和变迁》，潘璐译，
    北京大学出版社 2016 年版。

［美］保罗·康纳顿：《社会如何记忆》，纳日碧力戈译，上海人民出版社
    2000 年版。

［美］克利福德·格尔茨：《文化的解释》，韩莉译，译林出版社 2014

年版。

［美］L. A. 怀特:《文化的科学:人类与文明研究》,山东人民出版社
1988 年版。

［德］扬·阿斯曼:《文化记忆:早期高级文化中的文字、回忆和政治身
份》,金寿福、黄晓晨译,北京大学出版社 2015 年版。

蔡国刚、彭小娟:《Norberg-schulz 场所理论的现象学分析》,《山西建筑》
2008 年第 6 期。

段步军:《谈中国建筑发展史》,《山西建筑》2014 年第 24 期。

荆其敏:《生态建筑学》,《建筑学报》2000 年第 7 期。

李行:《建筑与城市——漫谈有关的建筑学基础理论问题》,《新建筑》
1993 年第 2 期。

李雪松:《南北文化影响下的鄂西民居类型》,《湖北工学院学报》2000
年第 4 期。

李华:《浅谈"湖广填四川"对巴蜀地区的文化影响》,《湖北经济学院学
报》(人文社会科学版)2008 年第 6 期。

李学敏、黄柏权:《土家族建筑形制变迁考察》,《长江师范学院学报》
2014 年第 5 期。

刘婷:《传统风水理论与景观建筑学、建筑生态学之关系》,《艺术与设计
(理论)》2007 年第 5 期。

汪溟:《中国传统风水理论与园林景观》,硕士学位论文,中南林业科技
大学,2005 年。

王亚红:《试论场所理论》,《美术观察》2008 年第 12 期。

席晖:《生态建筑与中国传统风水理论》,《建筑》2004 年第 12 期。

杨华:《长江三峡地区夏、商、周时期房屋建筑的考古发现与研究
(上)——兼论长江三峡先秦时期城址建筑的特点》,《四川三峡学院学
报》2000 年第 3 期。

杨华:《三峡地区古人类房屋建筑遗迹的考古发现与研究》,《中华文化论
坛》2001 年第 2 期。

杨华:《长江三峡地区考古文化综述》,《重庆师范大学学报》(哲学社会
科学版)2006 年第 1 期。

郑英杰:《土家族原始宗教文化的生命意识及其现代启示》,《宗教学研
究》2008 年第 4 期。

郑英杰、郑迅:《湘西少数民族原始宗教伦理的现代审视》,《伦理学研
究》2008 年第 6 期。

赵爱国:《洛特曼的文化符号学理论体系》,《广东外语外贸大学学报》
　　2008 年第 4 期。

周云鹏、李清云:《浅析文化融合中鄂西土家民居的演变》,《中外建筑》
　　2012 年第 2 期。

张建、阮智杰:《基于场所理论的豫南传统村落保护方法探索》,《共享与
　　品质——2018 中国城市规划年会论文集》。

余下的思考

正值全球在抗击新冠疫情最为严峻的时刻，总算完成了早该完成的撰写任务，或许是老天的眷顾，让我对所思考的问题得以与现实生活有着更为紧密的联系。中国作为最早受到新冠疫情袭击，举全国之力奋力抗击的过程，并在较短的时间内达到最佳的控制效果，使我们重新认识到国家力量和人民团结的伟大，也得以重新思考中国传统文化"天人合一""五行生克"等思想的当代价值；我想"火神山"和"雷神山"两大医院的选址和命名，与本书所讨论的问题在一定意义上应该是不谋而合的。在此，首先向在疫情中失去生命的同胞们致哀！向在抗疫一线做出巨大努力的医务人员和默默付出的众多"逆行者"们致敬！向我的祖国致敬！其次，疫情来临时人类所遭遇的困境和疫情产生的因由更值得我们思考，即便在科学技术如此发达的今天，人类与自然的关系应该怎样处理?! 人类社会的未来到底会迈向何处?! 或许中华文化和中华大地上各民族以及民间智慧，对于今天的人们有太多值得学习和借鉴的东西！

本书的写作源自所带团队获批立项的文化和旅游部"文化科技创新"课题"土家族吊脚楼营造技艺传承保护中的数字虚拟与动画技术运用研究"（项目编号：18 - 2012）的延伸，也是我带有自传体式的个人生活经历与见闻的叙述，特别是近年来在参与中国艺术人类学学会多次学术交流和从事民族学中国少数民族艺术专业研究生课程教学以来，对中国文化艺术自有特性的反思性呈现，当然也是多年来艺术理论学习与实践中思考问题不成熟的书面语言表述。

鄂西南地区的文化是多民族融合的产物，民居文化同样如此；我以一个自在者的身份来看待这些现实生活中存在的文化事象时，似乎让自己变得更加清晰明了。虽然石姓有十多种关于姓氏源流的说法，但从我家族的可见历史来看，族谱记载石氏家族堂号为武威堂，即祖籍应该为今甘肃一带，清中后期迁到鄂西南，来恩施之前的居住地为贵州省安花县镰刀湾，相关资料显示，为今贵州省铜仁市思南县或松桃县一带，在民族成分上应该为现今的苗族。目前家族成员的民族成分绝大部分为土家族，仅我的身份证上明确标示为汉族；这种复杂性来自社会变迁中的文化互动。家族在爷爷辈以上即为三代单传，为了家族繁衍，爷爷选择了学中医、学武、学阴阳等民间传统文化和技术，一是获得谋生的手段和安全保障措施；二是希望改变家族传承的人脉构成。在爷爷的努力之下，新中国成立以前购置了近千公顷的山田土地；父亲四兄弟中均有继承爷爷的部分所学，也仅父亲一人较为全面，而服务于四乡八邻，并伴随着我的成长。与此同时，我出生于"文化大革命"时期、成长于改革开放时期、工作于太平盛世年代，是家族中自新中国成立以来的第一位大学生，而且选择了与艺术、与文化有点关系的职业，发现自己竟成了一个糅合着传统与现代、保守与反叛、弘扬与批判、民间与官方的复杂综合体；这与鄂西南地区的文化构成关系竟然如此相像。以至于我今天不能准确确认自己是汉族人，还是土家族人，抑或是苗族人！但有一点是可以确认的：我是中国人！

之所以讨论鄂西南地区的民居文化，是基于从小就在家里和族亲乡邻不断修房造屋的过程中亲身劳作、体验和观看，加之 2012 年获批立项文化和旅游部项目，对土家族地区吊脚楼营造技艺的深度调查和对掌墨师、民间文化研究者的访谈，对鄂西南地区的民居文化有了更为深刻的了解和认知。同时，在姐姐、哥哥以及族亲兄弟姐妹的结婚、生子庆典中，在族亲乡邻老人离世、成年人丧生的葬礼中，在过年、拦社的习俗中，经历、感受和体验着这些文化的存在；即便在今天，我依然无法判定这些文化应该如何界定性质，但它在我经历的生活里客观存在着，也在鄂西南地区民众的生活里依然鲜活地存在。因此，记录、描述并结合自己所学适度予以阐释这些文化的存在，是我开展写作的初衷。也正因为如此，文中所述和所释不免带有较强的主观偏见，又因学术理论浅薄，甚至有可能会有误判或者误读，敬请学界同人批评斧正。

本书从立项出版到获批国家社科基金后期资助项目，再经过两年多的考察、修改补充，得以成为今天的样貌，这其中不仅仅是经历全球范围新冠疫情的肆虐过程，感受人们疫情之下的不断奋进与拼搏，看到生命的脆弱与坚强；同时，生活依然在继续不断向前迈进，喜怒哀乐的惯性和父母亲人生离死别的生活常态在自己身边上演，体验与感受着鄂西南这块土地上的民居文化与生活习俗，这既是人们文化自信的现实表达，更是中华优秀传统文化浸润出来的生活样貌。

本书得以出版，首先感谢湖北民族大学和民族学一流学科予以的经费资助！其次感谢在调查中给予我无私帮助的众多掌墨师、工匠和民间文化研究者，以及我的研究团队成员们所付出的辛勤努力、同事们的大力协助！还要感谢我的家人给予的帮助！

　　本书中图片除标明出处的，其他未注明来源的图片均来自我考察中所拍摄。极少数图片标明出处和作者，但因多方原因未能联系到作者本人，在此表示歉意，如需要请联系作者。本书中部分口述文本未标明出处的，均来自作者家藏手抄本。

2020 年 4 月 22 日（世界地球日）记于湖北民族大学桂花园校区

2023 年 7 月 23 日（癸卯年六月初六大暑）修订